高等职业教育"十二五"规划教材

教育部高等学校高职高专汽车类专业教学指导委员会推荐精品课程教材

汽车评估

（理实一体化教程）

主　编　周建军

副主编　严卫宏　刘华莉

参　编　王桂英　狄　炜　王红伟

主　审　胡　勇

上海交通大学出版社

内 容 提 要

本书是参照德国职业教育的模式,引入任务驱动理念后,实施校企合作、共同开发的、具有工学结合特色的教材。

本书按照二手车评估的一般程序,将课程内容分为"资金的时间价值及车辆的经济评价、二手车鉴定评估的前期准备、现场鉴定、评定估算、撰写评估报告和二手车交易"六个项目,每个项目中又以一个或多个"任务"来体现项目中的各个操作环节。书中配用了来自二手车评估市场的大量评估案例,有助于读者对相关知识与技能的学习。

本书可作为大中专院校汽车技术服务与营销、汽车运用与维修、交通运输、车辆工程等专业的教材,也可作为成人高等教育、二手车鉴定评估师的培训等相关课程的教材。

图书在版编目(CIP)数据

汽车评估:理实一体化教程/周建军主编. —上海:
上海交通大学出版社,2012
ISBN 978-7-313-08606-8

Ⅰ.汽... Ⅱ.周... Ⅲ.汽车—评估—教材
Ⅳ. U472

中国版本图书馆 CIP 数据核字(2012)第 154835 号

汽车评估
(理实一体化教程)

周建军 主编

上海交通大学出版社出版发行
(上海市番禺路 951 号 邮政编码 200030)
电话:64071208 出版人:韩建民
浙江云广印业有限公司 印刷 全国新华书店经销
开本:787mm×1092mm 1/16 印张:15.25 字数:368 千字
2012 年 7 月第 1 版 2012 年 7 月第 1 次印刷
印数:1~3 030
ISBN 978-7-313-08606-8/U 定价:32.00 元

高等职业教育"十二五"规划教材
教育部高等学校高职高专汽车类专业教学指导委员会推荐精品课程教材

顾　问

本书编写委员会

主　编　周建军
副主编　严卫宏　刘华莉
参　编　王桂英　狄　炜　王红伟
主　审　胡　勇

序

我国作为世界汽车生产和消费大国,汽车产业的高速发展和汽车消费的持续增长,为国民经济的增长产生了巨大拉动作用。近年来,我国汽车专业职业教育事业取得了长足发展,为汽车行业输送了大量的人才。随着汽车产业的迅猛发展,社会对汽车专业人才提出了更高的要求。进一步深化人才培养模式、课程体系和教学内容的改革,提高办学质量,培养更多的适应新时代需要的具有创新能力的高技能、高素质人才,是汽车专业教育的当务之急。

作为汽车专业教育的重要环节,教材建设肩负着重要使命,新的形势要求教材建设适应新的教学要求。职业教育教材应针对学生自身特点,按照技能人才培养模式和培养目标,以应用性职业岗位需求为中心,以素质教育、创新教育为基础,以学生能力培养、技能实训为本位,使职业资格认证内容和教材内容有机衔接,全面构建适应 21 世纪人才培养需求的汽车类专业教材体系。

本书作者既有来自汽车专业教学一线的老师,也有来自行业和企业的专家,他们根据自己长期从事实际工作的经验,对人才培养模式和教学方法进行了新的探索和总结,并形成这一系列特点明显的创新教材。我觉得该系列教材有以下两个值得关注的亮点:

一是教材编写形式新颖。该系列教材按照理实一体化教学模式进行编写,在整个教学环节中,理论和实践交替进行,让学生在学中练、练中学,在学练中理解理论知识、掌握技能,达到学以致用的效果。

二是教材内容生动活泼。书中提供了大量详细、实用的案例,也穿插讲述了相关知识和技巧,引导学生积极参与教和学的过程,激发学生学习的热忱,增强学生学习的兴趣。

我衷心希望通过本系列教材的出版为我国高等职业教育汽车类专业教材的编写探索一个新的模式,也期待本系列教材的出版为我国汽车类专业人才培养和教育教学改革起到积极的推动作用。

北京大学中国职业研究所所长
中国就业促进会副会长
中华职业教育社专家委员会副主任
中国就业培训技术指导中心学术委员会主任

陈 宇

(教授,博导)

2011 年 5 月

前　言

我国汽车市场从 2001 年开始迎来了连续的高速发展,新车销量的增加必将推动二手车销量的攀升。二手车交易在我国已成为汽车市场的重要组成部分,二手车评估是二手车交易中的重要环节,由于二手车交易业务量的增加,相关的二手车鉴定评估工作逐渐成为一个新兴的行业,并不断发展壮大,对专业技术人员水平的要求也不断提升。相关的二手车鉴定评估培训及其职业资格考评工作在全社会普遍展开,各高职院校也相继开设了有关二手车鉴定评估的课程。为了适应新条件下的二手车鉴定评估师培训的要求,满足高职院校的课程需要,我们和其他几个高校及企业人员共同编写了本书。

在编写过程中,我们紧紧联系当前汽车市场的实际状况,按照高职高专教育的特点和培养方案,本着"适用、管用、够用"的原则,按照以工作过程为导向的教学思路,突出职业教育的特色和其对实践技能的要求,力争做到知识和应用的统一。

本书按照二手车评估的一般程序,即"前期准备→现场鉴定→评定估算→撰写评估报告",将课程内容分为"资金的时间价值及车辆的经济评价、二手车鉴定评估的前期准备、现场鉴定、评定估算、撰写评估报告和二手车交易"六个项目,每个项目中又以一个或多个"任务"来体现项目中的各个操作环节。书中配用了来自二手车评估市场的大量评估案例,特别有助于读者对相关知识与技能的学习。

本书由河南职业技术学院周建军担任主编。河南省交通高级技工学校的严卫宏和郑州科技学院的刘华莉担任副主编。北汽福田汽车股份有限公司的王桂英、秦皇岛市中等专业学校的狄炜和河南职业技术学院的王红伟参与了部分章节的编写。具体编写分工如下:项目一(严卫宏)、项目二(王桂英)、项目三(刘华莉、周建军)、项目四(周建军)、项目五(王红伟)、项目六(狄炜、严卫宏)。本书由河南职业技术学院汽车工程系胡勇主任担任主审。

本书在编写过程中除参考了有关文献外,还参阅了大量国内外汽车评估的相关资料,在此表示深深的感谢!

本书可作为大中专院校汽车技术服务与营销、汽车运用与维修、交通运输、车辆工程等专业的教材,也可作为成人高等教育、二手车鉴定评估师的培训等相关课程的教材。

由于编者水平有限,疏漏之处在所难免,恳请读者不吝指正。

编　者

2012 年 6 月

目　　录

项目一　资金的时间价值及车辆的经济评价 ………………………………………… 1

　　任务一　资金的时间价值 ……………………………………………………… 1

　　任务二　车辆投资方案选择 …………………………………………………… 6

项目二　二手车鉴定评估的前期准备 ………………………………………………… 13

　　任务一　二手车鉴定评估的业务接待 ………………………………………… 13

　　任务二　签订二手车鉴定评估委托书 ………………………………………… 23

　　任务三　拟定二手车鉴定评估作业方案 ……………………………………… 36

　　任务四　汽车的使用寿命及报废 ……………………………………………… 43

项目三　二手车的现场鉴定 …………………………………………………………… 54

　　任务一　二手车手续检查 ……………………………………………………… 54

　　任务二　二手车现时技术状况的检查 ………………………………………… 60

　　任务三　车辆拍照存档 ………………………………………………………… 97

　　任务四　汽车技术状况和故障评估、新车选购检验 ………………………… 102

项目四　二手车的评定估算 …………………………………………………………… 119

　　任务一　确定二手车成新率 …………………………………………………… 120

　　任务二　运用重置成本法评估二手车 ………………………………………… 134

　　任务三　运用收益现值法评估二手车 ………………………………………… 146

　　任务四　运用现行市价法评估二手车 ………………………………………… 150

　　任务五　运用清算价格法评估二手车 ………………………………………… 159

项目五　撰写评估报告 ………………………………………………………………… 165

　　任务一　二手车鉴定评估报告书的撰写 ……………………………………… 165

项目六　二手车交易 …………………………………………………………………… 180

　　任务一　二手车收购估价 ……………………………………………………… 180

　　任务二　二手车销售定价 ……………………………………………………… 194

　　任务三　二手车交易实务 ……………………………………………………… 200

　　任务四　二手车收购风险与汽车置换 ………………………………………… 225

参考文献 ………………………………………………………………………………… 232

▶ 项目一

资金的时间价值及车辆的经济评价

任务一　资金的时间价值
任务二　车辆投资方案选择

❓ 学习目标

通过本单元任务的学习,你将在掌握资金时间价值的含义的前提下,掌握净现值比较法、年金比较法和年成本比较法。

☆ **期待效果**

通过资金时间价值的计算,学会对实践当中的不同车辆投资方案进行选择。

📖 项目理解

任务一:对于购买营运车辆而言,往往是一项较长时间的投资。而现在的购车投入资金和未来的若干年的赚得收益资金因为时间的不同没有可比性。也就是说在对一项长期投资计划进行效益评价时,把不同时期的现金收入和支出简单地相加,来计算总收益和总成本,这是不符合实际情况的。由于资金具有时间价值,所以现在的一笔资金比未来的一笔等额资金更富有价值。为了使发生在不同时间的资金具有可比性,必须把不同的时间发生的现金流量换算成某一相同时刻发生的资金量,然后才可以进行加减运算。

任务二:任务二的解决是在任务一的基础上开展的。在现实生活中,汽车购买使用的方案往往有多个,如何通过数学分析的方法对用户选定的投资目标方案进行分析比较,以选择购买的最佳方案,是我们这个项目关注的主要问题。

任务一　资金的时间价值

知识目标

● 掌握现值、年金和终值等相关名词的含义。
● 掌握资金时间价值的计算公式。

能力目标

● 能够运用资金时间价值理论,进行车辆净年金收入、现值成本等项目的计算。

任务剖析

对于一辆车来说，发生在车辆营运年限内的费用和收入等项目，是不能直接进行相关加减运算的。这样为了进行精确的运营情况的分析，要利用资金时间价值的理论来进行计算。

资金时间价值理论是指把不同时点发生的现金流通过合适的方法换算成同一时点的现金流，这样进行加减运算就变得更为科学和合理。对于车辆这种较长时间段的投资来说，进行科学的分析，不利用资金时间价值来进行评价，最终的结论就会欠妥当。

任务载体

对于资金时间价值的含义对很多初学者来说是比较困难的。那我们通过几个例子来体会一下：

【例1】 设年初一项购买旧机动车投资为10万元，年末成为15万元。另外一项购车投资也是10万元，年末成为12万元。显而易见前者比后者赚取利润要大，更有吸引力。

【例2】 两项购买旧机动车投资均为10万元的投资，一项在第一年末得11万元，另一项在两年后也得11万元。显然，第一项投资比第二项投资更有吸引力。也就是说，资金收回越早则效益越高。

【例3】 现有两项购买旧机动车投资计划，一项投资为10万元，年末收入12万元。另一项投资20万元，两年后收入为25万元。仅从净收入来看，后一项比前一项更有利。然而，若考虑资金的时间价值，则最好的方案则取决于利率，而不是绝对收入。

【例4】 考虑两项均为10万元购买旧机动车投资的方案，第一项于年末可得12万元，而另一项于第二年末可得13万元。我们不能只凭两个计划的净收入的差别就认定后一项比前一项好。因为利率、投资的时间及收益的大小都将影响其效益。

相关知识

1.1.1 相关概念

在进行资金时间价值在车辆营运过程中产生的费用和收入等相关项目的评价的时候，必须要学习收益、现值、终值、年金、折现率和时间等概念。

1.1.1.1 收益

收益是指净收益流量，即现金流入量减去现金流出量。它尚未扣除投资的资本成本。表现收益大小的方式有两种：

（1）收益的数额或金额。如一辆从事营运的汽车，一年内净收入10万元，10万元就是这辆汽车的收益数额。

（2）收益率。收益率是指收益数额对投资数额的比率。它表明每元投资所得的收益。收益多少和投资大小有关。为了比较各项投资收益的大小，用收益率作标准。

$$收益率＝收益÷资本$$

1.1.1.2 现值

现值通常以字母 P 表示。它是指发生在（或折算为）某一特定时间序列起点的现金流量。

1.1.1.3 终值

终值也称未来值或将来值，通常以字母 F 表示。它是指发生在（或折算为）某一特定时间序列终点的现金流量。

1.1.1.4 年金

年金又称为等额序列值。通常以字母 A 表示。它是指发生在（或折算为）某一特定时间序列各时间期末（不包括零期）并且金额大小相等的现金流量序列，也常称年金。

1.1.1.5 折现率

折现率通常用字母 i 表示。在经济分析中如果不作其他说明，一般指年利率或收益率。

1.1.1.6 时间

这里的时间是指在等值计算中计算时间价值的期数，通常以年来计。

1.1.2 资金时间价值的计算公式

1.1.2.1 现值与终值的变换公式

1. 已知现值、折现率和时间求终值

已知现值 P、折现率 i 和时间 n，求终值 F。

则有 n 期末的终值 F 与现值 P 的关系为

$$F = P(1+i)^n$$

简记为

$$F = P(F/P, i, n)$$

式中：$(1+i)^n$ 为终值系数，记为 $(F/P, i, n)$，其值可通过查普通复利系数表求得。括号中斜线上的符号表示所求的未知数，斜线下的符号表示已知数。系数符号 $(F/P, i, n)$ 表示已知 P、i、n 求 F。

2. 已知终值、折现率和时间求现值

已知终值 F、折现率 i 和时间 n，求现值 P。

则有现值 P 与 n 期末的终值 F 的关系为

$$P = F \frac{1}{(1+i)^n}$$

简记为

$$P = F(P/F, i, n)$$

式中：$\dfrac{1}{(1+i)^n}$ 为一次支付现值系数，简称贴现系数。系数符号 $(P/F, i, n)$ 表示已知 F、i、n

求 P。

1.1.2.2 年金与终值的变换公式

1. 已知年金、折现率求终值

已知每年现金流量 A（年金）、折现率为 i，求在 n 年内积累的资金总量 F。则年金 A 与终值 F 的关系为

$$F = A\frac{(1+i)^n - 1}{i}$$

简记为

$$F = A(F/A, i, n)$$

式中 $\frac{(1+i)^n - 1}{i}$ 为等额序列终值系数。系数符号 $(F/A, i, n)$ 表示已知 A、i、n，求 F。

2. 已知终值、收益率求年金

为了在 n 年内累积资金 F、收益率为 i，求每年的积累资金 A。即已知终值 F、折现率 i、时间 n，求年金 A，则有

$$A = F\frac{i}{(1+i)^n - 1}$$

简记为

$$A = F(A/F, i, n)$$

式中 $\frac{i}{(1+i)^n - 1}$ 为等额序列偿债基金系数。系数符号 $(A/F, i, n)$ 表示已知 F、i、n，求 A。

1.1.2.3 年金与现值的变换公式

1. 已知现值、折现率和时间求年金

现在投资金额为 P、折现率为 i，要求在 n 年内全部收回投资，求每年收回的资金 A。即已知现值 P、折现率 i 和时间 n，求年金 A，则有

$$A = P\frac{i(1+i)^n}{(1+i)^n - 1}$$

简记为

$$A = P(A/P, i, n)$$

式中 $\frac{i(1+i)^n}{(1+i)^n - 1}$ 为资金回收系数。系数符号 $(A/P, i, n)$ 表示已知 P、i、n，求 A。

2. 已知年金、折现率和时间求现值

已知折现率为 i，n 年内每年回收 A 元，求现在的投资 P。即已知年金 A、折现率 i、时间 n，求现值 P，则有

$$P = A\frac{(1+i)^n - 1}{i(1+i)^n}$$

简记为

$$P = A(P/A, i, n)$$

式中 $\frac{(1+i)^n - 1}{i(1+i)^n}$ 为等额序列现值系数。系数符号 $(P/A, i, n)$ 表示已知 A、i、n，求 P。

现将各公式及系数数列于下表。各系数值在具体计算时可通过查表取得。

系数名称	符　号	用途	公　式
终值系数	$(F/P,i,n)=(1+i)^n$	由现值求终值	$F=P(F/P,i,n)$
一次支付现值系数（贴现系数）	$(P/F,i,n)=1/(1+i)^n$	由终值求现值	$P=F(P/F,i,n)$
等额序列现值系数	$(P/A,i,n)=$ $[(1+i)^n-1]/[i(1+i)^n]$	由年金求现值	$P=A(P/A,i,n)$
资金回收系数	$(A/P,i,n)=$ $[i(1+i)^n]/[(1+i)^n-1]$	由现值求年金	$A=P(A/P,i,n)$
等额序列终值系数	$(F/A,i,n)=[(1+i)^n-1]/i$	由年金求终值	$F=A(F/A,i,n)$
等额序列偿债基金系数	$(A/F,i,n)=i/[(1+i)^n-1]$	由终值求年金	$A=F(A/F,i,n)$

1.1.2.4　计算举例

【例1】　某单位欲购置一辆汽车从事营运业务。该车辆的剩余使用寿命为6年,购置全价为80 000元。据预测,该车辆在使用过程中,每年的总费用支出为20 000元,每年总收入为60 000元。假定折现率10%,试在将车辆的购置全价折算为剩余使用期限内的年金的前提下,估算该车每年的净年金收入。

根据分析可知,这是一个已知现值,求年金的问题。

据已知条件可知:折现率 $i=10\%$;时间 $n=6$ 年;现值 $P=80\,000$ 元

由现值折算成年金为

$$A=80\,000\ 元 \times (A/P,10\%,6)$$
$$=80\,000\ 元 \times 0.229\,61$$
$$\approx 18\,368\ 元$$

上式中 $(A/P,10\%,6)$ 的值可通过查表取得,为0.229 61。

由于车辆的年收入为60 000元,年费用支出为20 000元,故该车的净年金收入为

$$60\,000\ 元-20\,000\ 元-18\,368\ 元=21\,632\ 元$$

【例2】　某单位欲购置一辆汽车从事营运业务。该车辆的剩余使用年限为6年,购置全价为80 000元。据预测,该车辆在使用过程中年耗油费用为10 000元左右、年维护费用为5 000元左右、其他管理费用为10 000元左右,假定折现率为10%,试估算该车辆的现值成本。

根据分析可知,这是一个已知年金,求现值的问题。

据已知条件可知:折现率 $i=10\%$;时间 $n=6$ 年。

车辆每年所需费用合计为

$$10\,000\text{ 元}+5\,000\text{ 元}+10\,000\text{ 元}=25\,000\text{ 元}$$

即年金 $A=25\,000$ 元。

由年金折算成现值为

$$P=25\,000\text{ 元}\times(P/A,10\%,6)$$
$$=25\,000\text{ 元}\times 4.355\,26$$
$$=108\,882\text{ 元}$$

由于购置车辆时,一次性投资为 $80\,000$ 元,故车辆的现值成本为

$$80\,000\text{ 元}+108\,882\text{ 元}=188\,882\text{ 元}。$$

任务回顾

(1) 资金时间价值理论是分析较长时间段投资的有效方法。

(2) 对于单辆车来说,需要计算评价的项目很多。需要分析是计算哪种我们常见概念(成本、净收入)的资金时间价值的含义(现值、终值、年金)。

任务实施步骤

(一) 任务要求

计算一营运车辆的成本现值、成本年金、成本终值和净收入现值、净收入年金。

(二) 任务实施的步骤

营运车辆的单方面评价可参考下面的步骤:

(1) 车辆情况调查,车辆购买费用、车辆年费用、车辆年收入、车辆剩余使用年限;

(2) 经济环境分析,找出合适的折旧率;

(3) 根据所求项目进行相关计算分析。

任务二　车辆投资方案选择

知识目标

● 掌握净现值比较法、净年金比较法和年成本比较法等相关名词的含义。

● 掌握现值比较法、净年金比较法和年成本比较法的计算公式。

能力目标

● 能够运用现值比较法、年金比较法的计算,进行车辆投资方案的选择。

任务剖析

在现实生活中,对二手车进行投资的方案往往有多个,如何通过数学分析的方法对用户选

定的投资目标方案进行分析比较,最后选定最佳方案,是我们这节要关注的主要问题。

对二手车的投资目标方案进行分析比较,最后选定最佳方案的分析方法有很多,本节主要介绍三种简单易行的分析方法:净现值比较法、净年金比较法和年成本比较法。

任务载体

运用净现值比较法、净年金比较法和年成本比较法对二手车的投资目标方案进行分析比较,最后选定最佳方案。

相关知识

1.2.1　净现值比较法

净现值是指在寿命周期内收入现值总额与支出现值总额的差额。它表示方案的纯经济效益,其实质可视为净收益的现值总额,若收入现值总额与支出现值总额的差额>0,则说明该方案能获得一定的投资收益,方案可行;若收入现值总额与支出现值总额的差额<0,则表示达不到预期的目的,方案不可行。在多方案选优时,若各方案的剩余使用年限相同,且投资者所追求的目标是获得最大的纯经济效益,则净现值最大的方案为最优。

净现值比较法中,在寿命周期内有收入现值总额和支出现值总额两项。假设寿命周期内收入现值总额相同(或未知),这时,我们只要计算出支出现值总额,通过比较方案中支出现值总额的大小便可决定方案的取舍,这种方法称现值成本分析法。即现值成本分析法是把方案在寿命周期内所耗成本(包括投资成本和使用成本)的一切耗费都换算为与其等值的现值成本,然后据此决定方案取舍的方法。

运用现值成本分析法的前提条件是各方案收益基本相同(或未知而假设相同)。

【例】　某人选购同档次不同牌号的车辆作出租营运用车,在市场上有三种不同的车辆可供选择,其投资和费用如表1-1所示。假定标准收益率 i 为 10%,剩余使用年限均为 5 年,试问应选购哪一种牌号的车辆比较经济合理?

表1-1　三种方案的车辆有关资料　　　　　　　　　　　　　单位:元

项目＼方案	车辆 A	车辆 B	车辆 C
车辆投资	80 000	55 000	48 000
年耗油费用	10 000	18 000	21 000
年维护费	5 000	9 000	12 000
年管理费等其他费用	10 000	12 000	16 000

解　同档次的三种牌号车辆,所得收入相同(或未知而假设相同)时,我们只计算各车辆的现值成本,即车辆的投资与费用现值。通过比较三种牌号车辆的现值成本,具有最低现值成本的方案为最优方案。

运用等额序列现值公式,三种牌号的车辆现值成本分别计算如下。

先求 A 车的总现值成本:

A 车每年总花费＝10 000 元＋5 000 元＋10 000 元＝25 000 元

运用等额序列现值公式,将年总消费转化成现值成本:

25 000 元×$(P/A,10\%,5)$＝25 000 元×3.790 79＝94 770 元

A 车总现值成本＝80 000 元＋94 770 元＝174 770 元

再求 B 车总现值成本:

B 车每年总花费＝18 000 元＋9 000 元＋12 000 元＝39 000 元

运用等额序列现值公式,将年总消费转化成现值成本:

39 000 元×$(P/A,10\%,5)$＝39 000 元×3.790 79＝147 841 元

B 车总现值成本＝55 000 元＋147 841 元＝202 841 元

最后求 C 车的总现值成本:

C 车每年总花费＝21 000 元＋12 000 元＋16 000 元＝49 000 元

运用等额序列现值公式,将年总消费转化成现值成本:

49 000 元×$(P/A,10\%,5)$＝49 000 元×3.790 79＝185 749 元

C 车总现值成本＝48 000 元＋185 749 元＝233 749 元

通过计算比较可知,A 牌号车辆总现值成本最小,因此选购 A 牌号车辆。

从上例可以看出,买价低的车,不一定最省钱,只有通过收益和投入成本的全面认真分析,才能做出正确的购买选择。

在使用该公式时,若方案中车辆剩余使用年限不相等,就不满足时间的可比性。这种情况下,一般不用净现值比较法,为了进行技术经济分析可用下述方法。

1.2.2　年金比较法

年金比较法就是把所有现金流量化为与其等值的年金或年成本(不考虑收入时),它是用以评价方案经济效益的技术经济分析方法。

在实际应用时,如果已知现金收入和支出,可用净年金法;如果只知支出,则可用年成本法比较。因而年金法又分为净年金法和年成本法两种。

1.2.2.1　净年金法

当用净年金法进行方案比较时,若项目的收入和支出都已知,则可把它们均换算为与其等值的年金并求和。若净年金大于零,说明经济上可取,其中年金最大的方案即为最好的方案。

【例】　有两种可供选择的汽车,其有关资料如表 1-2 所示。

表 1-2　不同方案的汽车有关资料　　　　　　　　　　　　　　　　单位:元

方案 \ 项目	投资	剩余使用年限/年	残值	年总收入	年总支出	收益率
汽车 A	50 000	5	0	60 000	30 000	10%
汽车 B	60 000	7	20	75 000	40 000	10%

【解】　根据净年金的概念有如下计算方法:

净年金＝年总收入－年总支出－现值投资成本折算成年金＋终值收益折算成年金

A 车净年金＝60 000 元－30 000 元－50 000 元×$(A/P,10\%,5)$

　　　　　＝30 000 元－50 000 元×0.263 80

　　　　　＝16 810 元

B 车净年金＝75 000 元－40 000 元－60 000 元×$(A/P,10\%,7)$＋2 000×$(A/F,10\%,7)$

　　　　　＝35 000 元－60 000 元×0.205 41＋2 000 元×0.105 41

　　　　　＝22 886 元

计算表明:A、B 两方案均是可行方案,但 B 方案更优。B 方案的净年金值为 22 886 元,表示除满足收益率 10% 外,每年还有 22 886 元的净收益。

1.2.2.2　年成本法

年成本法是用等值的平均年成本评价方案经济效益的技术经济分析方法。年成本最低的方案是经济上较优的方案。

【例】　可供选择的汽车方案 A 和 B,均能满足工作要求,其不同点如表 1-3 所示。假设收益率均为 10%。

表 1-3　可供选择的汽车方案资料　　　　　　　　　　　　　　　　单位:元

方案 \ 项目	投资	剩余使用年限/年	年维修费
汽车 A	50 000	4	5 000
汽车 B	60 000	6	8 000

【解】　A 车年总成本＝50 000 元×$(A/P,10\%,4)$＋5 000 元

　　　　　　　　　＝50 000 元×0.315 47＋5 000 元

　　　　　　　　　＝20 774 元

　　　　B 车年总成本＝60 000 元×$(A/P,10\%,6)$＋8 000 元

　　　　　　　　　＝60 000 元×0.229 61＋8 000 元

　　　　　　　　　＝21 777 元

通过计算比较,汽车 A 的净未来成本更低,因而它是较好的方案。

笔记

上述计算中,各系数均可在下面所列的附表中查得,也可以用资金回收公式计算得出。

附表 1 普通复利系数表(8%)

n	$(F/P,i,n)$	$(P/F,i,n)$	$(F/A,i,n)$	$(A/F,i,n)$	$(A/P,i,n)$	$(P/A,i,n)$
1	1.080 00	0.925 93	1.000 00	1.000 00	1.080 00	0.925 93
2	1.664 00	0.857 34	2.080 00	0.480 77	0.560 77	1.783 27
3	1.259 71	0.793 83	3.246 40	0.308 03	0.388 03	2.577 10
4	1.360 49	0.735 03	4.506 11	0.221 92	0.301 92	3.312 13
5	1.469 33	0.680 58	5.866 60	0.170 46	0.250 46	3.992 71
6	1.586 87	0.630 17	7.335 93	0.136 32	0.216 32	4.622 88
7	1.713 82	0.583 49	8.922 81	0.110 27	0.192 07	5.206 37
8	1.850 93	0.540 27	10.636 63	0.094 01	0.174 01	5.746 64
9	1.999 01	0.500 25	12.487 57	0.080 08	0.160 08	6.246 89
10	2.158 93	0.463 19	14.486 07	0.069 03	0.149 03	6.710 08

附表 2 普通复利系数表(10%)

n	$(F/P,i,n)$	$(P/F,i,n)$	$(F/A,i,n)$	$(A/F,i,n)$	$(A/P,i,n)$	$(P/A,i,n)$
1	1.100 00	0.909 09	1.000 00	1.000 00	1.100 00	0.909 09
2	1.210 00	0.826 45	2.100 00	0.476 19	0.576 19	1.735 54
3	1.331 00	0.751 31	3.310 00	0.302 11	0.402 11	2.486 85
4	1.464 10	0.683 01	4.641 00	0.215 47	0.315 47	3.169 87
5	1.610 00	0.620 92	6.105 10	0.163 80	0.263 80	3.790 79
6	1.771 56	0.564 47	7.710 61	0.129 61	0.229 61	4.355 26
7	1.947 72	0.513 61	9.498 17	0.105 41	0.205 41	4.868 42
8	2.143 56	0.466 51	11.435 89	0.087 44	0.187 44	5.334 93
9	2.357 95	0.424 10	13.579 43	0.073 64	0.173 64	5.759 02
10	2.593 74	0.385 04	15.937 43	0.062 75	0.162 75	6.144 57

附表 3 普通复利系数表(12%)

n	$(F/P,i,n)$	$(P/F,i,n)$	$(F/A,i,n)$	$(A/F,i,n)$	$(A/P,i,n)$	$(P/A,i,n)$
1	1.120 00	0.892 86	1.000 00	1.000 00	1.120 00	0.892 86
2	1.254 40	0.797 19	2.120 00	0.471 70	0.591 70	1.690 05
3	1.404 93	0.711 78	3.374 40	0.296 35	0.416 35	2.401 83
4	1.573 52	0.635 52	4.779 33	0.209 23	0.329 23	3.037 35
5	1.762 34	0.567 43	6.302 85	0.157 41	0.277 41	3.604 78
6	1.973 82	0.506 63	8.115 19	0.123 23	0.243 23	4.111 41
7	2.210 68	0.452 35	10.089 01	0.099 12	0.219 12	4.967 64
8	2.475 96	0.402 30	10.089 01	0.099 12	0.219 12	4.967 64
9	2.773 08	0.396 1	14.775 66	0.067 68	0.187 68	5.328 28
10	3.105 85	0.321 97	17.548 74	0.056 98	0.176 98	5.650 22

任务回顾

(1) 净现值比较法、净年金比较法和年成本比较法的计算。

(2) 对营运车辆不同的投资方案进行比较分析,选择最优的投资方案。

任务实施步骤

(一) 任务要求

运用净现值比较法、净年金比较法和年成本比较法进行计算比较,对不同营运车辆投资方案进行选择。

(二) 任务实施的步骤

营运车辆不同投资方案的选择可参考下面的步骤:

(1) 车辆情况调查,车辆购买费用、车辆年费用、车辆年收入、车辆剩余使用年限;

(2) 根据方案资料选用净现值比较法、净年金比较法和年成本比较法进行计算比较;

(3) 根据相关计算分析选择最优的车辆投资方案。

思考与训练

1. 计算题

某单位欲购置一辆汽车从事营运业务。该车辆的剩余使用年限为 5 年,购置全价为 60 000 元。据预测,该车辆在使用过程中,每年的总费用支出为 10 000 元,每年总收入为 40 000 元。假定折现率 12%,试在将车辆的购置全价折算为剩余使用年限内年金的前提下,估算该车每年的净年金收入。

2. 计算题

某单位欲购置一辆汽车从事营运业务。该车辆的剩余使用年限为 6 年,购置全价为 60 000 元。据预测,该车辆在使用过程中,年耗油费用为 10 000 元左右,年维护费用为 8 000 元左右,其他管理费用为 5 000 元左右,假定折现率为 12%,试估算该车辆的现值成本。

3. 现在有 A、B 两辆车,资料如下,试进行经济性投资分析。

单位:元

车辆	项目	投资	剩余使用年限/年	残值	年总收入	年总支出	收益率
汽车	A	80 000	10	2 000	60 000	40 000	10%
	B	50 000	5	2 000	70 000	48 000	10%

4. 现有 A、B 两辆车,资料如下,试进行经济性投资分析。

单位:元

项　目	汽　车	
	A	B
投资	80 000	70 000
剩余使用年限/年	7	5
年维修费	10 000	8 000

➤ 项目二

二手车鉴定评估的前期准备

任务一　二手车鉴定评估的业务接待
任务二　签订二手车鉴定评估委托书
任务三　拟定二手车鉴定评估作业方案
任务四　汽车的使用寿命及报废

❓ 学习目标

通过本单元任务的学习,在掌握二手车鉴定评估的相关概念和熟悉我国汽车强制报废标准的前提下,掌握二手车鉴定评估的业务接待和其他前期准备工作。

☆ **期待效果**
通过本项目的学习,能完成对实践当中的二手车鉴定评估进行业务洽谈等前期准备工作。

📖 项目理解

任务一:二手车鉴定评估工作程序具体的工作步骤包括:前期准备工作→现场鉴定工作→评定估算工作→撰写鉴定评估报告书。业务洽谈是承接评估业务的第一步。与客户洽谈的主要内容有:车主基本情况、车辆情况、委托评估的意向和时间要求等。

任务二:二手车鉴定评估委托书是受托方与委托方对各自权利和义务的协定,是一项经济合同性质的契约。二手车鉴定评估委托书必须符合国家法律、法规和资产评估业的管理规定。涉及国有资产占有单位要求申请立项的二手车鉴定评估业务,应由委托方提供国有资产管理部门关于评估立项申请的批复文件,经核实后,方能接受委托,签署委托书。

任务三:二手车鉴定评估作业方案是二手车鉴定评估机构根据二手车鉴定评估委托书的要求而制定的规划和安排。其主要内容包括:评估目的、评估对象、鉴定评估基准日、安排具有鉴定评估资格的评估人员及协助评估人员工作的其他人员、现场工作计划、评估程序、评估具体工作和时间安排、拟采用的评估方法及其具体步骤等。

任务一　二手车鉴定评估的业务接待

知识目标
● 掌握二手车鉴定评估相关概念的含义和我国汽车强制报废的标准。
● 掌握二手车鉴定评估业务接待的要求。

能力目标

● 能够运用二手车鉴定评估的相关知识,完成二手车鉴定评估的业务接待工作。

任务剖析

二手车鉴定评估时,必须遵守评估程序。二手车鉴定评估工作程序,也称为二手车鉴定评估操作程序,是指二手车鉴定评估机构在承接具体的车辆评估业务时,从接受立项,受理委托到完成评估任务,直至出具鉴定评估报告全过程的具体步骤和工作环节。二手车鉴定评估工作程序具体的工作步骤包括:前期准备工作→现场鉴定工作→评定估算工作→撰写鉴定评估报告书。业务接待是承接评估业务的第一步。

鉴定评估的前期准备工作是指进行二手车鉴定评估前需要做的一系列工作,主要包括业务接待、实地考察、签订二手车鉴定评估委托书和拟定鉴定评估作业方案等。业务接待洽谈是承接评估业务的第一步。业务接待时与客户洽谈的主要内容有:车主基本情况、车辆情况、委托评估的意向和时间要求等。

任务载体

二手车鉴定评估业务接待时与客户洽谈的主要内容有:车主基本情况、车辆情况、委托评估的意向和时间要求等。当确定接受委托后,接待人员将完成《二手车鉴定评估作业表》部分内容的填写工作。

相关知识

2.1.1　二手车

商务部、公安部、国家工商行政管理总局、国家税务总局令2005年第2号《二手车流通管理办法》第二条给出了二手车的定义。所谓二手车,是指从办理完注册登记手续到达到国家强制报废标准之前进行交易并转移所有权的汽车(包括三轮汽车、低速载货汽车,即原农用运输车,下同)、挂车和摩托车。

《二手车流通管理办法》取代了1998年出台的《二手车交易管理办法》。在以往的国家正式文件上,一直没有出现过"二手车"一词,有的只是"旧机动车"。在《二手车流通管理办法》中,首次明确地将"旧机动车"改为"二手车"。

尽管只是提法上的不同,但是"旧机动车"会让人感觉车辆很破旧,几乎是没什么好车,从而在一定程度上影响人们的消费情绪。其实二手车不等于旧车,我们认为只要上了牌照的车就是二手车。而实际上有很多还没使用过的新车也会流入二手车市场。"二手车"则通俗易懂,提法上也更中性,同时与国际惯例接轨。

在国外,二手车确实不等于旧车,我们目前体现的还不充分,不少国家对新车销售年限有严格的规定。比如,国外年生产600万辆新车,卖掉了500万辆,剩下的100万辆,过了规定的一两年新车销售时间,就不能再进入新车的渠道销售,这些车就进入拍卖场,也就归入二手车一族了。

2.1.2　二手车交易

　　二手车交易中由于车辆技术状况各不相同,判定难度大,交易价格的构成复杂,因此二手车交易在技术和管理难度上远远超过一般旧货交易行为。为了规范交易双方的行为、保证交易双方的合法权益,1998 年,原国内贸易部发布了《二手车交易管理办法》,首次对二手车交易作出了规范。为适应新的市场环境,商务部、公安部、国家工商行政管理总局、国家税务总局联合颁布的《二手车流通管理办法》于 2005 年 10 月 1 日正式施行,对二手车交易作出了调整。指出所有二手车交易行为必须在经合法审批后设立的二手车交易市场进行,并接受工商、税务、公安、交管、环保、治安等部门的相应管理,涉及国有资产的交易行为还要受国有资产管理部门的监督,所有的交易车辆必须是办理了机动车注册登记等手续,距报废标准规定年限一年以上的汽车(含摩托车)及特种车辆。交易完成后,还应到有关管理部门办理过户登记等手续,以确保该交易车辆在今后使用过程中责任、权利的明晰。

　　综上所述,二手车交易行为是指以二手车为交易对象,在国家规定的二手车交易市场或其他经合法审批的交易场所中进行的二手车的商品交换和产权交易。相关的二手车经营行为还包括二手车经销、拍卖、经纪、鉴定评估等。

　　(1)二手车经销是指二手车经销企业收购、销售二手车的经营活动。

　　(2)二手车拍卖是指二手车拍卖企业以公开竞价的形式将二手车转让给最高应价者的经营活动。

　　(3)二手车经纪是指二手车经纪机构以收取佣金为目的,为促成他人交易二手车而从事居间、行纪或者代理等经营活动。

　　(4)二手车鉴定评估是指二手车鉴定评估机构对二手车技术状况及其价值进行鉴定评估的经营活动。

　　值得注意的是,近年来,出现了一种新的二手车交易模式——二手车置换,并在一些轿车的品牌专营店中迅速成长起来。置换的概念源于海外,狭义的置换就是"以旧换新"业务,即经销商通过二手商品的收购与新商品的对等销售获取利益。广义的置换则是指在以旧换新业务的基础上,还同时兼容二手商品的整新、跟踪服务、二手商品再销售乃至折抵、分期付款等项目的一系列业务组合,从而成为一种有机而独立运营的营销方式。不同于以往二手车交易的是,由于可以推动新车销售,二手车置换业务往往背靠汽车品牌专营店,其背后获得汽车制造厂商的强大技术支持,经销商为二手车的再销售提供一定程度上的质量担保,这大大降低了二手车交易中消费者的购买风险,规范了交易双方的交易行为,其发展潜力十分巨大。

2.1.3　二手车交易市场及其行政管理

　　二手车交易中,由于每一辆二手车在技术状况、使用经历和交易条件上千差万别,交易信息难以完备,使交易过程复杂、交易风险大。为了保护交易双方的合法权益,防止道德风险的发生,国家有关部门制定了一系列的法律、法规,以规范二手车交易市场和交易双方的行为。其中,一个十分重要的内容就是所有的二手车交易必须在依法设立的二手车交易市场中进行。根据《二手车流通管理办法》规定,二手车交易市场是指依法设立、为买卖双方提供二手车集中交易和相关服务的场所,是二手车信息和资源的集散地,是买、卖双方进行二手车商品交换和产权交易的场所。二手车交易市场经营者应当为二手车经营主体(从事二手车经销、拍卖、经纪、鉴定评估的企业)提供固定场所和设施,并为客户提供办理二手车鉴定评估、转移登记、保险、纳税等手续的条件。二手车经销企业、经纪机构应当根据客户要求,代办二手车鉴定评估、转移登记、保险、纳税等手续。

国务院商务主管部门、工商行政管理部门、税务部门在各自的职责范围内负责二手车流通的有关监督管理工作。省、自治区、直辖市和计划单列市商务主管部门(以下简称省级商务主管部门)、工商行政管理部门、税务部门在各自的职责范围内负责辖区内二手车流通的有关监督管理工作。

二手车交易市场经营者和二手车经营主体应建立备案制度。凡经工商行政管理部门依法登记,取得营业执照的二手车交易市场经营者和二手车经营主体,应当自取得营业执照之日起2个月内向省级商务主管部门备案。省级商务主管部门应当将二手车交易市场经营者和二手车经营主体有关备案情况定期报送国务院商务主管部门。

二手车交易市场经营者和二手车经营主体应当定期将二手车交易量、交易额等信息通过所在地商务主管部门报送省级商务主管部门。省级商务主管部门将上述信息汇总后报送国务院商务主管部门。国务院商务主管部门定期向社会公布全国二手车流通信息。国务院工商行政管理部门会同商务主管部门建立二手车交易市场经营者和二手车经营主体信用档案,定期公布违规企业名单。

2.1.4　二手车鉴定评估的主体与客体

二手车鉴定评估是指二手车鉴定评估机构对二手车技术状况及其价值进行鉴定评估的经营活动。

二手车评估属于资产评估,因此汽车鉴定评估理论和方法以资产评估学为基础。评估主要由六个要素构成,包括评估的主体、评估的客体、评估的目的、评估的程序、评估的标准和评估的方法。

二手车鉴定评估的主体是指二手车鉴定评估业务的承担者;二手车鉴定评估的客体是指被评估的车辆;二手车鉴定评估的目的是指二手车发生经济行为的性质;评估程序是指二手车鉴定评估工作从开始到结束的工作程序;二手车鉴定评估标准是对鉴定评估采用的计价标准;二手车鉴定评估的方法是指确定二手车评估值的手段和途径。

1. 二手车鉴定评估的主体

二手车评估的主体是指二手车评估业务的承担者,即从事二手车评估的机构及专业评估人员。由于二手车评估直接涉及当事人双方的权益,是一项政策性和专业性都很强的工作,所以无论是对专业评估机构,还是对专业评估人员都有较高的要求。

1) 对二手车评估机构的要求

按照我国1991年11月颁布的《国有资产评估管理办法》第九条的规定,资产评估公司、会计师事务所、审计事务所、财务咨询公司,必须获有省级以上国有资产评估资格证书,才能从事国有资产评估业务。依照原国家计委颁布的《价格评估机构管理办法》设立的价格评估机构,有资格对流通中的二手车商品与事故车辆进行鉴定和评估。

依据我国保险监督委员会公布的《保险公估机构管理规定》设立的保险公估机构,也可经营汽车承保前的评估与出险后的估损等相关业务。

2）对专业二手车评估人员的要求

（1）二手车专业评估人员必须掌握一定的资产评估业务理论，熟悉并掌握国家颁布的与二手车交易有关的政策、法规、行业管理制度及有关的技术标准。

（2）具有一定的二手车专业知识和实际的检测技能，能够借助必要的检测工具，对二手车的技术状况进行准确的判断和鉴定。

（3）具有较高的收集、分析和运用信息资料的能力及一定的评估技巧。

（4）具备经济预测、财务会计、市场、金融、物价、法律等多方面的知识。

（5）具有良好的职业道德，遵纪守法，公正廉明，保证二手车评估质量。

此外，二手车评估的从业人员还需要经过严格的职业资格考试或考核，从事二手车评估定价的从业人员必须取得商务部颁发的《二手车鉴定评估师职业资格证书》，从事二手车保险评估的从业人员必须取得保监会颁发的《保险公估从业人员资格证书》。

2. 二手车鉴定评估的客体

二手车鉴定评估的客体是指被评估的车辆。二手车鉴定评估的一个主要目的，就是在二手车的交易过程中准确地确定二手车价格，并以此作为买卖成交的参考底价。根据《二手车流通管理办法》的规定，下列车辆禁止经销、买卖、拍卖和经纪：

（1）已报废或者达到国家强制报废标准的车辆。

（2）在抵押期间或者未经海关批准交易的海关监管车辆。

（3）在人民法院、人民检察院、行政执法部门依法查封、扣押期间的车辆。

（4）通过盗窃、抢劫、诈骗等违法犯罪手段获得的车辆。

（5）发动机号码、车辆识别代号或者车架号码与登记号码不相符，或者有凿改迹象的车辆。

（6）走私、非法拼（组）装的车辆。

（7）不具有车辆法定证明、凭证的车辆。如《机动车登记证书》《机动车行驶证》、有效的机动车安全技术检验合格标志、车辆购置税完税证明、养路费缴付凭证、车船使用税缴付凭证、车辆保险单。

（8）在本行政辖区以外的公安机关交通管理部门注册登记的车辆。

（9）国家法律、行政法规禁止经营的车辆。

二手车交易市场经营者和二手车经营主体发现车辆具有（4）、（5）、（6）情形之一，应当及时报告公安机关、工商行政管理部门等执法机关。

对交易违法车辆的，二手车交易市场经营者和二手车经营主体应当承担连带赔偿责任和其他相应的法律责任。

此外，车辆上市交易前，必须先到公安交通管理机关申请临时检验，经检验合格，在其行驶证上签注检验合格记录后，方可进行交易。

2.1.5　二手车鉴定评估的意义和目的

1. 二手车鉴定评估的意义

对二手车鉴定评估过程不仅仅是原有价值重置和现实价值形成过程，其背后还蕴含着很多深层次的重要意义。

（1）二手车进入市场再流通，属固定资产转移和处置范畴，按国家有关规定应缴纳一定的税费。目前,各地对这一块税费的征管,基本是以交易额为计征依据,实行比率税(费)率,采用从价计征的办法,而这里的计征依据实质上就是评价格。因此,二手车鉴定评估的准确与否直接关系到国家税收和财政收入的多少及其公正合理性。

(2)我国是发展中国家,很多车辆为国家和集体所有,这是车辆管理方面有别于其他发达国家的明显之处。因此,对二手车的鉴定评估很大程度上就是对国有资产的评估,评估结果直接关系到国有资产是否流失的问题。

(3)二手车属特殊商品。二手车流通涉及车辆管理、交通管理、环保管理、资产管理等各方面,属特殊商品流通。目前,我国对进入二级市场再流通的二手车有严格的规定,鉴定评估环节恰是防止非法交易发生的重要手段。

(4)二手车鉴定评估还关系到金融系统有关业务的健康有序开展,司法裁决公平、公正进行及企业依法破立、重组等诸多经济和社会问题。特别是在目前二手车市场已逐步成为我国汽车市场不可分割的重要组成部分的情况下,我们应该把科学准确地对二手车进行鉴定评估提高到促进汽车工业进步,有效扩大需求,乃至保障国民经济持续稳定发展和社会安定的高度来认识和把握。

2. 二手车鉴定评估的目的

二手车鉴定评估的目的是为了正确反映二手车的价值量及其波动情况,为将要发生的经济行为提供公平的价格尺度。具体而言,二手车鉴定评估的目的有以下几点。

(1)车辆交易。车辆交易即二手车的买卖,是二手车业务中最常见的一种经济行为。在二手车的交易过程中,买卖双方对交易价格的期望值是不同的。而二手车鉴定评估人员对交易的二手车进行的鉴定评估是第三方评估,可以作为双方议价的基础,从而起到协助确定二手车交易成交额的作用,进而协助二手车交易的达成。评估师必须站在公正、独立的立场对交易车辆进行评估,提供一个评估值,作为买卖双方成交的参考价格。

(2)车辆置换。随着2005年《汽车贸易政策》的颁布,越来越多的品牌专卖店(如4S店)展开以旧换新的置换业务,为使车辆置换顺利进行,必须对待置换的二手车进行鉴定评估并提供评估值。

(3)企业资产变更。在公司合作、合资、联营、分设、合并、兼并等经济活动中,牵涉资产所有权的转移,车辆作为固定资产的一部分,自然也存在产权变更的问题,在产权变更时,必须对其价值进行评估。

(4)车辆拍卖。法院罚没车辆、企业清算车辆、海关获得的抵税和放弃车辆、个人或单位的抵债车辆、公车改革的公务用车均须经过拍卖市场公开拍卖变现,拍卖前必须对车辆进行评估,为拍卖师提供拍卖的底价。

(5)抵押贷款。银行为了确保放贷安全,要求贷款人以一定的资产作为抵押。如果以在用汽车为抵押物,给予贷款人与汽车价格相适应的贷款,那么,这个抵押物到底值多少钱,也只有经过评估才能确定。因此,需要专业评估人员对汽车的价格进行评估。汽车价格评估值的高低,对贷款人则决定其可申请贷款的额度;对放贷者而言,评估的准确性一定程度上影响着贷款回收的安全性。

(6)保险。出险车主因车辆损坏从保险公司所获得的赔付额最大不得超出出险前的车辆价值,故有时必须对出险前车辆进行评估。

(7)司法鉴定。当事人遇到涉及车辆的讼诉时,委托鉴定评估师对车辆进行评估,有助于把握事实真相;同时,法院判决时,可以依据评估结果进行宣判,这种评估亦可由法院委托评估机构进行。此外,评估机构亦接受法院等司法部门或个人的委托鉴定和识别走私车、盗抢车、非法拼装车等非法车辆。

（8）修复价格评估。汽车修理厂应根据评估提供的查勘定损清单资料,确定更换部件的名称、数量、金额和修理部件的范围、工时定额费用及附加费,从而控制事故车辆总的修理费用,防止修理范围任意扩大。

2.1.6　二手车鉴定评估的范围

随着汽车与经济和社会活动联系的紧密和功能的拓展,车辆鉴定评估行为也逐步渗透到社会的各个领域,成为资产评估的重要组成部分。通过二手车评估目的可见二手车评估的范围包括如下几种情况:

（1）在流通领域,二手车在不同消费能力群体中互相转手,需要鉴定评估。

（2）有关企业开展收购、代购、代销、租赁、置换、回收（拆解）等二手车经营业务需要鉴定评估。

（3）在金融系统,银行、信托商店及保险公司开展抵押贷款、典当、保险理赔业务时,需要对相关车辆进行鉴定评估。

（4）有关单位通过拍卖形式处理罚没车辆、抵押车辆、企业清算等车辆时,需要对车辆进行鉴定评估以获取拍卖底价。

（5）司法部门在处理相关案件时,也需要以涉案车辆的鉴定评估结果作为裁定依据。

（6）企业或个人在公司注册、合资、合作、联营及合并、兼并、重组过程中也会涉及二手车鉴定评估业务。

除此以外,二手车鉴定评估的一个重要任务就是要鉴定、识别走私、盗抢、报废、拼装等非法车辆,防止其通过二手车市场重新流入社会。

2.1.7　二手车鉴定评估的业务类型

按鉴定评估服务对象的不同,把鉴定评估的业务类型分为交易类业务和咨询服务类业务。

交易类业务是服务于交易市场内部的二手车交易,主要目的是判定二手车的来历、确定收购价格、为交易双方提供交易的参考价格等。

咨询服务类业务是服务于交易市场外部的非交易业务,如资产评估（涉及车辆部分）、抵押贷款评估、法院咨询等。

交易类业务和咨询服务类业务一般都是有偿服务,其评估的程序和作业内容并没有太大的差别,但依评估的特定目的的不同,其评估作业的侧重点有所不同。例如,交易类评估的侧重点是二手车的来历、能否进入二手车市场流通及二手车的评估;而咨询服务类涉及识伪判定、交易程序解答、市场价格询问、国家相关法规咨询等方面的内容多些,当然也有一些要求提供正式的车辆评估。

2.1.8　二手车鉴定评估的特点

由于汽车是高科技产品,二手车流通又属特殊商品流通,与其他资产评估相比,二手车鉴定评估具有以下特征:

（1）知识面广。汽车鉴定评估理论和方法以资产评估学为基础，涉及经济管理、市场营销、金融、价格、财会及机械原理、汽车构造等多方面知识，技术含量高，因此汽车技术鉴定的依赖性较强。

（2）政策性强。从事鉴定评估的人员既要熟知《拍卖法》、《国有资产评估管理办法》、《汽车报废标准》、《二手车交易管理办法》等政策法规，还要掌握车辆管理有关规定及各地相关的配套措施。

（3）实践和技能水平要求高。要求从业人员不仅会驾驶汽车，而且还能使用检测仪器和设备，并能通过目测、耳听、手摸等手段判断二手车外观、总成的基本状况，能够通过路试判断发动机、传动系、转向系、制动系、电路、油路等工作情况，甚至对汽车主要部件功能和更换也要有一定的了解。评估过程是以人的智力活动为中心开展的，评估质量的高低取决于评估人员掌握的信息、知识结构和经验，体现评估人员的主体性。

（4）动态特征明显。目前汽车产品更新换代快，结构升级、技术创新层出不穷，加之市场经济条件下市场行情的多变难测，使二手车鉴定评估工作具有极强的动态性、时效性。要求从业人员在具体工作中不仅要掌握有关的账面原值、净值、历史依据，更要结合评估基准日这一时点的现实价格和行情，才能准确做出评估结果。

另外，由于被评估对象的类似性、重复性，要求评估机构在评估过程中加强自律性，克服随意性，而且由于汽车产品在不同环节的价值属性比较复杂，决定了二手汽车评估的多样性。

2.1.9　二手车鉴定评估的依据和原则

1. 二手车鉴定评估的依据

二手车鉴定评估实质上属于资产评估的范畴，因此其理论依据必然是资产评估学的有关理论和方法，在操作中应遵守我国有关资产评估和管理的有关政策法规，具体涉及二手车价格评估的主要有：《国有资产评估管理办法》、《国有资产评估管理办法实施细则》、《汽车报废标准》及其他有关的政策法规。另外，二手车价格评估中的价格依据主要有历史依据和现实依据。前者主要是二手车的账面原值、净值等资料，它具有一定的客观性，但不能作为评估的直接依据；后者在评估价值时以评估基准日为准，即以现时价格、现时车辆功能状态等为准。

2. 二手车鉴定评估的原则

二手车鉴定评估工作的原则是对二手车鉴定评估行为的规范。为了保证鉴定评估结果的真实、准确，做到公平合理，被社会承认，二手车的鉴定评估必须遵循一定的原则。

（1）公平性原则。评估人员必须处于中立的立场上对车辆进行评估。这是鉴定评估人员应遵守的一项最基本的道德规范。目前在不规范的二手车市场中，时有鉴定评估人员和二手车经销经纪人员互相勾结损害消费者利益或私卖公高估而公卖私则低估的现象，这是严重违反职业道德的行为。

（2）独立性原则。独立性原则要求二手车评估师依据国家的有关法律和规章制度及可靠的资料数据对被评估的车辆独立地作出评定。坚持独立性原则，是保证评定结果具有客观性的基础。要坚持独立性原则，首先评估机构必须具有独立性，评估机构不应从属于和交易结果有利益关系的二手车市场，目前已不允许二手车市场建立自己的评估机构。

（3）客观性原则。客观性原则是指评估结果应有充分的事实为依据。评估工作应尊重客观实际，反映被评估车辆的真实情况，所收集的与被评估车辆相关的统计数据准确；它要求车辆技术状况的鉴定结果必须翔实可靠,只有这样才能达到对被评估车辆现值的客观评估。

（4）科学性原则。科学性原则是指在二手车的评估过程中,必须依据评估的目的,选用合理的评估标准和评估方法,使评估结果准确合理。如以拍卖、抵押等适用清算价格标准计算;而一般的车辆交易则选用重置成本标准或现行市价标准。

（5）专业性原则。专业性原则要求鉴定评估人员,接受国家专门的职业培训,获得国家颁发的统一职业资格证书,如注册二手车鉴定评估师证、注册二手车高级鉴定评估师证,才能上岗。

（6）可行性原则。可行性原则也称有效性原则,要求评估人员有国家注册的评估师证;有可资利用的汽车检测设备;能获得评估所需的数据资料,而且这些数据资料是真实可靠的;评估的程序和方法是合法的、科学的。

🔍 任务回顾

（1）二手车鉴定评估业务接待的主要内容。

（2）编制二手车鉴定评估作业表。

⬇ 任务实施步骤

（一）任务要求

完成二手车鉴定评估业务接待洽谈工作,编制二手车鉴定评估作业表。

（二）任务实施的步骤

二手车鉴定评估业务接待洽谈工作和编制二手车鉴定评估作业表可参考如下步骤进行。

1. 了解车主基本情况

车主即二手车所有人,指车辆所有权的单位或个人。接受委托前应了解委托者是否是车主,是车主的即有车辆处置权,否则,无车辆处置权;同时还应了解车主单位(或个人)名称、隶属关系和所在地等。

2. 了解车主要求评估的目的

评估目的是评估所服务的经济行为的具体类型,根据评估目的,选择计价标准和评估方法。一般来说,委托二手车交易市场评估的大多数是属于交易类业务,车主要求评估价格的目的大都是作为买卖双方成交的参考底价。

3. 了解评估对象及其基本情况

（1）二手车类别,是乘用车,还是商用车等。

（2）二手车名称、型号、生产厂家和出厂日期。

（3）二手车初次注册登记日期和行驶里程。

（4）新车来历,是市场上购买,还是走私罚没处理,或是捐赠免税车。

（5）车籍,指车辆牌证发放地。

（6）使用性质,是公务用车、商用车,还是专业运输车或是出租营运车。

（7）手续是否齐全,是否年检。

对上述基本情况了解清楚以后,就可以作出是否接受委托的决定。如果接受委托,就要签订二手车鉴定评估委托书。

　　对于评估数量较多的业务,在签订二手车鉴定评估委托书之前,应安排到实地考察评估对象的情况。实地考察的目的是了解鉴定评估的工作量、工作难易程度和车辆现时状态(在用、已停放很久不用、在修或停驶待修)。

　　4. 填写评估作业表

　　当确定接受委托后,接待人员将完成《二手车鉴定评估作业表》部分内容的填写工作,具体应填写的内容见表2-1。如果洽谈时,委托方携带了相关证件并且将二手车同时开到了评估机构,则可根据证件的内容及对车辆的核查结果,补充填写更多的内容。

表 2-1　二手车鉴定评估作业表

车主		×××	所有权性质	□公 □私	联系电话		××××
住址		××××××		经办人		×××	
车辆技术参数与使用情况	厂牌型号	×××	机动车号牌	×××	车辆类型		×××
	车辆识别代号(VIN)				颜色		
	发动机号			车架号			
	载质量/座位/排量				燃料种类		
	初次登记日期			车辆出厂日期			
	已使用年限		累计行驶里程		使用用途		×××
检查核对交易证件	证件		□原始发票 □登记证 □行驶证 □法人代码或身份证 □其他				
	税费		□购置附加税 □其他				
结构特点							
现时技术状况							
维护情况				现时状态			
价值反映	账面原值(元)			车主报价(元)			
	重置成本(元)		成新率		评估价格(元)		

鉴定评估目的:
提供交易双方的参考价格

鉴定评估说明:

填表说明:

(1)现时技术状况:必须如实填写对车辆进行技术鉴定的结果,客观真实地反映出二手车主要概况(含车身、底盘、发动机、电气、内饰等)以及整车的现时技术状况。

(2)鉴定评估说明:应详细说明重置成本、预期收益、成新率等的计算方法以及评估价格的计算方法。

注册二手车鉴定评估师(签名):　　　　　复核人(签名):

2010年　　月　　日　　　　　　　　　2010年　　月　　日

任务二 签订二手车鉴定评估委托书

知识目标
- 掌握二手车鉴定评估委托书的格式。
- 掌握二手车鉴定评估委托书的内容要求。

能力目标
- 能够运用相关知识,进行二手车鉴定评估委托书的撰写。

任务剖析

二手车鉴定评估委托书是受托方与委托方对各自权利和义务的协定,是一项经济合同性质的契约。

二手车鉴定评估委托书必须符合国家法律、法规和资产评估业的管理规定。涉及国有资产占有单位要求申请立项的二手车鉴定评估业务,应由委托方提供国有资产管理部门关于评估立项申请的批复文件,经核实后,方能接受委托,签署委托书。

任务载体

二手车鉴定评估委托书的撰写。

相关知识

2.2.1 二手车鉴定评估机构的职能

1. 评估职能

评估即评价、估算,指对某一事物或物质进行评判和预估。评估职能是评估所应具有的作用。二手车鉴定评估机构与其他公估人一样具有一种广义的评估职能,包括评价职能、勘验职能、鉴定职能、评估职能等。二手车鉴定评估机构对二手车进行评估,得出评估结论,并说明得出结论的充分依据和推理过程,体现出其评估职能。评估职能是二手车鉴定评估机构的关键职能。

2. 公证职能

二手车鉴定评估机构对二手车评估结论作出符合实际、可以信赖的证明。二手车鉴定评估机构之所以具有公证职能,是因为以下两点:

(1)二手车鉴定评估机构有丰富的二手车评估知识和技能,在判断二手车评估结论准确与否的问题上最具资格和权威性。

(2)作为当事人之外的第三方,二手车鉴定评估机构完全站在中立、公正的立场上就事论事、科学办事。

公证职能是二手车鉴定评估机构的重要职能,并具有以下特征:

笔记

（1）这种公证职能虽然不具备定论作用，但却有促成事故结案、买卖成交的作用，因为当事人双方难以找出与评估结论完全不同的原因或理由。

（2）这种公证职能虽然不具备法律效力，但该结论可以接受法律的考验。这是因为二手车鉴定评估机构的评估结论确定之后，必须经当事人双方接受才能结案或买卖成交。一旦当事人双方有一方不能接受，则可选择其他途径解决，如调解协商、仲裁或诉讼。但是，二手车鉴定评估机构可以接受委托方的委托出庭辩护，甚至可被聘请为诉讼代理人出庭诉讼，本着对委托方特别是对评估报告负责的原则，促成双方接受既定结论。

3. 中介职能

二手车鉴定评估机构作为中介人，从事评估经济活动，并参与相关利益的分配，为当事人提供服务，具有鲜明的中介职能。

（1）二手车鉴定评估机构可以受托于双方当事人的任何一方。

（2）二手车鉴定评估机构以当事人之外的第三方身份从事二手车评估经营活动，从当事人一方获得委托，以中间人立场执行二手车评估，并收取合理费用。

这样，二手车鉴定评估机构以中间人的身份，独立地开展二手车评估，从而得出评估结论，促成双方当事人接受该结论，为当事人提供中介服务，从而发挥其中介职能作用。

2.2.2　二手车鉴定评估机构的特征

1. 经济性

二手车鉴定评估机构通常需通过相关的专业技术人员，接受诸多当事人（如保险公司、车主等）的委托，处理不同类型的二手车评估业务，积累二手车评估经验，提高二手车评估水平从而帮助当事人降低成本，提高经济效益。

2. 专业性

二手车鉴定评估机构的市场定位是向众多当事人提供专业的评估业务。由于其对特定的对象（二手汽车）进行评估，而汽车种类繁多，当事人的要求又千差万别，所以，二手车鉴定评估机构比一般的资产评估机构在评估技术方面更专业，经验更丰富。

3. 中介性

二手车鉴定评估机构作为汽车保险市场、二手车交易市场、汽车碰撞事故双方的中介，易被双方当事人所接受，因而可以缓解当事人双方的矛盾并增大回旋余地。可以说，二手车鉴定评估机构是减少当事人之间摩擦的润滑剂。然而，二手车鉴定评估机构毕竟是以获取利润为目标的中介组织，因此，无论评估人本身是否出于商业目的，公众及媒体不应过于强调其公正性，特别是在现阶段，二手车鉴定评估机构的法律地位完全不同于我国司法系统中的公证部门。

需要说明的是，如果二手车鉴定评估机构的工作使委托人不满意，当事人可以要求改进甚至推倒重来，毕竟结果最终还是涉及当事人的利益。由此可见，二手车鉴定评估机构因工作失误而给当事人造成的损失是极为有限的。它与其他中介人的作用有很大不同。

除了上述三个特征之外，在有些具体业务领域，对从业人员的要求还具有严格性。二手车鉴定评估人员除应具有汽车专业技术知识外，还需具有财务、会计、法律、经济、金融、保险等知识。如需从事汽车保险公估业务，其从业人员必须通过保险公估资格考试，获得《保险公估资格证书》，持证上岗。

2.2.3　二手车鉴定评估机构的地位

二手车鉴定评估机构的地位是独立的,主要表现在如下几个方面:

(1) 二手车鉴定评估机构执行评估业务时,既不代表双方当事人,也不受行政权力等外界因素干扰。

(2) 在开展二手车评估业务的整个进程中,汽车评估执业人员保持着独立的思维方式和判断标准。

(3) 二手车鉴定评估人员的评估分析和结论保持独立性,这一特征在二手车鉴定评估机构所出具的评估报告中得以充分体现。

(4) 二手车鉴定评估人员具有知识密集性和技术密集性的特征,在二手车评估领域具有一定的权威地位,但从法律的角度看,这种权威地位是相对的。从市场地位而言,二手车鉴定评估人员必须坚持独立的立场,无论针对哪一方委托的事务都应作出客观、公平的评判。

2.2.4　设立二手车鉴定评估机构应具备的条件和程序

1. 二手车鉴定评估机构应具备的条件

根据《二手车流通管理办法》第九条规定,二手车鉴定评估机构应具备的条件如下:

(1) 经营者必须是独立的中介机构。

(2) 有固定的经营场所和从事经营活动的必要设施。

(3) 有 3 名以上从事二手车鉴定评估业务的专业人员(包括本办法实施之前取得国家职业资格证书的二手车鉴定评估师)。

(4) 有规范的规章制度。

2. 设立二手车鉴定评估机构的程序

根据《二手车流通管理办法》第十条规定,设立二手车鉴定评估机构,应当按下列程序办理:

(1) 申请人向拟设立二手车鉴定评估机构所在地省级商务主管部门提出书面申请,并提交符合本办法第九条规定的相关材料。

(2) 省级商务主管部门自收到全部申请材料之日起 20 个工作日内作出是否予以核准的决定,对予以核准的,颁发《二手车鉴定评估机构核准证书》,不予核准的,应当说明理由。

(3) 申请人持《二手车鉴定评估机构核准证书》到工商行政管理部门办理登记手续。

外商投资设立二手车交易市场、经销企业、经纪机构、鉴定评估机构的申请人(外资并购二手车交易市场和经营主体,以及已设立的外商投资企业增加二手车经营范围的),应当分别持符合《二手车流通管理办法》第八条、第九条规定和《外商投资商业领域管理办法》、有关外商投资法律规定的相关材料报省级商务主管部门。省级商务主管部门进行初审后,自收到全部申请材料之日起 1 个月内上报国务院商务主管部门。合资中方有国家计划单列企业集团的,可直接将申请材料报送国务院商务主管部门。国务院商务主管部门自收到全部申请材料 3 个月内会同国务院工商行政管理部门,作出是否予以批准的决定,对予以批准的,颁发或者换发《外商投资企业批准证书》;不予批准的,应当说明理由。申请人持《外商投资企业批准证书》到工商行政管理部门办理登记手续。

2.2.5　二手车鉴定评估师的执业准入和资格认证

1. 二手车鉴定评估师职业简介

1) 二手车鉴定评估师的概念

"二手车鉴定评估师"在我国职业大典上原来称为"旧机动车鉴定估价师"。该职业是指运用目测、路试及借助相关仪器设备对二手车的技术状况进行综合检验和检测,结合车辆相关文件资料对二手车的技术状况进行鉴定,并根据评估的特定目的,依据二手车鉴定评估定价标准等一系列科学方法来确定二手车价格的专业技术人员。二手车鉴定评估师与房地产评估师、资产评估师等同属于国务院批准的六类资产评估职业之一。

二手车鉴定评估师职业从定义看似简单,其实对其具有的知识技能提出了很高要求。《二手车流通管理办法》和之前劳动和社会保障部颁布的《二手车鉴定评估师国家职业标准》、《关于规范二手车鉴定评估工作的通知》等政策法规的实施,使二手车流通走向规范化和法制化。

2) 二手车鉴定评估师在二手车交易中的地位

在二手车交易中,大部分车主和买主都不能客观地对车辆的现值作出决定,因此,需要第三方能移本着公正、科学、专业的原则,对交易车辆的价格作出一个合理的估算,提供一个交易双方都认可的评估值。能够承担起这个责任的就是二手车鉴定评估师。所以,二手车鉴定评估师对车辆的评估是二手车交易中一个必不可少的环节,二手车鉴定评估师在车辆交易中有着重要的地位。

如果在二手车交易过程中,没有二手车鉴定评估师的存在,会产生什么样的情况呢? 首先,卖车者会对车辆的价格无所适从,对定价的高低把握不准,定价过高,会造成有价无市,无人购买。定价过低,就会给一些非法的炒买炒卖者有机可乘,成为炒车者的供货渠道,进一步影响二手车交易的良好交易环境;其次,买车者会对卖车者自己定价产生怀疑。价格高了,会认为是炒买炒卖行为,对交易的质量不放心。价格低了,又会认为是交易车辆存在质量和交通事故等问题,使得交易无法进行。由于二手车鉴定评估师是通过全国统一考核合格,获得劳动和社会保障部颁发的职业资格证书的专业人员,可以通过掌握的理论知识和丰富的实践经验,对进入交易市场进行交易的二手车,作出初步的手续、车况检查,并对交易车辆提出较为合理的市场建议价。所以,在二手车交易中二手车鉴定评估师不可或缺。

3) 二手车鉴定评估师在二手车交易中的作用

二手车鉴定评估师在二手车交易中所起的作用有以下几点:

(1) 二手车鉴定评估师在交易中起着承前启后的作用。在车辆交易中,买卖双方由于无法对车价有一个一致的认同,必须要借助评估师的评估能力,对交易车辆的价值作出一个较为客观的评估。

(2) 二手车鉴定评估师在交易中起着引导的作用。当交易双方对车辆的车况等各种状况不甚了解的情况下,往往要参考二手车鉴定评估师等专业人士的意见,特别是买车者会较为注重评估师的意见。评估师的专业意见会对车辆的成交与否起到引导的作用。

(3) 二手车鉴定评估师在交易中起着平衡双方利益的作用。由于车辆能否成交与车辆的价格有着直接的关系,买方希望买入的价格低,卖方希望卖出的价格高,两者间存在着矛盾,这时,要求评估师能够起到一个协调双方利益的作用。

(4) 二手车鉴定评估师评估价的质量起着促进二手车交易量的作用。判断一个评估价的

笔记

质量好坏,它应该做到合理、合适,对被评估车辆的状况反映出合适的价格。只要评估价做到公正、合理,会使买卖双方尽快成交,从而促进交易量的提高。

(5)产权转移时发挥作用。就狭义的产权转移而言,是指车辆的过户转籍。二手车在二手车交易市场成交以后须办理过户转籍。由于过户时要缴纳相关的过户交易费,车辆要进行评估,按评估值的比例收取相关费用。

(6)为二手车抵押贷款的评估发挥作用。二手车抵押贷款是近年新兴起的一种二手车交易方式,指的是买车者在二手车交易市场购买二手车,并提供有效的抵押担保,向可以提供贷款的商业银行提出贷款申请,用以支付购买二手车所需部分款项的交易方式。因为银行的贷款额是按车辆的价值来发放的,所以评估师要对交易车辆进行评估,使得该项交易得以顺利进行。

(7)为企业的车辆评估发挥作用。随着我国经济体制改革力度的加大,国有车辆大量进入民间,为了避免国有资产的流失,评估师在这里的评估值至关重要,要起到确保国有资产不致流失的作用。

(8)为防止二手车的非法交易发挥作用。二手车属特殊商品。二手车的流通涉及车辆管理、交通管理、环保管理、资产管理等各方面,属特殊商品流通。目前,我国对进入二级市场再流通的二手车有严格的规定,鉴定评估环节正是防止非法交易发生的重要手段。二手车鉴定评估的一个重要任务就是要通过鉴定,识别走私、盗抢、报废、拼装等非法车辆,以防重新流入社会。

4)二手车鉴定评估师资格认证

鉴定评估是二手车流通的重要环节,直接关系到能否保证二手车公平、公正交易,维护消费者权益,防止税收和国有资产流失。自1999年劳动和社会保障部推行二手车鉴定评估师职业资格证书以来,我国已有数千人取得了二手车鉴定评估师资格。大多数鉴定评估师能遵纪守法,遵守职业道德,依照法律、法规及有关文件的规定,做好二手车的鉴定评估工作。根据《关于规范二手车鉴定评估工作的通知》,对二手车鉴定评估有如下规定:

(1)实行二手车鉴定评估师职业资格和就业准入制度。从事二手车鉴定评估工作的人员,必须取得劳动和社会保障部颁发的二手车鉴定评估师职业资格证书。没有取得职业资格证书的人员,不得从事二手车鉴定评估工作。各地劳动保障部门要加强对二手车鉴定评估师就业准入管理工作,与经贸部门密切配合,积极推进二手车鉴定评估从业人员持证上岗制度。

(2)二手车鉴定评估师职业资格分为鉴定评估师和高级鉴定评估师两个等级。其考核颁证工作实行全国统一标准,即统一教材、统一命题、统一考核和统一证书。劳动和社会保障部与国家经贸委共同负责全国二手车鉴定评估师职业资格制度的政策制定、组织协调和监督管理,并委托劳动和社会保障部职业技能鉴定中心和中国汽车流通协会具体组织实施。

二手车鉴定评估师要担负的使命将是为二手车交易双方展开公正和公平的车辆鉴定和价格评估,并逐渐覆盖到二手车交易过程中的各个相关环节,成为一种涵盖汽车产品的技术评定、产品评估、交易代理等一体的专业人员。

近年来,伴随新车市场的快速发展及国家《二手车流通管理办法》等政策的出台,我国的二手车交易日趋活跃,二手车市场交易呈现出高速发展的繁荣景象。在这个背景下,二手车鉴定评估师已成为市场稀缺的热门职业之一。

然而,在有些二手车交易市场,二手车经营主体、鉴定评估和拍卖机构内经常遇到有好多笔记持中级(四级)和高级(三级)职业资格证的人员把自己叫成"中级或高级二手车鉴定评估师"。这是一种严重的等级混淆和概念错误,应该称谓"中级或高级二手车鉴定评估员",其职业资格证领域的技师(二级)和高级技师(一级)才等同于技术资格证领域中的中级、高级技术资格证(中级和高级),这一级别的称谓才能叫"中级或高级二手车鉴定评估师"。

2. 二手车鉴定评估师申报条件

1)二手车鉴定评估师申报条件

二手车鉴定评估师需同时具备的条件如下:

(1)文化程度具备以下条件之一:

① 高中毕业,从事本行业工作5年以上。

② 中等专科学校毕业,非汽车专业,从事本行业工作4年以上;汽车专业,从事本行业工作2年以上。

③ 大专以上,非汽车专业,从事本行业工作2年以上;汽车专业,从事本行业工作1年以上。

(2)会驾驶汽车并考取驾驶证。

(3)具有一定的车辆性能判断能力。

(4)具有一定的汽车营销知识。

2)二手车高级鉴定评估师申报条件

二手车高级鉴定评估师需同时具备的条件如下:

(1)文化程度具备以下条件之一:

① 高中毕业,从事本行业工作8年以上。

② 中等专科学校毕业,非汽车专业,从事本行业工作6年以上;汽车专业,从事本行业工作4年以上。

③ 大学专科以上,非汽车专业,从事本行业工作5年以上;汽车专业,从事本行业工作3年以上。

(2)具有汽车驾驶证,驾龄不低于3年。

(3)具有较强的汽车性能判别能力。

(4)具有丰富的汽车营销知识和经验。

3. 二手车鉴定评估师的要求

1)基本要求

(1)职业道德要求。热爱本职工作,遵守职业道德,具有较高的政治素质和法制观念,从事业务要保证公平、公开,不得利用职业之便损害国家、集体和个人利益。

(2)基础知识要求。二手车鉴定评估师应具备以下基础知识:

① 机动车结构和原理知识。

② 二手车价格及营销知识。

③ 机动车驾驶技术。

④ 国家关于二手车管理的政策及法规。

2)二手车鉴定评估师的技能要求

(1)二手车鉴定评估师的技能要求,如表2-2所示。

表 2-2　二手车鉴定评估师的技能要求

职业功能	工作内容	技 能 要 求	相 关 知 识	分配比例
咨询服务	业务接待	1. 能按岗位责任和规范要求，文明用语、礼貌待客 2. 能够简要介绍二手车交易方式、程序和有关规定	1. 岗位责任和规范要求 2. 二手车交易主要方式、程序和有关规定	1
	法规咨询	1. 能向客户解答二手车交易的法定手续 2. 能向客户说明不同车主、不同类型二手车交易的有关法规	1. 国家对不同车主、不同类型二手车交易的规定 2.《汽车报废标准》、《二手车交易管理办法》等	1
	技术咨询	1. 能向客户解答汽车常用的技术参数、基本构造原理及使用性能 2. 能识别汽车类别、国产车型号和进口汽车出厂日期 3. 能根据客户提供的情况，初步鉴别二手车新旧程度	1. 汽车主要技术参数、使用性能及基本构造原理 2. 汽车分类标准、国产车型号编制规则及进口车出厂日期的识别方法 3. 鉴别二手车新旧程度基本方法	2
	价格咨询	1. 能掌握二手车市场价格行情 2. 能向客户简要介绍二手车市场的供求状况 3. 能向客户介绍二手车交易所需的基本费用	1. 二手车价格行情、供求信息的收集渠道和方法 2. 二手车交易各项费用价格构成因素	1
手续检查	检查车辆各项手续	1. 能按规定检查二手车交易所需的各项手续 2. 能识别二手车交易所需票证的真伪	1. 二手车交易手续和相关知识 2. 二手车交易所需票证识伪常识	8
车况检查	技术状况检查	1. 通过目测、耳听、试摸等手段，能判断二手车外观和主要总成的基本状况 2. 通过路试，能判断发动机动力性能，传动系、转向系、制动系、电路、油路等工作情况	1. 目测、耳听、试摸检查二手车的方法和要领 2. 路试检查二手车的方法和要领 3. 汽车检测技术常识	40
	技术状况检测	1. 能读懂汽车检测报告 2. 会使用简单的检测仪器和设备		

（续表）

职业功能	工作内容	技能要求	相关知识	配分比例
技术鉴定	二手车主要部件技术状况鉴定	1. 熟悉汽车主要部件正常工作的状态 2. 能判定二手车主要部件的技术状况	1. 汽车主要部件的工作原理 2. 检测报告数据分析方法 3. 二手车技术状况等级鉴定方法	22
	二手车整车技术状况鉴定	1. 能正确分析检测报告的数据 2. 能判定二手车整车的技术状况等级		
评估定价	评估价格	1. 根据车况检测和技术鉴定结果，确定二手车的成新率 2. 根据二手车成新率及市场行情，确定二手车价格	1. 确定二手车成新率的方法 2. 二手车价格评估程序和方法	25
	编写评估报告	能编写二手车鉴定估价报告	评估报告的格式、要求	

（2）二手车高级鉴定评估师的技能要求，如表 2-3 所示。

表 2-3　二手车高级鉴定评估师的技能要求

职业功能	工作内容	技能要求	相关知识	配分比例
咨询服务	业务接待	1. 能合理运用社交礼仪及社交语言 2. 能与国外客户进行简单交流 3. 能发现客户的需求和交易动机，营造和谐的洽谈气氛	1. 营销工作中的公关语言、礼仪 2. 常用外语口语 3. 客户的需求心理、交易动机等常识	1
	法规咨询	1. 能向客户解答二手车交易的法定手续 2. 能向客户说明不同车主、不同类型二手车交易的有关法规	1. 国家对不同车主、不同类型二手车交易的规定 2.《汽车报废标准》、《二手车交易管理办法》等	1
	技术咨询	1. 能向客户解答和说明汽车主要总成的工作原理 2. 能向客户介绍汽车维护、修理常识 3. 能为客户判断二手车常见故障 4. 能理解国外常见车型代号的含义 5. 能看懂进口汽车英文产品介绍、使用说明等技术资料	1. 汽车主要总成工作原理 2. 汽车维护、修理常识 3. 汽车常见故障 4. 国外常见车辆型号的含义 5. 汽车专业英语基础	2

（续表）

笔记

职业功能	工作内容	技 能 要 求	相 关 知 识	配分比例
咨询服务	价格咨询	1. 能通过计算机网络查询二手车价格行情和供求信息 2. 能分析说明二手车市场价格、供求变化趋势 3. 能根据车辆使用情况，初步估计二手车价格	1. 计算机信息系统软件使用方法 2. 价格学、市场学基础知识 3. 二手车价格粗估方法	1
	投资咨询	1. 能帮助客户根据用途选择车型 2. 能根据客户需要，提供投资建议	1. 二手车用途及购买常识 2. 二手车投资收益分析方法	2
手续检查	检查车辆各项手续	1. 能按规定检查二手车交易所需的各项手续 2. 能识别二手车交易所需票证的真伪	1. 二手车交易手续和相关知识 2. 二手车交易所需票证识伪常识	5
车况检查	技术状况检查	1. 能识别事故车辆 2. 能识别翻新、大修车辆 3. 能发现二手车主要部件更换情况	1. 识别事故车辆、翻新车辆、大修车辆的方法 2. 汽车维修常识 3. 汽车基本的检测技术和方法	38
	技术状况检测	1. 熟悉汽车检测的基本项目 2. 能掌握汽车基本检测方法 3. 会使用汽车常用的检测仪器和设备		
技术鉴定	二手车主要部件技术状况鉴定	熟知汽车主要部件的技术状况对整车性能的影响	1. 汽车部件损耗规律 2. 二手车技术鉴定报告格式和内容	20
	二手车整车技术状况鉴定	能撰写二手车技术鉴定结果报告		
评估定价	评估价格	1. 能掌握国家有关设备折旧规定和计算方法 2. 能掌握和运用多种评估定价方法 3. 能利用计算机鉴定评估软件估价	1. 设备折旧法 2. 二手车评估软件使用方法 3. 价格策略与常用定价方法：成本定价法、需求定价法、竞争定价法 4. 计算机文字处理软件使用方法	25
	编写评估报告	能够运用计算机编写评估报告		
工作指导	指导鉴定评估的工作	1. 了解汽车的发展动态 2. 能指导二手车鉴定评估师处理工作中遇到的较复杂问题 3. 能结合实际情况，对鉴定评估工作提出改进意见	汽车发展动态以及鉴定评估的相关知识	5

3）二手车鉴定评估人员的岗位职责

二手车价格评估人员的岗位职责如下：

（1）遵守《二手车鉴定评估从业人员工作守则》，认真履行岗位职责。

（2）接待二手车交易客户，受理客户鉴定评估的委托。

（3）接受客户对二手车交易的咨询，引导客户合法交易。

（4）负责检查二手车交易的各项证件。

（5）负责收集二手车鉴定评估的政策法规资料、车辆技术资料和市场价格信息资料。

（6）负责收集二手车的技术鉴定，估算价格。

（7）不准盗抢、走私、非法拼装、报废车辆进场交易。

（8）负责报告鉴定评估结果，与客户商定确认评评估格。

（9）填写鉴定评估报告，指导资料员存档。

（10）协助领导做好有关鉴定评估的其他工作。

4）二手车鉴定评估人员的素质要求

随着二手车市场的迅猛发展，二手车市场存在的许多重要问题日益突出，要求加强"鉴定评估"、"行业管理"的呼声越来越高。其中，比较突出的问题就是规范二手车定价。我国二手车市场从业人员技术素质参差不齐，缺乏统一标准，缺乏经验，缺乏职业道德。特别是在二手车评估这一中心环节上，有的二手车交易市场缺少合格的专业鉴定评估师，评估随意性较大，定价不太合理，广大消费者的合法权益不能得到保障，企业权益和国家利益常常受到不同的侵害。这就要求充分认识、提高二手车鉴定评估师素质的重要性和迫切性，使其发挥更大作用。

二手车鉴定评估人员的素质直接影响着二手车价格评估工作的质量。一名合格的二手车鉴定评估人员应具备的素质主要体现在政策理论素质、业务素质和思想品德素质三个方面。

（1）政策理论素质：

① 掌握马克思主义的基本理论，能运用马克思主义的立场、观点和方法分析和解决问题。

② 有一定的资产评估业务理论，熟悉资产评估基本原理和基本方法。

③ 有一定的政策水平，熟知国家有关二手车交易的政策法规和国家在各个时期的路线、方针和政策。

（2）业务素质：

① 具有一定的知识面。二手车鉴定评估涉及知识面广，它不仅要求鉴定评估人员具备财会、经济管理、市场、金融、物价等经济学科方面的知识，同时还要求鉴定评估人员具有工程技术、微机操作方面的知识。鉴定评估人员具有较全面的知识结构，才能胜任二手车的鉴定评估工作。

② 具有娴熟的评估技巧和计算技术。

③ 具有较高的收集、分析和运用信息资料的能力。

④ 具有准确的判断能力，二手车鉴定评估的过程，就是一个对二手车技术状况进行判断、鉴定，从而对其价格进行估算的过程。

（3）思想品德素质。包括以下内容：热爱祖国，遵纪守法，公正廉洁。鉴定评估人员只有具备较高的思想品德素质，才能在评估工作中自觉履行自己的职责和义务，恪守职业道德，全心全意为客户服务。

4. 二手车鉴定评估师注册登记管理办法

根据《关于规范二手车鉴定评估工作的通知》的规定，二手车鉴定评估师实行注册登记管理制度。中国汽车流通协会负责对二手车鉴定评估师职业资格的注册登记，并制定了《二手车鉴定评估师注册登记管理办法》。其具体内容如下：

（1）为加强对二手车鉴定评估师的长期动态管理，不断提高二手车鉴定评估师的职业技术水平，更好地发挥其在二手车鉴定评估中的作用，根据《关于规范二手车鉴定评估工作的通知》制定本办法。

（2）本办法中所称二手车鉴定评估师是指经全国统一考核合格，取得劳动和社会保障部颁发的、由劳动和社会保障部培训就业司与劳动和社会保障部职业技能鉴定中心颁发的二手车鉴定评估师职业资格证书的人员。

（3）中国汽车流通协会是二手车鉴定评估师职业资格的注册管理机构。商务部、劳动和社会保障部对二手车鉴定评估师职业资格的注册和使用情况有检查、监督的责任。

（4）已取得二手车鉴定评估师职业资格的人员，每两年应接受继续教育或业务培训，不断更新知识，以保持较高的专业水平。

（5）二手车鉴定评估师职业资格注册有效期为一年。有效期满前一个月，持证人将劳动和社会保障部统一颁发的"二手车鉴定评估师职业资格证书"与中国汽车流通协会统一颁发的"二手车鉴定评估师注册登记证"及由单位领导签字并加盖公章的"二手车鉴定评估师注册登记表（见表2-4）"寄到中国汽车流通协会或协会委托的地方行业协会，办理注册登记手续。对有争议或群众反映强烈的持证者，中国汽车流通协会将调查核实并征求地方人民政府负责管理二手车鉴定评估业的部门的意见，再决定是否对其办理注册手续。

表 2-4　二手车鉴定评估师注册登记表

姓　　名		性　　别		出生年月		（首次注册）
民　　族		学　　历		从事本专业时间		
现工作单位				职　　务		
详细地址				邮编		
联系电话		（区号）	（电话）	（手机）		
传　　真			身份证号			
注册情况			□首次注册　□年度审核			
二手车鉴定评估师职业资格证书号			二手车高级鉴定评估师职业资格证书号			
本年度工作业绩						
单位鉴定意见	领导签字　　公　章　　年　　月　　日					
省企业营销协会初审意见	领导签字　　公　章　　年　　月　　日					
中国汽车流通协会意见	领导签字　　公　章　　年　　月　　日					

（6）二手车鉴定评估师只能在一个评估机构或相关企业执业，不得以其鉴定评估师身份在其他企业兼职。二手车鉴定评估师调离原单位，仍继续从事二手车鉴定评估工作者，须在一个月内凭调入、调出单位有关证明到中国汽车流通协会或协会委托的地方行业协会重新办理注册登记手续。

（7）二手车鉴定评估师职业资格注册后，有下列情形之一的，应由所在单位向中国汽车流通协会提出注销注册申请，并将"二手车鉴定评估师注册登记证"寄回中国汽车流通协会。

① 完全丧失民事行为能力者。

② 死亡或失踪者。

③ 受刑事处罚者。

④ 因严重违反职业道德或其他原因不宜继续从事二手车鉴定评估工作者。

（8）二手车鉴定评估师有下列情形之一的，由中国汽车流通协会视其情节轻重，给予警告、暂停从业、注销注册的处分。

① 在执业期间，因违反法律、法规规定对国家、委托人所造成的经济损失有直接责任者。

② 利用执行业务之便，索取、收受委托人不正当的酬金或其他财物，或者谋取不正当的利益者。

③ 允许他人以本人名义执行业务。

④ 同时在两个或者两个以上的二手车鉴定评估机构执行业务。

⑤ 二手车鉴定评估师工作变动，未在规定期限到中国汽车流通协会办理变更或注销手续。

⑥ 二手车鉴定评估师职业资格未按规定注册。

⑦ 违反法律、法规的其他行为。

（9）申请人对其不予注册、警告、暂停从业、注销注册的处分如有异议可在收到通知20天内向中国汽车流通协会申请复议。

二手车鉴定评估师所在注册单位凡经改制更名的，应提交《二手车鉴定评估师变更注册单位审批表》，如表2-5所示。

表2-5　二手车鉴定评估师变更注册单位审批表

姓　名		性　别		出生年月	
民　族		学　历		从事本专业时间	
注册证编号					
二手车鉴定评估师 职业资格证书号			二手车高级鉴定估价师 职业资格证书号		
调出企业				职　务	
地　址				邮　编	
电　话		（区号）　　（电话）　　（传真）			

（续表）

调入企业		职　务	
地　址		邮　编	
电　话	（区号）　　（电话）　　（传真）　　（手机）		
从业简历			
工作调动原因			
调出企业意见	领导签字　　公　章 　年　　月　　日		
调入企业意见	领导签字　　公　章 　年　　月　　日		
省企业营销 协会初审意见	领导签字　　公　章 　年　　月　　日		
中国汽车流通 协会意见	领导签字　　公　章 　年　　月　　日		

通信地址：　　　　　　　　　　　　　　　　邮编：
联系人：　　　　　　　　　　　　　　　　　电话：　　　　传真：

🔍 任务回顾

（1）二手车鉴定评估机构和评估师的要求。
（2）编制二手车鉴定评估委托书。

⬇ 任务实施步骤

（一）任务要求

　　二手车评估机构前台接待人员（或负责人）通过询问委托人（或车主）以及委托人携带的车辆资料（如登记证书、行驶证、购车发票等），编制二手车鉴定评估委托书，将其中的一份送与委托人，另一份由评估机构保存。

（二）任务实施的步骤

　　编制二手车鉴定评估委托书可参考表2-6中的规定内容样例进行填写。

笔记

表 2-6　二手车鉴定评估委托书

编号：_____

二手车鉴定评估机构：_____

因 □交易 □转籍 □拍卖 □置换 □抵押 □担保 □咨询 □司法裁决需要，特委托你单位对车辆（号牌号码_____ 车辆类型_____ 发动机号_____ 车架号_____）进行技术状况鉴定并出具评估报告书。

附：委托评估车辆基本信息

车主		身份证号码/法人代码证书		联系电话	
住址				邮政编码	
经办人		身份证号码		联系电话	
住址				邮政编码	
车辆情况	厂牌型号			使用用途	
	载重量，座位/排量			燃料种类	
	初次登记日期	年　月　日		车身颜色	
	已使用年限	年　个月	累计行使里程（万千米）	
	大修次数	发动机（次）	整车（次）	
	维修情况				
	事故情况				
价值反映	购置日期	年　月　日	原始价格（元）	
	车主报价（元）				

填表说明：

(1) 若被评估车辆使用用途曾经为营运车辆，需在备注栏中予以说明；

(2) 委托方必须对车辆信息的真实性负责，不得隐瞒任何情节，凡由此引起的法律责任及赔偿责任由委托方负责；

(3) 本委托书一式两份，委托方、受托方各一份。

委托方：(签字、盖章)　　　　　　　　经办人：(签字、盖章)
　年　月　日　　　　　　　　　　　　　年　月　日

任务三　拟定二手车鉴定评估作业方案

知识目标
- 掌握二手车鉴定评估方案的格式。
- 掌握二手车鉴定评估方案的内容要求。

能力目标
- 能够运用相关理论，进行二手车鉴定评估方案的撰写。

任务剖析

　　鉴定评估方案是二手车鉴定评估机构根据二手车鉴定评估委托书的要求而制定的规划和安排。

　　鉴定评估方案主要内容包括:评估目的、评估对象、鉴定评估基准日、安排具有鉴定评估资格的评估人员及协助评估人员工作的其他人员、现场工作计划、评估程序、评估具体工作和时间安排、拟采用的评估方法及其具体步骤等。

任务载体

　　二手车鉴定评估方案的撰写。

相关知识

2.3.1　二手车价格评估的前提条件

　　二手车的价格评估运用资产评估学的理论和方法,是建立在一定的假设条件之上的。二手车价格评估的假设前提有继续使用假设、公开市场假设和破产清算(偿)假设。

1. 继续使用假设

　　继续使用假设是指二手车将按现行用途继续使用,或转换用途继续使用。对这些车辆的评估,就要从继续使用的假设出发,而不能按车辆拆零出售零部件所得收入之和进行评估。比如,一辆汽车用作营运,其评估可能是 4 万元;而将其拆成发动机、底盘等零部件分别出售时也可能仅值 3 万元。可见同一车辆按不同的假设用作不同的目的,其价格是不一样的。

　　在确定二手车能否继续使用时,必须充分考虑如下的条件:

　　(1) 车辆具有显著的剩余使用寿命,而且能以其提供的服务或用途,满足所有者经营上或工作上期望的收益。

　　(2) 车辆所有权明确,并保持完好。

　　(3) 车辆从经济上和法律上允许转作他用。

　　(4) 充分地考虑了车辆的使用功能。

2. 公开市场假设

　　公开市场是指充分发达与完善的市场条件。公开市场假设,是假定在市场上交易的二手车辆,交易双方彼此地位平等,彼此双方都获取足够市场信息的机会和时间,以便对车辆的功能、用途及其交易价格等作出理智的判断。

　　公开市场假设是基于市场客观存在的现实,即二手车辆在市场上可以公开买卖。不同类型的二手车,其性能、用途不同,市场程度也不一样,用途广泛的车辆一般比用途狭窄的车辆市场活跃,但不论车辆的买者或卖者都希望得到车辆的最大最佳效用。所谓最大最佳效用是指车辆在可能的范围内,用于最有利又可行和法律上允许的用途。在进行二手车评估时,按照公开市场假设处理或做适当地调整,才有可能使车辆获得的收益最大。最大最佳效用,由车辆所在地区、具体特定条件以及市场供求规律所决定。

3. 清算(清偿)假设

清算(清偿)假设是指二手车所有者在某种压力下被强制进行整体或拆零,经协商或以拍卖方式在公开市场上出售。这种情况下的二手车价格评估具有一定的特殊性,适应强制出售中市场均衡被打破的实际情况,二手车的评估大大低于继续使用或公开市场条件下的评估值。

上述三种不同假设,形成三种不同的评估结果。在继续使用假设前提下要求评估二手车的继续使用价格;在公开市场假设前提下要求评估二手车的市场价格;在清算假设前提下要求评估二手车的清算价格。因此,二手车鉴定评估人员在业务活动中要充分分析、了解、判断认定被评估二手车最可能的效用,以便得出二手车的公平价格。

2.3.2　二手车价格评估的计价标准

我国资产评估中有四种价格计量标准,即重置成本标准、现行市价标准、收益现值标准和清算价格标准。

二手车评估属于资产评估,因此,二手车评估亦遵守这四种价格计量标准。对同一辆二手车,采用不同的价格计量标准评估,会产生不同的价格。这些价格不仅在质上不同,在量上也存在较大差异。因此,必须根据评估的目的,选择与二手车评估业务相匹配的价格计量标准。

2.3.2.1　价格计量标准

1. 重置成本标准

重置成本是指在现时条件下,按功能重置车辆并使其处于在用状态所耗费的成本。重置成本的构成与历史成本一样,都是反映车辆在购置、运输、注册登记等过程中所支出的全部费用,但重置成本是按现有技术条件和价格水平计算的。

重置成本标准适用的前提是车辆处于在用状态,一方面反映车辆已经投入使用;另一方面反映车辆能够继续使用,对所有者具有使用价值。决定重置成本的两个因素是重置完全成本及其损耗(或称贬值)。

2. 现行市价标准

现行市价是指车辆在公平市场上的销售价格。所谓公平市场,是指充分竞争的市场,买卖双方没有垄断和强制,双方的交易行为都是自愿的,都有足够的时间与能力了解市场行情。

现行市价标准适用的前提条件有以下两个:

(1) 需要存在一个充分发育、活跃、公平的二手车交易市场。

(2) 与被评估车辆相同或类似的车辆在市场上有一定的交易量,能够形成市场行情。

3. 收益现值标准

收益现值是指根据车辆未来的预期获利能力大小,以适当的折现率将未来收益折成现值。从"以利索本"的角度看,收益现值就是为获得车辆取得预期收益的权利所支付的货币总额。在折现率相同的情况下,车辆未来的效用越大,获利能力越强,其评估值就越大。投资者购买车辆时,一般要进行可行性分析,只有在预期回报率超过评估时的折现率时,才可能支付货币购买车辆。

收益现值标准适用的前提条件是车辆投入使用后可连续获利。

4. 清算价格标准

清算价格是指在非正常市场上限制拍卖的价格。它与现行市价相比,两者的根本区别在于:现行市价是公平市场价格;而清算价格是非正常市场上的拍卖价格,这种价格由于受到期限限制和买主限制,一般大大低于现行市价。

清算价格标准适用于企业破产清算,以及因抵押、典当等不能按期偿债而导致的车辆变现清偿等汽车评估业务。

2.3.2.2 各种价格计量标准的联系与区别

1. 重置成本价格与现行市价价格的联系与区别

重置成本价格与现行市价价格的联系主要表现在:决定重置成本的因素与决定现行市价的最基本因素相同,即现有条件下,生产功能相同的车辆所花费的社会必要劳动时间。但是现行市价的确定还需考虑其他与市场相关的因素。

(1) 车辆功能的市场性。即车辆的功能能否得到市场承认。例如,一辆设计及制造质量都很好的专用汽车,尽管它在某一特定领域内具有很强的功能,但一旦退出该领域,其功能就难以完全被市场所接受。

(2) 供求关系的影响。现行市价价格随供求关系的变化,将会出现波动。

现行市价与重置成本的区别在于:现行市价以市场价格为依据,车辆价格受市场因素约束,并且其评估值直接受市场检验;而重置成本只是在模拟条件下重置车辆的现行价格。

2. 现行市价价格与收益现值价格的联系与区别

现行市价价格与收益现值价格的联系主要表现在:两者在价格形式上有相似之处,都是评估公平市场价格。

现行市价价格与收益现值价格的区别在于:两者的价格内涵不同,现行市价主要是车辆进入市场的价格计量;而收益现值主要是以车辆的获利能力进入市场的价格计量。

3. 现行市价价格与清算价格的联系与区别

现行市价价格与清算价格的联系主要表现在:两者均是市场价格。

现行市价价格与清算价格的根本区别在于:现行市价是公平市场价格;而清算价格是非正常市场上的拍卖价格,一般大大低于现行市价。

2.3.3 二手车价格评估的基本方法

根据二手车价格估算目的的不同,二手车价格评估可分为鉴定评估服务和收购评估两种。二手车鉴定评估服务是一种第三方中介资产评估,其价格评估方法和资产评估的方法一样,按照国家规定的重置成本法、收益现值法、现行市价法和清算价格法四种方法进行,评估价格具有约束性。二手车收购评估是二手车经营企业为了自身发展需要开展的业务,收购估算价格由买卖双方自由确定,具有灵活性。

🔍 任务回顾

(1) 二手车评估的作业方案选择。

(2) 编制二手车鉴定评估作业方案。

笔记

⬇ 任务实施步骤

(一) 任务要求

二手车评估机构前台接待人员(或负责人)在与委托人签订委托书之后,即编制评估作业方案,并将编制好的评估作业方案及委托书一起交给拟定的负责二手车评估师。

(二) 任务实施的步骤

编制二手车鉴定评估作业方案可参考如下样例进行。

二手车鉴定评估作业方案

一、委托方与车辆所有方简介

委托方李××

委托方联系人李××,联系电话××××

二、评估目的

根据委托方的要求,本项目评估目的(在□处填√):

□交易　□转籍　□拍卖　□置换　□抵押　□担保　□咨询　□司法裁决

三、评估对象

评估车辆的厂牌型号:(××××);号牌号码:(×××)

四、鉴定评估基准日

鉴定评估基准日:××××年××月××日

五、拟定评估方法(在□处填√)

□重置成本法　□现行市价法　□收益现值法　□其他

六、拟定评估人员

负责评估师:×××

协助评估人员:×××

七、现场工作计划

负责评估师组织相关人员,于××××年××月××日××时前,参照各项工作的参考时间,完成下列工作:

(1) 证件核对:20 分钟。

(2) 鉴定二手车现时技术状况。静态检查与动态检查:30 分钟;仪器设备检查:送×××检测站:2 小时。

(3) 车辆拍照:10 分钟。

(4) 评定估算:2 小时。

(5) 撰写评估报告:2 小时。

八、评估作业程序

按照接受委托、验证、现场查勘、评定估算和提交报告的程序进行。

九、拟定提交评估报告时间

××××年××月××日

思考与训练

一、思考题

1. 什么是汽车使用寿命、有哪几种分类、具体的含义是什么？

2. 汽车经济使用寿命通常有哪些指标？影响汽车经济使用寿命的因素有哪些？

3. 为什么汽车要强制报废？简要叙述我国汽车的报废标准。

4. 什么是改装车、拼装车？什么是报废汽车？在我国，对于报废汽车应如何处理？

5. 二手车鉴定评估有什么意义？

6. 简要说明二手车评估的目的。

7. 二手车评估的依据有哪些？

8. 对从事二手车鉴定评估的人员有哪些要求？

9. 二手车鉴定评估的原则有哪些？

10. 说明二手车评估的一般操作程序。

11. 二手车鉴定评估为什么有公证的职能？

12. 请解释二手车鉴定评估的中介性。

13. 什么是二手车鉴定评估的公开市场假设？

14. 请说明重置成本标准、现行市价标准、收益现值标准和清算价格标准适用的前提条件。

15. 资产的定义是什么？什么是有形资产和无形资产？

16. 二手车鉴定评估有什么特点？

17. 说明资产评估的法定程序。

二、选择题

1. 报废汽车五大总成中不包含下列（　　）。

A. 车架　　　　　B. 变速器　　　　　C. 转向机　　　　　D. 车身

2. 2005年10月1日，商务部颁布实行了（　　），对二手车交易作出了调整。

A.《二手车交易管理办法》　　　　　B.《二手车流通管理办法》

C.《机动车注册登记工作规范》　　　　　D.《汽车报废标准》

3. 下列（　　）不具有对二手车交易监督管理职能。

A. 商务主管部门　　　　　B. 工商行政管理部门

C. 交警部门　　　　　D. 税务部门

4. 二手车评估机构对下列（　　）不负法律责任。

A. 评估的价格结果　　　　　B. 评估的车辆技术状况结果

C. 是否为事故车辆　　　　　D. 是否为非法车辆

5. 下列关于二手车鉴定评估的目的与任务的叙述（　　）不正确。

A. 确定二手车交易的成交额　　　　　B. 协助借、贷双方实现抵押贷款

C. 法律诉讼咨询服务　　　　　D. 拍卖

6. 下列（　　）不是二手车价格评估人员的岗位职责。

A. 接受客户对二手车交易的咨询，引导客户合法交易

B. 负责收集二手车鉴定评估的市场价格信息

C. 不准走私、非法拼装、报废车辆进场交易

D. 为交易后二手车提供技术服务

7. 下列(　　)不是二手车鉴定评估的职能。

A. 评估职能　　　　B. 公证职能　　　　C. 罚没职能　　　　D. 中介职能

8. 下列对于二手车鉴定评估机构应具备的条件的叙述,(　　)不正确。

A. 经营者必须是独立的中介机构

B. 有固定的经营场所和从事经营活动的必要设施

C. 有5名以上从事二手车鉴定评估业务的专业人员(包括本办法实施之前取得国家职业资格证书的二手车鉴定评估师)

D. 有规范的规章制度

9. 下列(　　)不是二手车鉴定评估的计价标准。

A. 折扣率标准　　　　　　　　　　B. 重置成本标准

C. 收益现值标准　　　　　　　　　D. 清算价格标准

10. 下列对于商誉的描述,(　　)不正确。

A. 商誉是资产　　　　　　　　　　B. 商誉是无形资产

C. 商誉不能脱离企业　　　　　　　D. 商誉是可确指资产

11. 下列(　　)不是资产评估的特点。

A. 法定性　　　　B. 公正性　　　　C. 市场性　　　　D. 专业性

12. 下列(　　)不是资产评估的主要方法。

A. 预期收益法　　　　　　　　　　B. 现行市价法

C. 收益现值法　　　　　　　　　　D. 清算价格法

13. 二手车鉴定评估师注册登记管理由(　　)负责。

A. 中国汽车行业协会　　　　　　　B. 中国汽车流通协会

C. 二手车评估委员会　　　　　　　D. 各市劳动局

14. 国家有关部门规定,9座以下非营运载客汽车的使用期限为(　　)年。

A. 9　　　　　B. 10　　　　　C. 15　　　　　D. 20

三、判断题

(　　)1. 如果对汽车的使用期限既规定了累计行驶里程数,也规定了使用年限,则以使用年限为准。

(　　)2. 非营运乘用车,因可以无限期延长使用年限,所以国家对其不规定使用年限。

(　　)3. 报废汽车专指达到国家《汽车报废标准》规定的使用行驶里程数或使用年限的车辆。

(　　)4. 二手车交易必须按照二手车鉴定评估的结果执行。

(　　)5. 以全散件进口,在国内组装的汽车,属于非法拼装车。

(　　)6. 合法改装的二手车,可以交易。

(　　)7. 只要未达到国家《汽车报废标准》的车辆,就可以进行交易。

(　　)8. 二手车与旧车有一定的差别。

(　　)9. 只要进入二手车交易市场进行交易的车辆,二手车评估机构均有责任为其进行

评估工作。

（　　）10.二手车经销企业、经纪机构可以代办二手车鉴定评估、转移登记、保险、纳税等手续。

（　　）11.二手车经销机构有定期将二手车交易量、交易额等信息向所在地商务主管部门报送的义务。

（　　）12.二手车鉴定评估机构发现盗抢、走私等违法手段获得的车辆,应当向公安机构报告。

（　　）13.二手车交易市场最好建立自己的鉴定评估机构,以方便二手车交易。

（　　）14.二手车鉴定评估属于单项资产评估。

（　　）15.不能给经济主体带来经济利益的不能称为资产。

（　　）16.名人的加盟,可能会给企业带来效益,所以名人的声誉应视为资产。

（　　）17.一套生产线各设备评估价值的总和则为整个生产线的评估价值。

（　　）18.资产评估的结果具有公证性。

（　　）19.因为资产评估的结果不具有法律效力,所以评估师对评估结果不承担法律责任。

拓展提高

* *

任务四　汽车的使用寿命及报废

知识目标
- 掌握汽车不同使用寿命的含义及相互之间的关系。
- 掌握汽车经济使用寿命的指标及影响汽车经济使用寿命的因素。
- 了解我国汽车的报废标准,掌握我国汽车强制报废标准最新动态。

能力目标
- 能够依据我国最新的汽车报废标准进行二手车鉴定评估。

2.4.1　汽车使用寿命

汽车的使用寿命是汽车从开始使用到不能使用的整个时期,指从技术上和经济上汽车的使用极限,用累计使用年数或者累计行驶里程数表示。汽车在正常使用过程中,其性能将随着使用年限(或行驶里程)的增加而逐渐下降,使用到一定期限就应报废。如果无限制地延长汽车的使用寿命,将导致其动力性、经济性大幅度下降,造成燃、润料消耗增加,维修频繁,耗费大量的配件材料和工时,致使维修费用剧增;车辆平均技术速度下降,造成严重的空气污染及噪声公害;车辆完好率下降,导致运输效率下降,运输成本增高等。

2.4.1.1　汽车使用寿命的分类

汽车使用寿命可分为技术使用寿命、合理使用寿命和经济使用寿命。

1. 技术使用寿命

汽车的技术使用寿命又称"物理使用寿命",指汽车从全新状态投入生产开始,直到在技术上不能按原有用途继续使用为止的时间。

汽车技术使用寿命与汽车的设计水平、制造质量、材料品质、使用条件、驾驶操作技术及保养、维修质量等因素有关。汽车有时可通过恢复性修理延长车辆的技术使用寿命。但是,随着使用时间的延长,汽车的维修费用也会随着增加。

2. 经济使用寿命

汽车的经济使用寿命是指汽车从全新状态开始,到年平均总费用最低的使用年限。超过这个年限,汽车在技术上仍可继续使用,但年平均总费用上升,在经济上不合算。

汽车经济使用寿命是从汽车使用总成本出发,分析车辆制造成本、使用与维修成本、管理费、车辆当前的折旧以及市场价格变化等因素,经过分析做出的综合性经济评定。

研究汽车使用寿命的重点应该是汽车经济使用寿命。国外对汽车经济使用寿命做了大量研究。据资料介绍,在一辆汽车的整个使用时期内,汽车的购置费平均约占全部使用期内总费用的15%,而使用、维修费用占总费用的85%。所以,如果汽车在长期运行中能保持较低的使用维修费,其汽车经济使用寿命则长,反之,则短。

许多国家的汽车使用期限完全按经济规律确定,除了考虑车辆本身的运行费用增加外,还考虑新车型性能的改进和价格下降等因素。部分国家载重汽车的经济使用寿命见表2-7。

表 2-7　部分国家载重汽车平均经济使用寿命　　　　　　　　（单位:年）

国　别	美国	日本	德国	法国	英国	意大利	中国
平均经济使用寿命	10.3	7.5	11.3	12.1	10.6	11.2	10

3. 合理使用寿命

汽车的合理使用寿命是以汽车经济使用寿命为基础,综合考虑整个国民经济的发展水平,计入经济承受能力和能源节约等因素所制定的适合国情的使用期限。简单来说,就是汽车到了经济使用寿命,但是否需要更新,还要视国情而定。

2.4.1.2　汽车的经济使用寿命

1. 汽车经济使用寿命的指标

汽车经济使用寿命的指标主要包括:使用年限、行驶里程、大修次数和折算年限。

1) 使用年限

即汽车从开始投入运行到报废的年数。

这种方法的优点是除了考虑运行时的损耗,还考虑闲置的自然损耗,计算简单。但它的缺点是不能充分真实地反映汽车的使用强度和使用条件,同样使用年限的车辆由于行驶里程、载重、维护保养、驾驶技术和道路环境条件的不同会导致技术状况差异很大。

2) 行驶里程

即汽车从开始投入运行到报废为止总的行驶里程数。

这种方法的优点是部分反映了汽车的真实使用强度,但缺点是反映不出运行条件的差异(如道路环境条件、载重乘员条件和保养维护状况等)和闲置期间的自然损耗。

对于许多营运车辆,使用年数大致相同,但由于不同的运行条件,可能其累计行驶里程就差异很大,所以对于许多营运车辆,行驶里程是一项重要的考核指标。但对于家用汽车的评估,行驶里程一般作为参考依据。

3)大修次数

汽车在使用过程中,当动力性和经济性下降到一定程度,无法用正常的维护和小修使其恢复正常技术状况时,就要进行大修。汽车报废前,就需要权衡"买新车的费用加旧车未折完的损失"与"大修费用加经营费用损失"两者的得失,综合衡量后得出经济合理的大修次数是一项重要的技术指标。

4)折算年限

折算年限是把汽车总的行驶里程与年均行驶里程之比所得年限,作为汽车经济使用寿命的衡量指标,即

$$T_{折} = L_{总} / L_{年}$$

式中:$T_{折}$ 为折算年限;$L_{总}$ 为总的累计行驶里程,km;$L_{年}$ 为年均行驶里程,km/ 年。

这种方法综合了行驶里程和使用年限的特点,但计算起来年均行驶里程需要统计量的支持,而该值不易取得,且差异性较大。

2. 影响汽车经济使用寿命的因素

汽车经济使用寿命的长短,主要受到汽车有形损耗和无形损耗的影响。而汽车有形损耗和无形损耗取决于汽车的使用强度和使用条件以及汽车使用地区的经济水平等。

1)汽车的有形损耗

有形损耗是指汽车在使用以及闲置过程中的损耗。如磨损、锈蚀、腐蚀、零件变形、疲劳破坏,使用和维护保养费用的增加等。

(1)发生在使用过程中的汽车有形损耗,主要是机件配合副的机械磨损、基础件的变形、零部件的疲劳损坏等,称为第一种损耗。

(2)汽车的有形损耗也发生在汽车的闲置过程中,如因闲置不用而生锈、因日晒雨淋而使橡胶件及车漆老化等,这些称为第二种损耗。

第一种损耗与汽车的使用时间和使用强度成正比,第二种损耗与闲置时间成正比。

2)汽车的无形损耗

无形损耗是指由于技术进步、生产效率的提高,使得生产同样车型汽车的成本降低,从而原有汽车的价格下降;或者是由于技术进步、生产效率的提高,出现了性能好、效率高的新车型,使得原来的车型价格下跌,促使旧汽车提前更新。

3)使用强度

前面说过,汽车的有形损耗与汽车的使用强度有关。而不同的汽车、不同的使用者、不同的用途,汽车的使用强度差异很大,汽车的经济使用寿命也不一样。

从行驶里程上来说,汽车的使用强度从 $1 \times 10^4 \text{km}/$年到 $15 \times 10^4 \text{km}/$年不等。显然,年平均行驶里程越长,汽车的使用强度越大,经济使用寿命也越短。表 2-8 列出了几种车辆年均行驶里程。从表中看出:私家车强度最低,长途客车的强度最高。

表 2-8　各类车辆年平均行驶里程　　　　　　　　　　（单位：10^4 km /年）

私家车	商用车	出租车	公交车	长途客车	大货车
1～3	2～5	10～15	8～12	10～20	8～12

从用途来看，出租车的使用强度显然大于私家车，经常超载的汽车使用强度要大于正常运载的汽车。

4）使用条件

汽车的使用条件影响汽车的有形损耗，从而影响汽车的经济使用寿命。汽车的使用条件包括道路条件及自然条件。

道路条件对汽车的有形损耗与汽车的经济使用寿命影响很大。如果道路条件差，一方面使得车速变慢，从而使汽车的燃油消耗增加；另一方面还会使汽车的磨损增加，最终使汽车的经济使用寿命下降。

自然条件的差异如各地温度、湿度、空气密度、含氧量以及空气中沙尘含量等的不同，也会影响汽车的有形损耗和无形损耗，从而使得汽车的经济使用寿命不同。我国幅员辽阔，各地自然、地理条件差异较大，造成车辆经济使用寿命也有一定的差异。

5）经济水平

不同的国家，经济发展水平不同。各地的物价指数、劳动力价格指数等直接影响着汽车的有形损耗和无形损耗，从而影响汽车的经济使用寿命。我国各地的经济发展速度及发展水平有很大的差异，在发达地区的车辆淘汰更新快，经济使用寿命短，相反欠发达和落后地区的车辆淘汰更新慢，经济使用寿命相对较长。如出租车的使用年限从 3 年至 8 年不等，但有的边远地区 8 年后还可以使用。

2.4.2　我国的汽车报废标准

汽车在使用和存放一定年限后，由于自然的、人为的物理与化学作用，各总成及零件过度磨损、线路老化，使汽车的技术状况和性能指标劣化，导致汽车的行驶安全性和操纵性变差，燃油消耗量和污染物排放增加。为了确保机动车辆驾驶人员和乘员及其他交通参与者（包括行人等）的安全，节省能源，保护环境，鼓励技术进步和公平竞争，以适当的、必要的强制更新措施，抑制低效率、高成本的老旧车辆继续使用，提高安全和环保技术更优良的新车的保有量，促进汽车产业的发展，国家颁布了《汽车强制报废标准》。

国家《汽车强制报废标准》从累计行驶里程数和（或）使用年限两个方面，对各类汽车的报废年限（里程）作了具体规定。非营运载客汽车是指不以获取运输利润为目的自用载客汽车；旅游载客汽车是指旅行社专门运载游客的自用载客汽车。如果对汽车的使用期限既规定了累计行驶里程数，也规定了使用年限，那么当其中的一个指标达到报废标准时，即认为该车辆已达到报废年限。

1. 汽车强制报废标准简介

我国汽车的报废标准目前执行的是 1997 年发布的《机动车（汽车）强制报废标准》。此标准第二次修改是 2004 年，要求轿车、面包车（微型车除外）上牌以后 6 年之内每两年检验一次，第 6 年到第 15 年每年年检一次，超过 15 年而没有报废的车辆，第 15 到第 20 年每年检验两次，第 21 年以后每年检验四次，该标准一直实行至 2006 年。该标准大体上遵循着"以使用年限为主、使用里程为辅"的强制报废原则。

但是,现行的汽车报废标准在实施过程中存在着六大问题:

(1) 现行标准与现有法规个别项目不协调。

(2) 规定的年限和里程需要调整。

(3) 技术要求及指标体现不充分。

(4) 部分项目和指标难以操作。

(5) 车检内容与报废标准要求不一致。

(6) 对挂车的报废没有作出规定。

2006 年,新《汽车强制报废标准》草案中,弱化了年限和里程指标,强化车辆的技术状态及安全、节能、环保指标,同时兼顾可操作性。与旧标准相比,新标准将取消小型、微型乘用车的报废年限规定,对其他车型的延长报废年限进行调整,把使用里程从强制报废指标变为参考指标,更多考量排放和安全技术状况。

新《汽车强制报废标准》使那些车况不错、技术也较新的汽车可以正常地延长使用寿命,而某些技术落后、车况很差的汽车如果检验不符合要求,即使没有达到原先规定的年限也必须报废。

值得特别注意的是,新《汽车强制报废标准》对汽车的使用年限重新进行了规定,取消了私家车等非营运车的报废年限,改为自注册登记以后第 21 年起,其安全技术检验增加功率检验项目,该检验项目要求车辆底盘输出功率不低于发动机额定功率的 60% 或者最大净功率的 65%。

新《汽车强制报废标准》同时还规定,在一个检验周期里的车辆,安全不合格、环保不达标者将被强制报废。功率检验项目也将取代目前的油耗检测项目,以淘汰性能指标较差的车辆。这样,许多已经使用了 10 多年甚至 20 年以上的轿车,如果车况良好、能够在年检中通过各项严格检测,就不必报废。

新的《汽车强制报废标准》会对二手车市场产生深刻的影响。二手车市场里不仅有使用年数比较长的汽车,也包含一些在技术上比较落后、在工艺与材料使用上水平很低的汽车,新的《汽车强制报废标准》将使那些报废的老爷车、严重损坏过的事故车等逐渐退出二手车市场,从而提升二手车市场里汽车的整体品质。从国外的经验看,这将会增加人们购买二手车的信心,对于促进二手车市场的繁荣有明显的好处。

2. 新《汽车强制报废标准》的主要内容

1) 机动车强制报废的条件

(1) 达到使用年限。

(2) 经修理和调整仍不符合 GB/T 7258《机动车运行安全技术条件》要求。

(3) 经修理和调整或者采用排放控制技术后,排气污染物及噪声不符合在用机动车排放国家标准。

(4) 因故损坏,车辆发动机、车架(或承载式车身)需要一同更换。

(5) 因故损坏,车辆发动机、车架(或承载式车身)之一需要更换,且变速器总成、驱动桥总成、非驱动桥总成、转向系统、前悬架、后悬架中 3 个或 3 个以上总成需要一同更换。

(6) 在一个机动车安全技术检验周期内连续三次检验不合格。

(7) 在检验合格有效期届满后连续两个机动车安全技术检验周期内未参加检验或者未取

笔记

得机动车检验合格标志。

(8) 小型、微型非营运载客汽车自注册登记后第 21 年起、专项作业车自注册登记后第 16 年起,其安全技术检验应增加功率检验项目。小型、微型非营运载客汽车以及专项作业车在进行功率检验时,底盘输出功率低于发动机额定功率的 60% 或最大净功率 65%。

2) 各类机动车的使用年限规定

(1) 小型、微型出租载客汽车使用 8 年,中型出租载客汽车使用 10 年,大型出租载客汽车使用 12 年。

(2) 小型、微型租赁载客汽车使用 10 年,大、中型租赁载客汽车使用 15 年。

(3) 小型、微型教练载客汽车使用 10 年,中型教练载客汽车使用 12 年,大型教练载客汽车使用 15 年。

(4) 公共汽车、无轨电车使用 13 年。

(5) 大型旅游、公路客运汽车使用 15 年。

(6) 其他小、微型营运载客汽车使用 8 年,其他大、中型非营运载客汽车使用 15 年。

(7) 大、中型非营运载客汽车使用 20 年。

(8) 三轮汽车、装用单缸发动机的低速载货汽车使用 9 年,装用单缸以上发动机的低速载货汽车及微型载货汽车使用 12 年,半挂牵引汽车及其他载货汽车使用 15 年。

(9) 右置转向盘汽车使用 10 年。

(10) 全挂车使用 10 年,半挂车、中置轴挂车使用 15 年。

(11) 正三轮摩托车使用 10~12 年,其他摩托车使用 11~13 年,具体使用年限由各省、自治区、直辖市人民政府有关部门在上述使用年限范围内,结合本地实际情况确定。

3) 新标准对各种机动车行驶里程的规定

(1) 小型、微型出租载客汽车行驶 60 万 km,中型出租载客汽车行驶 50 万 km,大型出租载客汽车行驶 60 万 km。

(2) 小型、微型租赁载客汽车行驶 50 万 km,大、中型租赁载客汽车行驶 60 万 km。

(3) 小型、微型和中型教练载客汽车行驶 50 万 km,大型教练载客汽车行驶 60 万 km。

(4) 公共汽车、无轨电车行驶 40 万 km。

(5) 大型旅游、公路客运汽车行驶 60 万 km。

(6) 其他小型、微型及大型营运载客汽车行驶 60 万 km,其他中型营运载客汽车行驶 50 万 km。

(7) 小、微型非营运载客汽车行驶 60 万 km,大、中型非营运载客汽车行驶 50 万 km。

(8) 装用单缸以上发动机的低速载货汽车行驶 30 万 km,微型载货汽车行驶 50 万 km,挂牵引汽车及其他载货汽车行驶 60 万 km。

(9) 专项作业车行驶 50 万 km。

(10) 正三轮摩托车行驶 10 万 km,其他摩托车行驶 12 万 km。

(11) 挂车行驶 60 万 km。

3. 2011 年《机动车强制报废标准规定(征求意见稿)》

机动车强制报废标准规定(征求意见稿)

第一条　为保障道路交通安全、鼓励技术进步、加快建设资源节约型、环境友好型社会,根据《中华人民共和国道路交通安全法》及其实施条例、《中华人民共和国大气污染防治法》、《中华人民共和国噪声污染防治法》,制定本规定。

第二条　根据机动车使用和安全技术、排放检验状况,国家对达到报废标准的机动车实施强制报废,对达到一定行驶里程的机动车引导报废。

第三条　商务、公安、环保等部门依据各自职责,负责机动车强制报废标准有关执行工作。

第四条　已注册机动车有下列情形之一的应当强制报废,其所有人应当将机动车交售给报废机动车回收拆解企业,由报废机动车回收拆解企业按规定进行登记、拆解、销毁等处理,并将报废的机动车登记证书、号牌、行驶证交公安机关交通管理部门注销:

(一)达到本规定第五条规定使用年限的;

(二)经修理和调整仍不符合机动车安全技术国家标准对在用车有关要求的;

(三)经修理和调整或者采用控制技术后,向大气排放污染物或者噪声仍不符合国家标准对在用车有关要求的;

(四)在检验有效期届满后连续 3 个机动车安全技术检验周期内未取得机动车检验合格标志的。

第五条　各类机动车使用年限分别如下:

(一)小、微型出租客运汽车使用 8 年,中型出租客运汽车使用 10 年,大型出租客运汽车使用 12 年;

(二)租赁载客汽车使用 15 年;

(三)小型教练载客汽车使用 10 年,中型教练载客汽车使用 12 年,大型教练载客汽车使用 15 年;

(四)公交客运汽车使用 13 年;

(五)其他小、微型营运载客汽车使用 10 年,其他大、中型营运载客汽车使用 15 年;

(六)大、中型非营运载客汽车(大型轿车除外)使用 20 年;

(七)三轮汽车、装用单缸发动机的低速货车使用 9 年,装用多缸发动机的低速货车以及微型载货汽车使用 12 年,危险品运输载货汽车使用 10 年,其他载货汽车(包括半挂牵引车和全挂牵引车)使用 15 年;

(八)有载货功能的专项作业车使用 15 年,无载货功能的专项作业车使用 30 年;

(九)全挂车、危险品运输半挂车使用 10 年,集装箱半挂车 20 年,其他半挂车使用 15 年;

(十)正三轮摩托车使用 12 年,其他摩托车使用 13 年。

对小、微型出租客运汽车和摩托车,省、自治区、直辖市人民政府有关部门可结合本地实际情况,制定严于上述使用年限的规定,但小、微型出租客运汽车不得低于 6 年,正三轮摩托车不得低于 10 年,其他摩托车不得低于 11 年。

小、微型非营运载客汽车、大型非营运轿车、轮式专用机械车无使用年限限制。

机动车使用年限起始日期按照注册登记日期计算,但自出厂之日起 2 年内未办理注册登记手续的,按照出厂日期计算。

第六条　变更使用性质或者转移登记的机动车应当按照下列有关要求确定使用年限和报废:

(一)营运载客汽车与非营运载客汽车相互转换的,按照营运载客汽车的规定报废,但小、微型非营运载客汽车和大型非营运轿车转为营运载客汽车按照附件二所列公式核算累计使用

年限,且不得超过15年;

（二）不同类型的营运载客汽车相互转换,按照使用年限较严的规定报废;

（三）小、微型出租客运汽车和摩托车需要转出登记所属地省、自治区、直辖市范围的,按照使用年限较严的规定报废;

（四）危险品运输载货汽车、半挂车与其他载货汽车、半挂车相互转换的,按照危险品运输载货车、半挂车的规定报废。

距本规定要求使用年限1年以内的机动车,不得变更使用性质、转移所有权或者转出登记地所属地市级行政辖区。

第七条　机动车达到下列行驶里程,以及自愿报废的机动车,其所有人可以将机动车交售给机动车回收拆解企业,由报废机动车回收拆解企业按规定登记、拆解、销毁,并将报废的机动车登记证书、号牌、行驶证交公安机关交通管理部门注销:

（一）小、微型出租客运汽车行驶60万千米,中型出租客运汽车行驶50万千米,大型出租客运汽车行驶60万千米;

（二）租赁载客汽车行驶60万千米;

（三）小型和中型教练载客汽车行驶50万千米,大型教练载客汽车行驶60万千米;

（四）公交客运汽车行驶40万千米;

（五）其他小、微型及大型营运载客汽车行驶60万千米,其他中型营运载客汽车行驶50万千米;

（六）小、微型非营运载客汽车和大型非营运轿车行驶60万千米,中型非营运载客汽车行驶50万千米,大型非营运载客汽车行驶60万千米;

（七）装用单缸以上发动机的低速货车行驶30万千米,微型载货汽车行驶50万千米,危险品运输载货汽车行驶40万千米,其他载货汽车(包括半挂牵引车和全挂牵引车)行驶60万千米;

（八）专项作业车、轮式专用机械车行驶50万千米;

（九）正三轮摩托车行驶10万千米,其他摩托车行驶12万千米。

第八条　本规定所称机动车是指上道路行驶的汽车、挂车、摩托车和轮式专用机械车;非营运载客汽车是指个人或者单位不以获取利润为目的的自用载客汽车;危险品运输载货汽车是指专门用于运输剧毒化学品、爆炸品、放射性物品、腐蚀性物品等危险品的车辆;变更使用性质是指使用性质由营运转为非营运或者由非营运转为营运,小、微型出租、租赁、教练等不同类型的营运载客汽车之间的相互转换,以及危险品运输载货汽车转为其他载货汽车。本规定所称检验周期是指《中华人民共和国道路交通安全法实施条例》规定的机动车安全技术检验周期。

第九条　依据本规定第五条制定严于上述小、微型出租客运汽车或者摩托车使用年限标准的,省、自治区、直辖市人民政府有关部门应当及时向社会公布,并报国务院商务、公安、环保等部门备案。

第十条　上道路行驶拖拉机的报废标准规定另行制定。

第十一条　本规定自2011年 月 日起施行。2011年 月 日前已达到本规定所列报废标准的,应当在2012年 月 日前予以报废。原《关于发布〈汽车报废标准〉的通知》(国经贸经[1997]456号)、《关于调整轻型载货汽车报废标准的通知》(国经贸经[1998]407号)、《关于调整汽车报废标准若干规定的通知》(国经贸资源[2000]1202号)、《关于印发〈农用运输车报废标准〉的通知》(国经贸资源[2001]234号)、《摩托车报废标准暂行规定》(国家经贸委、发展计划委、公安部、环保总局令第33号)同时废止。

注:《机动车强制报废标准规定(征求意见稿)》公开征求意见。意见反馈截止日期为2011年10月30日。

附件:非营运小微型载客汽车和大型轿车变更使用性质后累计使用年限计算公式

$$累计使用年限=原状态已使用年+\left(1-\frac{原状态已使用年}{原状态使用年限}\right)×状态改变后年限$$

备注:公式中原状态已使用年中不足一年的按一年计算,例如,已使用2.5年按照3年计算;原状态使用年限数值取定值为17;累计使用年限计算结果向下圆整为整数,且不超过15年。

2.4.3　我国汽车强制报废相关注意事项

我国《汽车强制报废标准》和《报废汽车回收管理办法》等法律、法规中的下列几点规定和精神,对于从事二手车鉴定评估和交易的业务人员,应给予特别的关注:

(1) 严禁已报废汽车和拼装汽车继续上路行驶。

(2) 严禁给已报废汽车办理注册登记。

(3) 严禁已报废汽车整车、五大总成和拼装汽车进入市场交易或者以其他任何方式交易。

(4) 对延缓报废的汽车不准办理过户、转籍登记。

(5) 出租汽车的报废年限为8年,不予延长使用年限。

(6) 营运汽车转为非营运汽车,或非营运汽车转为营运汽车,一律按营运汽车的规定年限(8年)报废。

(7) 在到达报废年限之前,或延缓报废的有效期截止之前,应到车管部门进行车辆特检,检验合格后才可继续上路行驶,否则将被强制报废。

(8) 车辆达到报废标准后,在定期检验时连续3次不合格,车辆管理所将收回机动车号牌和《机动车行驶证》,强制车辆报废(各地规定不尽相同)。

(9) 对排气检测不达标的机动车不予办理年审,对尾气超标却拒不整改或经治理无法达标的车辆将强制报废(各地规定不尽相同)。

(10) 汽车改装后的尾气排放要达标,不能对车的外观大幅改动,要与行驶证上的照片一致,也不能改变汽车的发动机号和底盘号。

(11) 保险公司只按照车辆原来承保的样子进行理赔,对于车主自己改装的部分,保险公司不予赔付。

2.4.4　报废汽车

报废汽车(scrapped vehicle)是指已经达到国家《汽车报废标准》以及各地制定的有关报废规定、报废标准的;或虽未达到报废年限,但因交通事故或车辆超负荷使用造成发动机和底盘严重损坏,经检验不符合国家《机动车运行安全技术条件》规定的有关汽车安全、尾气排放要求的各种汽车、摩托车、农用运输车、拖拉机、轮式专用机械车等机动车辆。

国家实施汽车强制报废制度,依照《报废汽车回收管理办法》和《汽车贸易政策》的规定,报废汽车是一种特殊商品,报废汽车所有人应当将报废汽车及时交售给具有合法资格的报废汽车回收拆解企业,任何单位或者个人不得将报废汽车出售、赠予或者以其他方式转让给非报废机动车回收企业的单位或者个人。国家鼓励老旧汽车报废更新,并制定了老旧汽车报废更新补贴资金管理办法,符合有关规定的报废汽车所有人可申请相应的资金补贴。

报废机动车回收企业严禁从事下列活动:明知是盗窃、抢劫所得机动车而予以拆解、改装、拼装、倒卖;回收没有公安交通管理部门出具的《机动车报废证明》的机动车;利用报废机动车拼装整车。报废汽车的五大总成是指从报废汽车上拆解下的发动机,前、后桥,变速器,转向机和车架等。国家禁止报废汽车整车及其五大总成流入社会。报废汽车的五大总成应当作为废钢铁,交售给钢铁企业作为冶炼原料。报废机动车回收企业对按有关规定拆解的可出售的配件,必须在配件的醒目位置标明其为报废汽车回用件。

报废机动车回收企业凭公安交通管理部门出具的《机动车报废证明》收购报废汽车,并向报废汽车拥有单位或者个人出具《报废汽车回收证明》。依据《机动车修理业、报废机动车回收业治安管理办法》,报废机动车回收企业回收报废机动车应如实登记下列项目:报废机动车车主名称或姓名、送车人姓名、居民身份证号码,按照《机动车报废证明》登记报废车车牌号码、车型代码、发动机号码、车架号、车身颜色及收车人姓名等。报废汽车拥有单位或者个人凭《报废汽车回收证明》,向汽车注册登记地的公安机关办理注销登记。

2.4.5　拼装汽车

拼装汽车(vehicle with assemblys of scrapped ones)是指使用报废汽车的发动机,前、后桥,变速器,转向机,车架以及其他零部件组装的机动车辆。国家《报废汽车回收管理办法》第十五条规定,禁止任何单位或者个人利用报废汽车五大总成及其他零配件拼装汽车,禁止已报废汽车整车和非法拼装车上路行驶,禁止各种非法拼装、组装车进入二手车交易市场交易或者以其他任何方式交易。

国家《道路交通安全法》第十六条中规定,任何单位或个人不得有下列行为:

(1) 拼装机动车或擅自改变机动车已登记的结构、构造或特征。

(2) 改变机动车型号、发动机号、车架号或车辆识别代号。

(3) 伪造、变造或使用伪造、变造的机动车登记证书、号牌、行驶证、检验合格标志、保险标志。

(4) 使用其他机动车的登记证书、号牌、行驶证、检验合格标志、保险标志。

如果车主打算变更车身颜色和车身车架,则需向车辆管理所提出申请并获批准。而变更发动机及车辆的使用性质,除需提出申请并获批准外,在变更后还需到车辆管理所办理变更登记手续。

非法拼装汽车的另一种形式是企业采取进口全散件(completely knocked down,CKD)或进口半散件(semi-knocked down,SKD)模式,将整车分拆,并以零部件的名义报关,在缴纳了低得多的零部件关税进口后,再组装成整车出售,以逃避整车进口的高关税,牟取暴利。CKD与SKD的区别在于:前者是指汽车以完全拆散的状态进口,再把全部零部件组装成整车,后者则是指进口汽车总成(如发动机、底盘等),再装配成整车。国家《构成整车特征的汽车零部件进口管理办法》规定,对汽车生产企业进口汽车零部件在国内生产组装销售的,所进口的汽车零部件凡构成整车特征的,海关实施先保税加工、后征税清关的管理制度。凡构成整车特征的,按整车适用税率征税,不构成整车特征的,按零部件适用税率计征关税。

2.4.6　改装汽车

改装汽车(refitted vehicle)有两种基本类型:一是厂家的改装,使用的是经国家鉴定合格的零配件,对原车重新设计、改装;二是消费者自己或委托汽车改装公司在已购买汽车(主要是轿车和越野汽车等)的基础上,做一些外形、内饰和性能的改装。二手车交易市场常讲的改装汽车是指后者。改装汽车与拼装汽车是两个不同的概念,前者是合法的,后者则属违法。拼装汽车由于使用了报废汽车的五大总成及其他零部件,质量得不到保证,不符合国家安全和环保技术检验标准,因此被禁止生产和交易。

▶ 项目三

二手车的现场鉴定

任务一　二手车手续检查
任务二　二手车现时技术状况的检查
任务三　车辆拍照存档
任务四　汽车技术状况和故障评估、新车选购检验

❓ 学习目标

通过本单元任务的学习,要掌握二手车法定手续检查的内容和检查方法,二手车的识伪鉴别和二手车现时技术状况的检查鉴定方法,车辆存档照片的拍照要求。

☆ 期待效果

通过对二手车现场鉴定相关知识的学习,能在实践当中对二手车的法定手续进行检查,并能对二手车进行识伪鉴别和二手车的现时技术状况进行检查鉴定并拍照存档。

📖 项目理解

任务一:二手车的手续检查是指进行二手车价值评估前的一系列工作,主要包括接受委托、核查证件、核查税费等工作。

任务二:二手车的技术状况鉴定是二手车鉴定评估的基础与关键。其鉴定方法主要有静态检查、动态检查和仪器检查三种。其中,静态检查和动态检查是依据评估人员的技能和经验对被评估车辆进行直观、定性判断,即初步判断评估车辆的运行情况是否基本正常、车辆各部分有无故障及故障的可能原因、车辆各总成及部件的新旧程度等,是评价过程不可缺少的。二手车现时技术状况的动态检查是在对汽车进行静态检查之后,再对汽车的使用性能进行动态检查,其目的是进一步检查发动机、底盘各系统及电器电子设备的工作状况和使用性能。而仪器检查是对评估车辆的各项技术性能及各总成部件技术状况进行定量、客观的评价,是进行二手车技术等级划分的依据,在实际工作中往往根据评估目的和实际情况而进行。

任务三:二手车影像是二手车鉴定评估报告的主要附件,应对所评估的二手车进行全车拍照存档。

任务一　二手车手续检查

知识目标

● 掌握二手车法定手续检查的项目。

● 掌握二手车法定手续检查的鉴别方法。

能力目标

● 能够运用单元学习的内容,能对二手车的证件和税费项目进行核查。

任务剖析

二手车的现场鉴定工作主要按照二手车鉴定评估作业表项目进行,包括检查被评估车辆的手续和结构特点、鉴定现时技术状况并作出鉴定结论,给车辆拍照存档。

车辆手续检查主要是核查被鉴定评估车辆的税费和法定证件资料,这些资料包括法定证件和税费两类。如对这些证件资料有疑问,应向委托方提出,由委托方向发证机关(单位)索取证明材料,或自行向发证机关(单位)查询核实。

任务载体

车辆手续检查主要是核查被鉴定评估车辆的法定证件和税费两类。法定证件主要有机动车来历证明、机动车行驶证、机动车登记证书、机动车号牌、道路运输证、机动车安全技术检验合格标志等。二手车的税费主要包括车辆购置税、车船税和机动车保险费等。

相关知识

3.1.1　汽车的法定证件

法定证件主要有机动车来历证明、机动车行驶证、机动车登记证书、机动车号牌、道路运输证、机动车安全技术检验合格标志等。

1. 机动车来历证明

机动车来历证明是二手车来源的合法证明。机动车来历证明主要包括以下几个方面:

(1) 在国内购买机动车的来历凭证,可分为新车来历证明和二手车来历证明。在国外购买的机动车,其来历凭证是该车销售单位开具的销售发票及其翻译文本。

① 新车来历证明。是指经国家工商行政管理机关验证(加盖工商验证章)的机动车销售发票(即原始购车发票)。通常在购买新车时,可在当地的工商行政管理局机动车市场管理分局办理工商验证手续。

② 二手车来历证明。是指经国家工商行政管理机关验证(加盖工商验证章)的二手车交易发票,二手车交易发票反映了即将交易的车辆曾是一辆已经交易过的合法使用的二手车。2005 年 10 月,《二手车流通管理办法》颁布施行,全国统一了二手车销售发票,目前国内大部分地区都使用了新版的"二手车销售统一发票"。而在统一发票之前,各地的旧车交易发票样式繁多,也造成了管理上的难度。

(2) 人民法院调解、裁定或者判决转移的机动车,其来历凭证是人民法院出具的已经生效的《调解书》、《裁定书》或者《判决书》以及相应的《协助执行通知书》。

(3) 仲裁机构仲裁裁决转移的机动车,其来历凭证是《仲裁裁决书》和人民法院出具的《协助执行通知书》。

（4）继承、赠予、中奖和协议抵偿债务的机动车,其来历凭证是继承、赠予、中奖和协议抵偿债务的相关文书和公证机关出具的《公证书》。

（5）资产重组或者资产整体买卖中包含的机动车,其来历凭证是资产主管部门的批准文件。

（6）国家机关统一采购并调拨到下属单位未注册登记的机动车,其来历凭证是全国统一的机动车销售发票和该部门出具的调拨证明。

（7）国家机关已注册登记并调拨到下属单位的机动车,其来历凭证是该部门出具的调拨证明。

（8）经公安机关破案发还的被盗抢且已向原机动车所有人理赔完毕的机动车,其来历凭证是保险公司出具的《权益转让证明书》。

（9）更换发动机、车身、车架的来历凭证,是销售单位开具的发票或者修理单位开具的发票。

2. 机动车行驶证

《机动车行驶证》是由公安车辆管理机关依法对车辆进行注册登记核发的证件。它是机动车取得合法行驶权的凭证。《中华人民共和国道路交通安全法》第十一条规定,《机动车行驶证》是车辆上路行驶必需的证件。

3. 机动车登记证书

《机动车登记证书》是由公安车辆管理部门核发和管理的,是机动车的"户口本"和所有权证明,具有产权证明的性质。所有机动车的详细信息及机动车所有人的资料都记载在上面。当证书上所记载的原始信息发生变动时,机动车所有人应当及时到车辆管理所办理变更登记;当机动车所有权转移时,原机动车所有人应当将《机动车登记证书》作变更登记后随车交给现机动车所有人。因此,《机动车登记证书》是机动车从"生"到"死"的完整记录。

4. 机动车号牌

机动车号牌是由公安局车辆管理机关依法对机动车进行注册登记核发的号牌。它和机动车行驶证一同核发,其号码与行驶证一致。它是机动车取得合法行驶权的标志。

5. 道路运输证

道路运输证是县级以上人民政府交通主管部门设置的道路运输管理机构对从事旅客运输（包括城市出租客运）、货物运输的单位和个人核发的随车携带的证件。营运车辆转籍过户时,应到运管机构及相关部门办理营运过户有关手续。道路运输证只有运营车辆才有,非运营车辆没有此证。

6. 机动车安全技术检验合格标志

机动车必须进行安全技术检验,检验合格后,公安机关发放合格标志。根据《中华人民共和国道路交通安全法实施管理条例》第十三条的规定,机动车检验合格标志应贴在机动车前窗右上角。

7. 准运证

准运证是广东、福建、海南三省口岸进口并需运出三省以及三省从其他口岸进口需销往外省市的进口新旧汽车,必须经国家经贸委审批核发的证件。准运证一车一证。

8. 轿车定编证

轿车是国家规定的专项控制商品之一,轿车定编证是各地政府落实国务院关于严格控制社会集团购买力的通知精神,由各地方政府控制社会集团购买力办公室签发的证件。国家为了支持轿车工业的发展,后来又通知决定取消购买车辆控购审批。各地政府根据当地实际情况,所执行控购情况各不相同。

3.1.2　二手车各种税费单据

二手车的税费包括车辆购置税、车船税和机动车保险费等。

1. 车辆购置税

车辆购置税是国家向所有购置车辆的单位和个人,包括国家机关和单位以纳税形式征收的一项费用。其目的是为解决发展公路运输事业与国家财力紧张的突出矛盾,筹集交通基础建设资金。

1) 车辆购置税的计算

车辆购置税的征收标准,是按车辆计税价的 10% 计征,由车辆登记注册地的主管税务机关征收。它是购买车辆后支出的最大一项费用。

车辆购置税应纳税额＝计税价格×10%。计税价格根据不同情况,按照下列情况确定:

(1) 纳税人购买自用应税车辆的计税价格,为纳税人购买应税车辆而支付给销售者的全部价款和价外费周,不包括增值税税款。也就是说按取得的《机动车销售统一发票》上开具的价费合计金额除以(1＋17%)作为计税依据,乘以 10% 即为应缴纳的车辆购置税。

2009 年 1 月 20 日至 12 月 31 日期间,购置的排气量在 1.6 升及以下的小排量乘用车,车辆购置税税率减半征收(5%),2010 年提高到 7.5%。

(2) 纳税人进口自用车辆的应税车辆的计税价格计算公式为

$$计税价格＝关税完税价格＋关税＋消费税$$

(3) 纳税人自产、受赠、获奖或者以其他方式取得并自用车辆,计税依据由车购办参照国家税务总局核定的应税车辆最低计税价格核定。

购买自用或者进口自用车辆,纳税人申报的计税价格低于同类型应税车辆的最低计税价格,又无正当理由的,计税依据为国家税务总局核定的应税车辆最低计税价格。

最低计税价格是指国家税务总局依据车辆生产企业提供的车辆价格信息并参照市场平均交易价格核定的车辆购置税计税价格。

申报的计税价格低于同类型应税车辆的最低计税价格,又无正当理由的,是指纳税人申报的车辆计税价格低于出厂价格或进口自用车辆的计税价格。

(4) 按特殊情况确定的计税依据。对于进口旧车、因不可抗力因素导致受损的车辆、库存超过 3 年的车辆、行驶 8 万公里以上的试验车辆、国家税务总局规定的其他车辆,主管税务机关根据纳税人提供的《机动车销售统一发票》或有效凭证注明的价格确定计税价格。

2) 车辆购置税的计算的征收范围

车辆购置税的具体征收范围依照《中华人民共和国车辆购置税暂行条例》所附《车辆购置税征收范围表》执行。根据相关规定各类汽车都要交纳车辆购置税。

3) 车辆购置税的免税、减税范围

车辆购置税的免税、减税范围按下列规定执行:

（1）外国驻华使馆、领事馆和国际组织驻华机构及其外交人员自用的车辆,免税。

（2）中国人民解放军和中国人民武装警察部队列入军队武器装备订货计划的车辆,免税。

（3）设有固定装置的非运输车辆,免税。

（4）有国务院规定予以免税或者减税的其他情形的,按照规定免税或者减税。

（5）对于挖掘机、平地机、叉车、装载车(铲车)、起重机(吊车)、推土机6种车辆,免税。

2. 车船税

车船税征收依据是2007年1月1日起实施的《中华人民共和国车船税暂行条例》[国务院令第482号]。根据规定,凡在中华人民共和国境内,车辆、船舶(以下简称车船)的所有人或者管理人为车船税的纳税人,应当依照本条例的规定缴纳车船税。车船税由地方税务机关负责征收。2011年2月25日颁布了《中华人民共和国车船税法》,2012年1月1日开始实施新的车船税标准。

3. 机动车保险费

机动车保险是各种机动车在使用过程中发生肇事车辆造成车辆本身以及第三者人身伤亡和财产损失后的一种经济补偿制度。机动车保险费是为了防止机动车发生意外事故,为转嫁风险,避免用户发生较大损失而向保险公司所交付的与保险责任相适应的费用。机动车保险实际上是一种运用社会集体的力量,共同建立规避风险基金进行补偿或给付的经济保障。主要险种有:

1）交强险

交强险是我国首个由国家法律规定实行的强制保险制度。国务院2006年3月28日颁布的《机动车交通事故责任强制保险条例》(以下简称《条例》)规定:交强险是由保险公司对被保险机动车发生道路交通事故造成受害人(不包括本车人员和被保险人)的人身伤亡、财产损失,在责任限额内予以赔偿的强制性责任保险。按照《条例》规定新车登记上牌必须办理交强险。交强险具有强制性、覆盖性及公益性的特点。

2）车辆损失险

车辆损失险是指保险车辆遭受保险责任范围内的自然灾害(不包括地震)或意外事故,造成保险车辆本身损失,保险人依据保险合同的规定给予赔偿的保险,是一种车主自愿购买的险种。车辆损失险是一种商业险种,不是强制性购买的。

3）商业三者险

商业三者险,是指保险期间内,被保险人或其允许的合法驾驶人在使用被保险机动车过程中发生意外事故,致使第三者遭受人身伤亡或财产直接损毁,保险人依法给予赔偿的经济赔偿责任。商业三者险不是强制性购买的。

4）盗抢险

盗抢险全称是机动车辆全车盗抢险。机动车辆全车盗抢险的保险责任为全车被盗窃、被抢劫、被抢夺造成的车辆损失以及在被盗窃、被抢劫、被抢夺期间受到损坏或车上零部件、附属设备丢失需要修复的合理费用。盗抢险是一种商业险种,不是强制性购买的。

4. 客、货运附加费

客、货运附加费是国家本着取之于民、用之于民的原则,向从事客、货营运的单位或个人征收的专项基金。它属于地方建设专项基金,各地征收的名称不一,收取的标准也不相同。

任务回顾

(1) 二手车评估前的手续检查项目。

(2) 二手车评估前的手续检查方法。

任务实施步骤

(一) 任务要求

二手车评估前的手续检查核对。

(二) 任务实施的步骤

1. 核查法定证件

1) 核查机动车来历证明

通过检查机动车来历证明可以及时发现该车是否合法、是否为涉案车辆,同时,登录公安机关交通管理部门"全国被盗抢汽车查询系统",确认车辆为非盗抢车。杜绝盗抢车、走私车、拼装车和报废车的非法交易,避免二手车交易市场成为非法车辆销赃的场所,切实维护消费者的合法权益。

二手车评估机构应拥有各类机动车来历证明样本,以便评估师进行对比鉴别。

2) 核查机动车行驶证

《中华人民共和国道路交通安全法》第十一条规定,《机动车行驶证》是车辆上路行驶必需的证件。在二手车鉴定评估的手续检查中,《机动车行驶证》也是检查二手车合法性的凭证之一。新版的机动车行驶证上标注有机动车的重要信息。

通过查验机动车行驶证上的号牌号码、车辆识别代号、发动机号、车架号与车辆实物是否一致,是否有改动、凿痕、锉痕、重新打刻等情况,车辆颜色与车身装置是否与行驶证一致等项目可以初步判断二手车是否合法。

3) 核查《机动车登记证书》

核查《机动车登记证书》是二手车鉴定评估人员必须认真查验的手续。《机动车登记证书》与《机动车行驶证》相比它的内容更详细,一些评估参数必须从《机动车登记证书》获取,如使用性质、国产/进口等。

2002年之前购买的汽车大部分都没有登记证书,在车辆交易的时候需要先到车辆管理部门进行补办。补办登记证书时需携带机动车所有人的身份证明和交验车辆,按以下要求补办:

(1) 填写《补领、换领机动车牌证申请表》。

(2) 出示机动车所有人的身份证明。

(3) 属于补领《机动车登记证书》的,还需提交车辆识别代号(车架号码)拓印膜。

(4) 属于换领《机动车登记证书》的,应将原《机动车登记证书》交回。

(5) 因被行政执法部门依法没收并拍卖,或者被仲裁机构依法仲裁裁决,或者被人民法院调解、裁定、判决的机动车,现机动车所有人未得到《机动车登记证书》的,需持行政执法部门、仲裁机构或者人民法院出具的证明,或者人民法院出具的《协助执行通知书》办理。

(6) 机动车所有人为自然人办理补领《机动车登记证书》业务的,应本人到场申请,不能委

笔记 托他人代理。机动车所有人因死亡、出境、重病残和不可抗力等原因不能到场补领《机动车登记证书》的,应当出具有关证明。

4)核查机动车号牌

机动车号牌是机动车取得合法行驶权的标志。《中华人民共和国道路交通安全法》中第十一条规定,机动车号牌应当按照规定悬挂并保持清晰、完整,不得故意遮挡、污损。我国规定使用的机动车号牌是"九二"式号牌(按《中华人民共和国机动车号牌》CA36-1992标准制作)。标准规定了机动车号牌分类、规格、颜色及其适用范围。

5)核查道路运输证

运营车辆应有道路运输证。

6)核查机动车安全技术检验合格标志

如果机动车无合格标志或标志无效,则不能交易。

2. 核查税费

根据《二手车流通管理办法》规定,二手车交易必须提供车辆购置税、车船税和车辆保险费等税费缴付凭证。

1)核查车辆购置税

核查是否具有真实的车辆购置税完税凭证。如果为免税车,应查实其是否符合免税的有关规定。

2)核查车船税

核查是否具有真实的车船税完税凭证。如果没有此凭证,但按规定能够补办,则应在价格评估时将此项费用扣除(包括新交税费、补交税费及滞纳金等)。

3)核查机动车保险费

核查是否投保了以下险种,并确认其保险单的真实性:

(1)交强险。

(2)商业三者险。

(3)车辆损失险。

(4)盗抢险。

任务二 二手车现时技术状况的检查

知识目标
- 掌握二手车技术状况的静态检查、动态检查和仪器检查的项目。
- 掌握二手车技术状况的静态检查、动态检查和仪器检查的方法。

能力目标
- 能够运用相关知识对实践中的二手车的现时技术状况进行检查鉴定。

任务剖析

良好的技术状况是保障二手车行驶安全的根本,同时也是正确评估二手车价格的基本依据。如何获得二手车的技术状况,评判二手车的技术状况是否达到要求,是每一个二手车鉴定评估师必须掌握的知识。二手车鉴定评估人员通过现场查勘鉴定二手车现时技术状况,其目的是为了公正、科学地确定委托评估车辆的现时技术状况及价值。这项工作完成后,鉴定评估人员应客观地给出鉴定评估过程的描述和评估结论。

二手车技术状况的鉴定一般包括静态检查、动态检查和仪器检查三个方面。

静态检查是指二手车在静止状态下,根据检查人员的技能和经验,辅以简单的量具,对二手车技术状况进行检查。

动态检查是指二手车在工作状态下(发动机在运转、二手车在运动或静止),根据检测人员的技能和经验,辅以简单的量器具,对二手车的技术状况进行检查。

仪器检查是指使用仪器、设备对二手车的技术性能和故障进行检测和诊断,既定性又定量地对二手车进行技术状况检查。

现场查勘主要进行静态检查,条件许可时,应进行路试检查,以全面了解被评估车辆的基本情况,必要时要辅以仪器的检查,并对被评估车辆的技术状况作出合理的判断。前两项在汽车评估中是必不可少的;第三项在实际工作中往往视评估目的和实际情况而定。

任务载体

静态检查是指二手车在静止状态下,根据检查人员的技能和经验,用目测观察和辅以简单的量具,对二手车的外观静态技术状况进行检查。

动态检查是指汽车在工作状态下的检查。检查过程中,需起动发动机,需对二手车进行路试,故二手车的动态检查包括无负荷时的工况检查和路试检查。通过对汽车各种工况,如发动机起动、怠速、起步、加速、匀速、滑行、强制减速、紧急制动、从低速档到高速档、从高速档到低速档的行驶,检查汽车的操纵性能、制动性能、滑行性能、加速性能、噪声和废气排放情况,以鉴定二手车的技术状况。

二手车技术状况的仪器检查在二手车鉴定评估中主要用于对被评估二手车用动态检查性能把握不准和不熟悉,并且对评估准确性要求较高的情况,常用于较高档的车型和司法鉴定评估。

相关知识

汽车的技术状况是指定量测得的、表征某一时刻汽车的外观和性能的参数值的总和。

随着汽车行驶里程的增加,汽车的技术状况将逐渐变坏,致使汽车的动力性下降、经济性变坏、使用方便性下降、行驶安全性和使用可靠性变差,直至最后达到使用极限。其主要外观症状有:汽车最高行驶速度降低;加速时间与加速距离增长;燃料与润滑油消耗量增加;制动迟缓、失灵;转向沉重;行驶中出现振抖、摇摆或异常声响;排黑烟或有异常气味;运行中因技术故障而停歇的时间增多。

汽车技术状况的变化是汽车诸多内在原因综合作用的结果。主要原因有:零件之间相互摩擦而产生的磨损,零件与有害物质接触而产生的腐蚀,零件在交变载荷作用下产生疲劳,零件在外载、温度和残余内应力作用下发生变形,橡胶及塑料等非金属零件和电器元件因长时间使用而老化,由于偶然事件造成零件损伤等。这些原因使零件原有尺寸和几何形状及表面质量发生改变,破坏了零件原来的配合特性和正确位置关系,从而引起汽车(或总成)技术状况变坏。

因汽车零件和运行材料性能的变化,而使机动车技术状况逐渐变坏的现象,不仅发生于机动车使用过程中,也发生于储存过程中。例如,橡胶、塑料等非金属零件因老化而失去弹性,强度下降等。

在二手车的交易中,准确、客观地评估二手车的价值是至关重要的。其价值除受车型档次、市场供求关系和国家宏观政策的影响外,最主要的是看二手车的现时技术状况的好坏。

汽车在使用过程中,汽车的现时技术状况随其使用强度、使用条件、使用性质和维修保养水平不同而不同。不同的汽车,差异性很大。因此,往往需要通过技术检验等手段来鉴定其现时技术状况和功能效用,为汽车的继续运行作出评估,据此来评定汽车实体的价值,为交易提供合理的价格依据。

汽车技术状况的鉴定是指通过感官和运用检测设备对汽车的外观、内饰情况,各个总成和部件的完好情况,整车的各项使用性能等进行评估。汽车技术状况的测定,也是确保车辆在动力性、经济性、可靠性、安全性和排放性能等方面有良好状态的必要手段。

汽车技术状况的鉴定是由检查、测试、分析和判断等一系列活动组成的。汽车技术状况鉴定的基本方法主要有两种:一种是传统的人工经验诊断法;另一种是利用现代仪器设备诊断法。随着现代科学技术的发展,应用仪器设备对车辆性能和故障进行定量、客观的检测和诊断日益增多。但是,车辆的某些技术状况,例如,车辆的外观损伤、变形、老化等,使用仪器设备进行检测就不尽完善,仍需依靠检测人员个人的技能和经验,用感官和简单的工具进行定性和直观的检查方可确定。

1. 人工经验鉴定法

人工经验鉴定法是通过具有一定理论知识和丰富的实践经验的鉴定评估人员,在汽车不解体或局部解体的情况下,借助简单的工具,通过观察、耳听、鼻嗅和手摸等方法,对汽车的技术状况作出评判的一种方法。这种方法不需要专用的仪器设备和专门的场地,具有投资少、见效快、方便实用等优点。缺点是鉴定准确性差,不能进行定量分析,并要求鉴定人员具有较高技术水平和丰富的实践经验。这种方法有十分重要的实用价值。即使普遍使用了现代仪器设备来进行鉴定和诊断,也不能完全脱离人工经验鉴定法。特别是对二手车的鉴定评估,因其具有快速、灵活、机动和廉价等特点,所以,这种方法在二手车的鉴定评估中得到广泛应用。

2. 现代仪器设备鉴定法

现代仪器设备鉴定法,是指在汽车不解体的情况下,用专用的仪器设备来检测鉴定汽车及其各总成、部件的工作情况,为分析和判断汽车技术状况提供定量的依据。这种方法采用微机控制的仪器设备,检测时,能自动分析、判断、存储并打印出汽车的技术状况的定量参数。这种检测方法的优点是准确度高,能定量分析。缺点是投资大,需专用场地,操作人员需要进行专门的培训,检测成本高。但这是汽车诊断和检测技术的发展方向。

在二手车的鉴定评估中,上述两种方法应交替使用。人工经验鉴定法的应用极为广泛,目前,在二手车鉴定评估中的静态、动态检查,基本属于此类诊断方法。对应用人工鉴定法难以测定的一些技术性能和故障,就应借助专用仪器设备对汽车的技术性能和故障进行检测和诊断,从而可准确、定量、客观地鉴定汽车的技术状况。

汽车技术状况鉴定是二手车鉴定评估的基础与关键。其鉴定方法主要有静态检查、动态检查和仪器检查三种。其中,静态检查和动态检查是依据评估人员的技能和经验对被评估车辆进行直观、定性判断,即初步判断评估车辆的运行情况是否基本正常、车辆各部分有无故障及故障的可能原因、车辆各总成及部件的新旧程度等,是评价过程不可缺少的。动态检查是指二手车在工作状态下(发动机在运转、二手车在运动或静止),根据检测人员的技能和经验,对二手车的技术状况进行检查。而仪器检查是对评估车辆的各项技术性能及各总成部件技术状况进行定量、客观的评价,是进行二手车技术等级划分的依据,在实际工作中往往根据评估目的和实际情况而进行。

3.2.1 二手车现时技术状况的静态检查

3.2.1.1 识伪检查

二手车的识伪检查有两个含义:对于进口汽车判别是不是"水货";对于国产汽车车身判别是不是纯正的原厂货。

1."水货"汽车的鉴别

所谓"水货"汽车,是指那些通过走私或非合法渠道进口的汽车。这些汽车有的是整车走私,有的是散件走私境内组装,有的甚至是旧车拼装。

进口正品汽车,即习惯上称大贸进口的汽车,是指通过正常的贸易渠道进口的汽车。此类车的前风窗玻璃上有黄色的商检标志,符合中国产品质量法。进口正品汽车都附有中文使用手册和维修手册,有的还有零部件目录,而"水货"汽车则没有。

对于"水货"汽车还可以从以下几个方面进行识别:

(1)查勘汽车型号,看其是否在我国进口汽车产品目录上。多年从事评估工作的业内人士,对大多数汽车从外观就能看出是否是我国进口汽车产品目录上的车型。

(2)看外观是否有重新做过油漆的痕迹,尤其是顶部下风窗玻璃框处要特别注意,因为有一种最常见的走私车就是所谓的"割顶"车。走私者在境外通过将轿车的车顶从车顶下风窗玻璃框处将汽车切成两部分,分别作为汽车配件走私或进口,然后在境内再将两部分焊接起来,通过这种方法来达到走私整车的目的。要注意曲线部分的线条是否流畅,大面是否平整,在现有的技术条件下,"割顶"车要想做得天衣无缝还不可能,一般用肉眼仔细观察,用手从车顶部向下触摸,还是能够发现走私者留下的痕迹。

(3)打开发动机盖,观察发动机室内线路、管路布置是否有条理,是否有重新装配和改装的痕迹。

(4)我国现有"水货"车日本车较多,右舵改左舵的较多,自动变速器的多。根据经验,自动变速器的车右舵改左舵是很容易识别的。为了适应我国的交通管理,走私者将右舵改为左舵,而为了降低改装成本,走私者不可能更换变速器。自动变速器的车右舵改左舵通过变速杆就可以识别——自动变速器变速杆的保险按钮仍在右侧,通过这一点可识别不少"水货"车。

2.汽车车身防伪检查

现代乘用车的车身基本上是承载式车身,车架号在车身上。车身是乘用车最重要的基础件,同时又是乘用车上最贵的一个零部件。根据《机动车登记规定》第九条,申请改变机动车车身颜色、更换车身或者车架的,应当填写《机动车变更登记申请表》,提交法定证明、凭证。

属于更换车身或者车架的,还应当核对车辆识别代号(车架号码)的拓印膜,收存车身或者车架的来历凭证。

根据《机动车登记规定》第十条,更换发动机的,机动车所有人应当于变更后十日内向车辆管理所申请变更登记,填写《机动车变更登记申请表》,提交法定证明、凭证,并交验机动车。

车辆管理所应当自受理之日起一日内确认机动车,收回原行驶证,重新核发行驶证,收存发动机的来历凭证。

1) 国产车

由于许多汽车制造厂为了防止不法分子造假,对汽车车身实行专营,只对特约维修站供应,一般的汽车修理厂是购不到汽车车身的,并且正厂的汽车车身比仿制的汽车车身价格要贵得多。一些修理厂的"高手"采用将原车上的车架号割下,再焊在假车车身上的方法,试图混过汽车检验关。二手车评估鉴定人员只要通过仔细地观察和触摸,就能发现造假者留下的痕迹,识别假汽车车身。

2) 进口车

进口汽车的车身如果要进口,它的手续同进口一辆汽车的手续一样。对于老旧车型,一些进口汽车配件供应商时常采用将报废车的车身拆下后翻新,再卖给汽车修理厂,从中牟取暴利。汽车修理厂同样采用上述办法制假。二手车鉴定评估人员必须高度重视和警惕,识别假汽车车身。

3.2.1.2 外观检查

外观检查项目,基本上可分为两大类:一类是仅作定性规定的检查项目,可用直观检测,即目测检查;另一类是作定量规定的检查项目,则须采用仪器设备和客观检查方法作定量分析。

车辆在进行外观检查之前,一般都要进行外部清洗。外观检查项目中,须在底盘下面进行的项目,最好在设有检测地沟及千斤顶或汽车举升器的工位上进行。

汽车外观检查是了解汽车整体技术状况和故障情况的重要手段之一。

汽车在使用过程中,随着行驶里程的不断增加,有关零部件将会产生磨损、腐蚀、变形、老化或受到意外损伤等,结果导致汽车技术状况不断变坏、动力性降低、油耗增加、工作可靠性及安全性降低,并会以种种外观症状表现出来,如车体不周正、油漆剥落、驾驶室的覆盖件开裂,有些外观症状如前后桥、传动轴、车架和悬架等装置有明显的弯、扭、裂、断等损伤,以及相关部件连接螺栓松动或脱落、球销磨损松旷等。这些症状,小则影响车容车貌,大则影响汽车性能和人身安全。尽管现在检测诊断技术非常发达,检测仪器非常先进,但影响汽车性能的很多外部症状仍难以用仪器设备检测出来,而需要用人工进行观察、体验,或辅以简单仪表进行直观性的检测。通过外观检查可以帮助检测人员确定检测重点,其检验结果也有助于对汽车各部的真实技术状况、故障部位及其原因作出正确的判断。

汽车外观检查各项目中,有些可以依靠检验人员的技能和经验,通过感官感受和观察进行定性的直观检测,比如车辆外部损伤、漏水、漏气、渗油和连接件松动、脱落等;有些项目却需要用仪表进行检测。随着检测技术的发展,人们开始运用仪器设备进行车辆的一些外观检测诊断,如转向盘自由转动量、踏板行程,以及漆层厚度、硬度和光泽度等。因此汽车外观检查有人工经验法、使用辅助量具测量法以及两种方法的综合运用。

1. 目测检查

汽车鉴定评估中目测检查的内容大致如下。

1）车辆标志检查

车辆标志包括车辆的商标、铭牌、发动机型号和出厂编号、底盘型号及出厂编号。车辆的商标、型号标记必须装设在车身前部的外表面上，通常人们一眼就能看出来。车辆铭牌应置于车辆前部易于观看之处，客车铭牌应置于车内前门的上方。车辆的铭牌应标明厂牌、型号、发动机功率、总质量、载重质量或载客人数、出厂编号、出厂年月日及厂名等。发动机的型号和出厂编号应打印在发动机气缸体侧平面上，而底盘的型号和出厂编号应打印在金属车架的易见部位。

2）车身的技术状况检查

轿车和客车的车身在整车中价值权重最大，维修费用也高，故检查车身是技术状况鉴定的重要一环。检查顺序从车的前部开始，一般按以下方法进行：

（1）检查车身是否发生碰撞受损。站在车的前部一角往尾部观察车身各接缝，如出现不直、缝隙大小不一、线条弯曲、装饰条有脱落或新旧不一，说明该车可能出现过事故或修理过。

（2）检查车门，从车门框B柱来观察是否呈现为一直线，若无波浪（俗称橘子皮）的情形发生，表示此车无大问题；再从车门查看，在未打开车门时，可先看车门接缝处是否平整，如果接合的密合度自然平整，表示此车无大毛病，但不能就此断定此车没问题，可以再打开车门来详细查看A、B、C柱，也就是观看车门框是否呈一线，如果不平整，有类似波浪的情形，表示此车经过钣金修理；也可将黑色的水胶条揭开来看是否平整，车门附近是否留有原车接合时的铆钉痕迹，留有痕迹的话表示此车为原厂车，没有的话表示此车烤过漆。最后可来回开关车门检视车门开启的顺畅度，无音或开启时极为顺手，表示此车没什么大问题。

（3）检查保险杠有无明显变形、损坏，有无校正、重新补漆的痕迹。道路交通事故中，汽车保险杠是最容易损坏的零部件，通过对保险杠的认真检查，能够判定被检查车辆是否有过碰撞或发生过交通事故。

（4）检查车门、车窗，车门、车窗应启闭灵活、关闭严密、锁止可靠、缝隙均匀不松旷；密封胶条应无破损、老化，否则车门、车窗处会漏水。

（5）检查车身金属零部件锈蚀情况，主要检查车门、车窗、排水槽、底板、各接缝等处，如锈蚀严重，说明该车使用状况恶劣，使用年限长。注意检查挡泥板、减振器、车灯周围、车门底下和轮舱内是否生锈。

（6）检查车身油漆，察看密封胶条、窗框四周、轮胎和排气管等处是否有多余油漆，如果有，说明该车车身曾翻新重做油漆。用一块磁铁沿车身周围移动，如果遇到磁力突然减少，表明该处有过局部补灰、做漆。当用手敲击车身时，如果遇到敲击声明显比其他部位沉闷，表明该处重新补灰做漆。补过的漆往往有如下质量问题：丰满度不如原车的油漆；油漆表面有流痕；表面有不规则的小麻坑；表面有小麻点。有大面积撞伤的部位，补泥子的面积比较大，在工人打磨泥子时往往磨不平，因而补过漆后，车身表面看上去如同微微的波浪一样凹凸不平。新补的油漆，往往色彩不同于原车漆色，一般经电子配漆配出的漆色比原车的漆色鲜艳，而人工调出的漆色多比原漆色调暗。如果车子开得年头比较长，补漆往往比较多，因而整个车身各个部位颜色都有差异，甚至找不出原车的漆色。小磁铁吸不上去的地方，说明已填补过。通过上述问题，可以判断一辆车以前被撞面积有多大，车身可能受过多大的损伤。购车者假如发现油漆表面有龟裂现象，如果车未撞过，那么该车至少已使用了大约十年。

（7）检查后视镜、下视镜、车窗玻璃，汽车必须在左、右各设置一面后视镜，安装、调节及视野范围应符合规定。车长大于 6m 的平头客车、平头货车车前应设置一面下视镜,下视镜应完好。车窗玻璃应完好,前风窗玻璃应使用安全玻璃。当检查前风窗玻璃没有国家安全玻璃认证标志时,表明该车前风窗玻璃曾经更换。

(8) 检查灯光是否齐全、有效,光色、光强是否符合国家标准有关规定。二手车的配光性能好坏,能反映车主对车辆的维护认真程度。

3) 驾驶室和车厢内部检查

(1) 驾驶员座椅、成员座椅安装应牢固可靠。驾驶员座椅、副驾驶员座椅及客车前面设有座椅或护栏的座椅的安全带应齐全、有效。

(2) 查看座椅的新旧程度,座椅表面应平整、清洁、无破损。座椅松动和严重磨损、凹陷,说明车常常载人,可推断该车经常行驶在高负荷的工况下。

(3) 车顶的内篷是否破裂,车辆内部是否污秽发霉。车内如有发霉的味道,表明车子可能有泄漏的情况。

(4) 检查地毡或地板胶是否残旧,从地毯磨痕可推论出该车使用频繁程度。

(5) 揭开地毡或地板胶,查看车厢底板是否有潮湿或坐锈的痕迹,是否有烧焊的痕迹。

(6) 检查行李箱,检查箱盖防水胶条是否完好,检查行李箱是否锈蚀;查看行李箱开口处左右两边的钣金件或与后保险杠的接合处时,可先翻开行李箱下的地毯,检视该处有无烧焊过的痕迹。

(7) 查看仪表盘是否原装,检查仪表盘底部有没有更改线束的痕迹。要求安装汽车行驶记录仪的车辆是否按要求安装,能否正常工作。

(8) 检查里程表,已经行驶的千米数是车辆行驶年龄的参照,一般的家用车每年约行驶 10 000~30 000 km。

(9) 检查离合器踏板、制动踏板、加速踏板有无弯曲变形及干涉现象。离合器踏板和制动踏板的踏脚胶是否磨损过度,通常一块踏脚胶寿命是 30 000 km 左右,如果换了新的,则此车已行驶 30 000 km 以上。

(10) 坐在车上试试所有踏板有没有弹性,离合器踏板应该有少许空间,同时留心听听踏下踏板有没有异响发出。

4) 发动机的检查

(1) 检查发动机外部清洁状况。发动机外部有少量油迹和灰尘是正常的,如果灰尘过多,表明车主对车辆维护不认真和车辆使用环境恶劣;如果一尘不染,说明发动机刚刚经过清洁处理。

(2) 检查发动机罩。仔细查看发动机罩与翼子板的密合度或缝隙是否一致(不要有大小不一的情形),发动机与挡风玻璃之间的间隙是否一致或宙有原车的胶漆,这些都是检查的重点。发动机罩内的检查更是重点中的重点。打开发动机罩时,先检查一下其内侧,如果有烤过漆的痕迹,表示这片盖板碰撞过,因为一般不会在这个地方乱烤漆,原因是它不具有美观的价值。然后可从发动机上方横梁(亦是水箱罩上方工字梁)及发动机本体下方的两条纵梁或俗称"内归"的两内侧副梁等处查看,这些地方如无意外,都应留有圆形点焊的痕迹;若点焊形状大小不一,有可能遭受过撞击。另外,防水胶条是否平顺,亦是判断此车有无受伤的依据。

(3) 检查机油平面高度。一般机油尺上都有高、低油位的显示刻度,如果机油平面在这两个油位之间,则表示正常。因此,消费者可再将擦干净的机油尺从油箱中拉出来,检查机油尺上的油位。如果油位过低,应了解上次更换机油的时间和间隔里程,如果时间和间隔里程正常,说明发动机烧机油;如果机油平面过高,说明发动机严重窜气或漏水。

(4)检查机油颜色。可以拿出一张白纸,拔出机油尺在纸上擦拭,观察机油颜色和杂质的情况。一般在换过机油后,车辆使用一段时间后机油颜色会变黑,这是正常的;而如果机油显现其他颜色都是不正常的现象。如果发现机油的颜色变灰、变白或有乳化现象,说明机油中混入水,可能是发动机冷却系统和燃烧系统有连通泄漏情况。

(5)检查机油盖口。拧下加油盖,将它翻过来观察底部,这样可以在加油盖底部看到旧机油甚至脏油的痕迹。如果加油盖底面有一层具有黏稠度的深色乳状物,还有与油污混合的小水滴,这就是不正常的情况了,可能是缸垫、缸盖或缸体有损坏,导致防冻液渗入机油中造成的。如果有这种情况发生,被污染的机油有可能对发动机内部造成损害,发动机可能是需要大修的。

(6)检查发动机冷却液,检查水箱(冷却时)。打开发动机盖,首先检查水箱部分,但检查的前提是冷车状态,否则很容易被溅出的水烫伤。打开水箱盖后,注意观察冷却水面上是否有其他的异物漂浮,例如锈蚀的粉屑、不明的油污等。如果发现有油污浮起,表示可能有机油渗入到冷却水内;如果发现浮起的异物是锈蚀的粉屑,表示水箱内的锈蚀情况已经很严重。一旦发现有上述情况,都表示该车的发动机状况不是很好,需特别注意。现代汽车发动机常年使用防冻液作为发动机冷却液,如果冷却液已变成水,首先应了解其原因,并分析二手车可能有的毛病,如事故、发动机温度高、发动机漏水、发动机内烧水等;如果冷却液内有油污,一般可认为气缸垫处漏气;如果冷却液混浊,要向车主询问原因,并特别注意发动机温度。

(7)检查蓄电池。现代汽车蓄电池一般均为免维护蓄电池,仍以铅酸蓄电池为主,其寿命一般为两年多一点。蓄电池两接线柱应没有大量白色粉末(硫酸盐)附贴在上面,蓄电池液面高度应一致,并在规定的上下线之间。电池壳体应干爽,绝对没有裂痕。如果液面过底,一般为发动机充电电流过大,液面经常处于过低状态,将大大降低蓄电池的寿命;如果有个别格液面过低,一般为个别格漏液。从蓄电池托盘上能够观察到漏液的痕迹。

(8)检查变速箱油。变速箱油的检查大多是通过油尺来进行,油尺标有最高油位和最低油位刻度,如果油量在这两个刻度之间就是正常的。如果油位过低,则表示应该加油了,但也可能表示这辆车已有漏油的情况产生。检查变速箱油最重要的是查看油是否变色。一般来说,变速箱油呈现红色,如果发现变成棕色,则表示该车的变速箱可能发生了故障。如果闻到焦味,表示变速箱磨损情况严重,一旦买回此类车,可能需花一笔不小的大修费用。

(9)检查空气滤清器。打开空气滤清器的盒盖,看看里面的清洁程度如何。如果灰尘很多,滤芯很脏,则表示这辆车的使用程度较高,而且该车的前一位车主对车的保养也较差,没有定期更换滤芯。由此可设想,一辆车的保养差,车况也不会太好。

(10)检查发动机主要附件是否完好。

(11)检查发动机、起动机、分电器、化油器、空调压缩机、转向助力泵等外观是否正常,是否有漏油、漏水、漏气、漏电现象,是否有松动现象。

5)附属装置检查

如雨刮器、收音机、仪表、反光镜、加热器、灯具、转向信号灯、喷水装置、空调设备等是否破损、残缺,并对附属装置进行动态检验。例如,雨刮器动作、喷水装置喷水、空调器制冷、各灯光和仪表是否正常工作等。

笔记

6）车辆底盘检查

车辆底盘检查要将车辆开进地沟或上举升器的工位进行。

（1）检查发动机固定是否可靠,检查发动机与传动系的连接情况;燃油箱及燃油管路应固定可靠,不得有渗、漏油现象;燃油管路与其他部件不应有磨蹭现象;软管不得老化开裂、有磨损等异常现象。

（2）检查传动轴中间支撑轴承及支架、万向节等有无裂纹和松旷现象。

（3）检查转向节臂、转向横直拉杆有无裂纹和损伤,有无拼焊现象。检查转向横直拉杆球销是否松旷、连接是否可靠;各运动部件在运动中有无干涉、摩擦现象。

（4）检查车架是否有裂纹和影响车辆正常行驶的变形,螺栓和铆钉不得缺少和松动,车架不得进行焊接加工。

（5）检查前、后桥是否有变形、裂纹。

（6）检查钢板弹簧有无裂纹、断片和缺片现象,中心螺栓和 U 形螺栓是否紧固,减振器是否漏油,车架与悬架之间的各拉杆和导杆应无松旷和移位现象。

（7）检查排气管、消声器是否齐全及固定情况,有无破损和漏气现象。

（8）检查制动总泵、分泵、制动管路,不得有漏气、漏油现象;软管不得有老化开裂、磨损异常等现象。

（9）检查电器线路,所有电器导线均应捆扎成束、布置整齐、固定卡紧、接头牢固并有绝缘套,在导线穿越孔洞时需装设绝缘套管。

（10）检查减振及悬架,可用手在汽车前后左右角分别用力下压,如放松后汽车车身能回弹,并能自由跳动 2～3 次,说明该系统正常。如出现异响或不能自动跳动,则说明该减振器或悬架系统的弹簧等部件工作不良,舒适性自然就会变差。

7）车内电器设备状况检查

检查雨刮器、音响设备、仪表、空调设备等是否齐全、有效。高档客车、轿车电器设备在整车中价值权重较大,维修费用较高,因此,在检查过程中应认真慎重。冷气不好,可能为制冷剂不足,需要清洗冷凝器或更换压缩机。

2. 使用量具辅助检查

1）车体周正检测

《机动车运行安全条件》规定,车体应周正,左右对称部位高度差不得大于 40 mm。

在进行车体周正检测时,将送检车辆停放在外观检测工位上,检测人员首先用眼睛进行观察,可以检查汽车是否有严重的横向或纵向歪斜现象;然后用高度尺或钢卷尺、水平尺检测左右对称部位高度差是否超过规定值;最后检查车架和车身是否有较大变形,悬架是否裂断或刚度下降,左右轮胎气压搭配是否正常等,如果有异常,即使车体歪斜未超过规定值,亦应予以排除后再进行检测。否则,车体歪斜会越来越严重,引起操纵不稳、行驶跑偏、重心转移、轮胎磨损加剧等不良后果。

2）车轮轮胎的检测

汽车轮胎的检测主要是对轮胎气压和轮胎磨损的检测。

轮胎在汽车的使用过程中,是仅次于燃料的一项重要运行消耗材料。胎面磨损严重是车辆需要调校的信号,否则很有可能损坏悬架系统。确保备胎也是可以使用的,并没有损坏或过度磨损。轮胎的磨损、破裂和割伤无须仪器检测,凭简单的深度尺,钢直尺加外观检测便可。

轮胎不应有异常磨损,当轮胎出现非正常磨损时,表明该车的车轮定位参数不准确或是车辆长期超载运行。

技术条件要求轮胎的花纹深度为:轿车轮胎胎冠上花纹深度在磨损后应不少于1.6 mm,其他车辆轮胎胎冠上花纹深度不得少于3.2mm;轮胎的胎面和胎壁上不得有长度超过25 mm,深度足以暴露出轮胎帘布层的破裂和割伤。对轮胎气压的检测通常采用气压表,而对磨损量的检测则采用钢直尺、深度尺等,依据技术要求进行。

3) 车轮的横向和径向摆动量的检测

《机动车运行安全条件》规定,车轮横向和径向摆动量,总质量小于或等于4.5 t的汽车不得大于5 mm;摩托车和轻便摩托车不得大于3 mm;其他车辆不大于8 mm。

车轮横向和径向摆动量的检测可在室内进行,也可在室外进行。在室内检测时用举升器或千斤顶等顶起前桥,用百分表测头水平触到轮胎前端胎冠外侧,用手前后摆动轮胎,测其横向摆动量;再将百分表移至轮胎上方,使测头触到胎冠中部,然后用撬杆往上撬动轮胎,测量其径向摆动量。汽车车轮横向和径向摆动量超过规定值时,汽车行驶时将会引起转向盘抖振,导致行驶不稳定。

3.2.2 二手车现时技术状况的动态检查

动态检查是指二手车在工作状态下(发动机在运转、二手车在运动或静止),根据检测人员的技能和经验,辅以简单的量器具,对二手车的技术状况进行检查。通过对汽车各种工况,如发动机起动、怠速、起步、加速、匀速、滑行、强制减速、紧急制动、从低速档到高速档、从高速档到低速档的行驶,检查汽车的操纵性能、制动性能、滑行性能、加速性能、噪声和废气排放情况,以鉴定二手车的技术状况。动态检查是指汽车在工作状态下的检查。检查过程中,需起动发动机,需对二手车进行路试,故二手车的动态检查包括无负荷时的工况检查和路试检查。

3.2.2.1 发动机无负荷工况检查

1. 发动机起动状况的检查

在正常情况下,用起动机起动发动机时,应在3次内起动成功。起动时,每次时间不超过10 s,再次起动时间要间隔15 s以上。若发动机不能正常起动,说明发动机的起动性能不好。

如果由于发动机曲轴不能转动而导致发动机无法起动,其原因主要可能是蓄电池电量不足或起动机工作不良,也可能是发动机运转阻力过大。检查发动机起动阻力时,应拆下全部火花塞或喷油器,人工运转曲轴,检查转动阻力。

如果起动时曲轴能正常转动,但发动机起动仍很困难,对于汽油发动机,其原因主要可能是点火系统点火不正时、火花塞火弱或无火;燃油系统工作不良,使混合气过稀或过浓;气缸压缩压力过低等。对于柴油发动机,除气缸压缩压力过低外,燃油中有水或空气,输油泵、喷油泵、喷油器工作不良,燃油系统管路堵塞等,都可能导致发动机起动困难。

2. 发动机无负荷运转时的检查

1) 检查发动机怠速运转情况

怠速工况下,发动机应在规定的转速范围内稳定地运转。如果怠速转速过高或运转不稳定,说明发动机怠速不良。对于汽油发动机,怠速不良的原因主要有点火正时、气门间隙、配气正时或怠速调整不当;真空漏气;曲轴箱通风单向阀不密封或卡阻,怠速时不能关闭;废气再循环装置或燃油蒸发排放装置(如果安装)的误动作;点火系统或供油系统工作不良;气缸压缩压力过低或各缸压缩压力不一致等。

对于柴油发动机,怠速不良的原因主要有供油正时、气门间隙、配气正时或怠速调整不当;燃油中有水、气或黏度不符合要求;各缸柱塞、出油阀偶件及喷油器工况不一致,或是调速器锈蚀、松旷,弹簧疲劳,供油拉杆对应的拨叉或齿扇松动等,导致各缸喷油量或喷油压力不一致;气缸压缩压力过低或各缸压缩压力不一致等。

发动机怠速运转时,检查各仪表工作状况,检查电源系统充电情况。

2) 检查急加速性

待水温、油温正常后,通过改变节气门开度,检查发动机在各种转速下运转是否平稳,改变转速时过渡应圆滑。迅速踏下加速踏板,发动机由怠速状态猛加速,观察发动机转速是否能迅速由低速到高速灵活反应,发动机应无"回火"、"放炮"现象,当加速踏板踩到底时,迅速释放加速踏板,发动机转速是否能迅速由高速到低速灵活反应,发动机不能怠速熄火。发动机加速运转过程中,检查发动机有无"敲缸"和气门运动噪声。在规定转速下,发动机机油压力应符合有关规定。

3) 检查发动机窜油、窜气

打开润滑油加注口,缓缓踩下加速踏板,如果窜气严重,肉眼可以观察到油雾气。若窜气不严重,可用一张白纸,放在离润滑油加注口 50 mm 左右处,然后加速,若窜油、窜气,白纸上会有油迹,严重时油迹面积大。

4) 检查排气颜色

正常的汽油发动机排出的气体应该是无色的,在严寒的冬季可见白色的水汽;柴油发动机带负荷工作时排出的气体一般是淡灰色的,当负荷较大时,为深灰色。无论是汽油机还是柴油机,如果排气颜色发蓝色,说明机油窜入燃烧室。若机油油面不高,最常见的是气缸与活塞密封出现问题,即活塞、活塞环因磨损与气缸的间隙过大。无论汽油发动机还是柴油发动机,如果排气管冒黑烟,说明混合气过浓,汽油发动机点火时刻过迟等。

5) 检查发动机熄火情况

对于汽油机,关闭点火开关后,发动机正常熄火;对于柴油机,停机装置应灵活有效。

3. 检查转向系

1) 转向盘自由行程检查

将车辆停放在平坦路面上,左右转动转向盘,从中间位置向左或向右时,转向盘游动间隙不应该超过 150 度。如果是带助力的车辆,最好在起动发动机后做检查。如果转向盘的间隙过大,就需要对转向系各部分间隙进行调整,这是需要到修理厂进行的工作。

2) 转向系传动间隙检查

可以用两手握住转向盘,采用上、下、左、右方向摇动,此时应该没有很松旷之感,如果很松,就需要调整转向轴承、横拉杆、直拉杆等,看有无松旷或螺帽脱落现象。

3.2.2.2　汽车路试检查

汽车路试一般在 20km 左右,通过一定里程的路试检查汽车的工况。路试检查的内容如下。

1. 检查离合器

正常的离合器应该是接合平稳,分离彻底,工作时不得有异响、抖动和不正常打滑现象。踏板自由行程应符合二手车技术条件的有关规定。自由行程过小,一般说明离合器摩擦片磨损严重。踏板力应与该型号车辆的踏板力相适应。各种车辆的踏板力应不大于 300 N。

离合器常出现的故障为打滑和分离不彻底,有的还有异响。这些故障会导致像起步困难、行驶无力、爬坡困难、变速器齿轮发出刺耳的撞击声、起步时车身发抖等现象。

1）离合器分离不彻底检查

在发动机怠速状态时,踩下离合器踏板几乎触底时,才能切断离合器;或是踩下离合器踏板,感到挂档困难或变速器齿轮出现刺耳的撞击声;或挂档后不抬离合器踏板,车子开始行进,表明该车的离合器分离不彻底。其原因是:离合器踏板自由行程过大、离合器压盘限位螺钉调整不当,或是更换了过厚的离合器摩擦片、离合器分离杠杆不在同一平面上等。

2）离合器打滑检查

如果离合器打滑,会出现起步困难、加速无力、重载上坡时有明显打滑甚至发出难闻气味等现象。比如在挂上 1 档后,慢抬离合器车子没反应,发动机也不熄火,就是离合器打滑的表现。其原因是:离合器踏板自由行程太小、分离轴承经常压在膜片弹簧上,使压盘总是处于半分离状态;离合器压盘弹簧过软或有折断;离合器与飞轮连接的螺丝松动等。

3）离合器异响检查

如果在使用离合器过程中出现异响也是不正常的。响声的形成原因大部分都是离合器内部的零件有损坏,这种情况需要进厂修理。其故障原因是:分离轴承磨损严重、轴承回位弹簧过软或折断、膜片弹簧支架有故障等。

4）离合器自由行程检查

当踩下离合器踏板到 3/4 时,离合器就应该稳固地接合。检查其行程是否合适,可以用直尺在踏板处测量,先测出踏板最高位置高度,再测出踩下踏板到感到有阻力时的高度,两个数值的差就是该车离合器行程数值,如果不符合要求就需要及时调整。

2. 检查制动性能

1）制动性能检测的技术要求

GB 7258—2004《汽车运行安全技术条件》中规定,汽车制动性能和应急制动性能的路试检测在平坦、硬实、清洁、干燥且轮胎与地面间附着系数不小于 0.7 的水泥或沥青路面上进行,检验时发动机与传动泵分离。

汽车在规定初速度下的制动距离和制动稳定性要求如表 3-1 所示。紧急制动性能要求见表 3-2。

表 3-1　制动距离和制动稳定性要求

汽车类型	制动初速度/ (km/h)	满载检验制动距离要求/m	空载检验制动距离要求/m	试验通道宽度/m
三轮汽车	20	≤5.0		2.5
乘用车	50	≤20.0	≤19.0	2.5
总质量不大于 3 500kg 的低速汽车	30	≤9.0	≤8.0	2.5

（续表）

汽车类型	制动初速度/(km/h)	满载检验制动距离要求/m	空载检验制动距离要求/m	试验通道宽度/m
其他质量不大于3500kg的低速汽车	50	≤22.0	≤21.0	2.5
其他汽车、汽车列车	30	≤10.0	≤9.0	3.0
两轮摩托车	30	≤7.0		
边三轮摩托车	30	≤8.0		2.5
正三轮摩托车	30	≤7.5		2.3
轻便摩托车	20	≤4.0		
轮式拖拉机运输机组	20	≤6.5	≤6.0	3.0
手扶变型运输机	20	≤6.5		2.3

表3-2　紧急制动性能要求

汽车类型	制动初速度/(km/h)	制动距离/m	充分发出的平均减速度/(m/s²)	允许操纵力/N	
				手操纵	脚操纵
三轮汽车	50	≤38.0	≥2.9	≤400	≤500
乘用车	30	≤18.0	≥2.5	≤600	≤700
其他汽车(三轮汽车除外)	30	≤20.0	≥2.2	≤600	≤700

2) 制动性能检查内容

(1) 检查行车制动。如果制动跑偏，很可能是同一车桥上的两个车轮制动力不等；或者是制动力不能同时作用在两个车轮上导致的。其原因可能由于轮胎气压不一致；或是制动鼓（盘）与摩擦片间隙不均匀；或是摩擦片有油污；或是制动蹄片弹簧损坏等，应根据形成原因在修理厂加以维修。

汽车起步后，先点一下制动，检查是否有制动；将车加速至 20 km/h 作一次紧急制动，检查制动是否可靠，有无跑偏、甩尾现象；再将车加速至 50 km/h，先用点制动的方法检查汽车是否立即减速、跑偏，再用紧急制动的方法检查制动距离和跑偏量。

(2) 检查制动效能。如果在行车时进行制动，减速度很小，制动距离又很长，说明该车的制动效能不佳。其原因可能是摩擦片与制动鼓（盘）的间隙很大；制动踏板自由行程过大；制动油管内有空气；制动总泵或分泵有故障；或是制动油管漏油等。这种情况下需要到修理厂维修。

试车时，发现踏下制动踏板的位置很低，连续踩几脚后，踏板才逐渐升高，但仍感觉比较软，这很可能是制动管路内有空气所导致的；当第一脚踩下踏板制动失灵，再继续踩踏板时制动良好，就说明是踏板自由行程过大，或是摩擦片与制动鼓（盘）的间隙过大。总之，凡是制动效能不佳的车辆，都必须进厂修理，也必然影响车辆的身价。

(3) 检查制动失效。在行车中出现制动失效，不能使车辆减速或停止，该车一定需要大修。其原因可能是制动液渗漏、制动总泵和分泵有严重故障。

笔记

（4）检查驻车制动（手刹）。如果在坡路上拉紧手刹后出现溜车，说明驻车制动有故障。其原因可能是手制动器拉杆调整过长；或是摩擦片与制动鼓（盘）间隙过大或有油污；摩擦片磨损严重或打滑；制动鼓（盘）与摩擦片接触不良等。这些故障也是需要在修理厂解决的。

施加于驻车制动操纵装置的力：手操纵时，座位数小于或等于9座的载客汽车应不大于400 N，其他车辆应不大于600 N。脚操纵时，座位数小于或等于9座的载客汽车应不大于500 N，其他车辆应不大于700 N。

驻车制动的控制装置的安装位置应适当，其操纵装置应有足够的储备行程（开关类操作装置除外），一般应在操纵装置全行程的2/3以内产生规定的制动效能；驻车制动机构装有自动调节装置时，允许在全行程的3/4以内，达到规定的制动效能。棘轮式制动操纵装置，应保证在达到规定的驻车制动效能时，操纵杆往复拉动次数不允许超过3次。

（5）检查制动系统辅助装置。对于气压制动系统的二手车，当制动系统的气压低于400 kPa时气压报警装置应发出报警信号。对于装备有弹簧储能制动器的二手车，当制动系统的气压低于400 kPa时弹簧储能制动器自锁装置应正常有效。

3. 检查变速器

从起步档加速到高速档，再由高速挡减至低速档，检查变速器是否够轻便灵活，是否有异响，互锁和自锁装置是否有效，是否有乱档现象，加减车速是否有跳档现象，同时，换档时变速不得与其他部件干涉。自动变速器的车辆在平坦的路面起步一般不要踩加速踏板，如果需要踩加速踏板才能起步，说明自动变速器保养不好，或已到保修里程；检查自动变速器是否有换档迟滞现象，自动变速的车辆换档时应该无明显的感觉，如果感觉车辆在加减速时有明显的发"冲"现象，说明自动变速器保养不好，或已到大修里程。

传动轴及中间轴承应正常工作，无松旷、异响。差速器、主减速器应工作正常、无异响。

4. 转向操纵检查

在宽敞路段，二手车行驶过程中检查车辆的操作稳定性。在一宽敞的路段，以15 km/h的速度行驶，往正、反方向转动转向盘，看转向是否灵活、轻便，有无回正力矩；松手转向盘，看是否跑偏；高速行驶时，是否有跑偏、摆振现象。一般转向系的路试检查有如下几个方面：

1）转动转向盘沉重检查

在路试二手车时，做几次转弯测试，检查在转动转向盘时是否感到很沉重。如果有，则可能是横拉杆、前车轴、车架有弯曲变形；前轮的定位不准确；轮胎气压不足；转向节轴承缺油。对于有助力的二手车，在行进中如果感到转向盘沉重就可能是有故障了。其原因有可能是油路中有空气；或是油泵压力不足；或是驱动皮带打滑；或是动力缸、安全阀等漏油。

2）摆振检查

路试二手车时，发现前轮摆动、转向盘抖动，这种现象称为摆振，可能的原因是转向系的轴承过松；横拉杆球头磨损松旷；轮毂轴承松旷；车架变形；或者是前束过大了。

3）跑偏检查

如果在路试中，挂空档松开转向盘，出现跑偏问题，有可能是以下原因导致的：悬架系统故障，其中一侧的减振器漏油，或是螺旋弹簧故障；前轮定位不好，或是两边的轴距不准确；还可能是车架受过碰撞事故而变形；或是车轮胎压不等。

4）转向噪声检查

转向时如果动力转向系出现噪声，很可能是以下故障造成的：油路中有空气；储油罐油面过低需要补充;油路堵塞;或是油泵噪声。

5. 检查汽车的动力性

通过道路试验分析汽车动力性能,其结果接近于实际情况。汽车动力性在道路试验中的检测项目一般有高档加速时间、起步加速时间、最高车速、陡坡爬坡车速、长坡爬坡车速,有时为了评价汽车的拖挂能力,也进行汽车牵引力检测。另外,有时为了分析汽车动力的平衡问题,采用高速滑行试验测定滚动阻力系数和空气阻力系数。道路试验会受到道路条件、风向、风速、驾驶技术等因素的影响,且这些因素可控性差,同时还需要按规定条件选用和建造专门的道路等。

普通乘用车动力性能最常见的指标是从静止状态加速至 100 km/h 所需时间和最高车速,其中前者是最具意义的动力性能指标,也是国际流行的汽车动力性能指标。

汽车起步后,作加速行驶,猛踩加速踏板,检查汽车的加速性能,各种汽车设计时的加速性能不尽相同。就轿车而言,一般发动机排量越大,加速性能就越好。有经验的二手车鉴定估价人员,熟悉各种常见车型的加速性能,通过路试能够检查出被检汽车的加速性能与正常的该型号汽车加速性能的差距。

检查汽车的爬坡性能。检查汽车在相应的坡道上,使用相应的档位时的动力性能是否与经验值相近,感觉是否正常。

检查汽车是否能够达到原设计车速,如果达不到,估计一下差距大小。

6. 检查传动系统间隙

路试中,将汽车加速至 40~60 km/h 迅速抬起加速踏板,检查有无明显的金属撞击声。如果有,说明传动间隙大。

7. 检查机械传动效率

在平坦的路面上作滑行试验,在机动车运行到 50 km/h 时,踏下离合器,将变速器摘入空档滑行,根据经验,通过滑行距离估计汽车各传动的效率。

8. 检查传动系统与行驶系统的动平衡

汽车在任何车速下都不应抖动。如果汽车在某一车速范围内抖动,说明汽车的传动系统或行驶系统动平衡有问题,应检查轮胎、传动轴、悬架、间隙等。

3.2.2.3 动态试验后的检查

1. 检查各部件温度

检查润滑油、冷却液温度,冷却液温度不应超过 90℃,发动机润滑油温度不应高于 95℃,齿轮油温度不应高于 85℃;检查运动机件过热情况,查看轮毂、制动鼓、变速器壳、传动轴、中间轴承、驱动桥壳等的温度,不应有过热现象。

2. 检查渗漏现象

在发动机运转及停车时,水箱、水泵、缸体、缸盖、暖风装置及所有连接部位不得有明显渗水、漏水现象。汽车连续行驶距离不小于 10 km,停车 5 min 后观察,不得有明显渗油、漏油现象。汽车不得有漏气、漏油现象。气压制动汽车,在气压升至 600 kPa 且不使用制动的情况下,停止空气压缩机 3 min 后,气压的降低值不应大于 10 kPa。在气压为 600 kPa 的情况下,将制动踏板踩到底,待气压稳定后观察 3 min,气压的降低值不应大于 20 kPa。液压制动二手车,在保持踏板力 700 N 时达到 1 min 踏板不允许有缓慢向前移动的现象。

3.2.3　二手车现时技术状况的仪器检查

二手车的技术状况好坏是由汽车的各种性能参数决定的。这些性能参数反映了汽车在特定性能方面的情况,它们涉及汽车的行驶安全性、能源消耗情况、对环境的影响情况等。二手车技术状况的仪器检查采用特定的检测仪器和特定的试验方法,获得这些参数的具体值,然后对比相应的国家法规和标准,来评定二手车性能。

由于二手车鉴定评估机构很难建设自己的检测线,所以二手车技术状况的仪器检查一般需依托汽车综合性能检测站按规定的技术要求进行作业。二手车技术鉴定评估人员,并不需要对具体项目的检测设备和检测方法有十分清楚的了解,但必须能够对检测结果进行合理的技术分析,以对车辆给出准确的评价。

3.2.3.1　汽车检测站的任务及类型

汽车检测站是综合运用现代检测技术,对汽车实施不解体检测诊断的机构。它具有现代的检测设备和检测方法,能在室内检测出车辆的各种性能参数,并能诊断出各种故障,为全面、准确评价汽车的使用性能和技术状况提供可靠依据。

1. 检测站任务

按中华人民共和国交通部令第 29 号《汽车运输业车辆综合性能检测站管理办法》的规定,汽车检测站的主要任务如下:

(1) 对在用运输车辆的技术状况进行检测诊断。

(2) 对汽车维修行业的维修车辆进行质量检测。

(3) 接受委托,对车辆改装、改造、报废及其有关新工艺、新技术、新产品、科研成果等项目进行检测,提供检测结果。

(4) 接受公安、环保、商检、计量和保险等部门的委托,为其进行有关项目的检测,提供检测结果。

2. 检测站类型

按不同的分类方法,汽车检测站可以分为不同的类型。

1) 按服务功能分类

汽车检测站按服务功能可分为安全检测站、维修检测站和综合检测站三种类型。

安全检测站是国家的执法机构,不是营利性企业。它按照国家规定的车检法规,定期检测车辆中与安全和环保有关的项目,以保证汽车安全行驶,并将污染降低到允许的限度。这种检测站对检测结果往往只显示"合格"、"不合格"两种,而不作具体数据显示和故障分析,因而检测速度快,检测效率高。如果自动化程度比较高,其年度检车量可达数万辆次。检测合格的车辆凭检测结果报告单办理年审签证,在有效期内准予车辆行驶。这种检测站一般由车辆管理机关直接建立,或由车辆管理机关认可的汽车运输企业、汽车维修企业等企业单位或事业单位建立,也可多方联合建立。

维修检测站主要是从车辆使用和维修的角度,担负车辆维修前、后的技术状况检测。它能检测出车辆的主要使用性能,并能进行故障分析与诊断。它一般由汽车运输企业或汽车维修企业建立。

综合检测站既能担负交通运输管理部门的综合性能检测、公安车辆管理部门的安全性检测及环保部门的环保性能检测,又能担负车辆使用、维修企业的技术状况诊断,还能承接科研或教学方面的性能试验和参数测试。这种检测站检测设备多,自动化程度高,数据处理迅速准确,因而功能齐全,检测项目广且深度大,可为合理制定诊断参数标准、诊断周期以及为科研、教学、设计、制造和维修等部门或单位提供可靠依据,并能担负对检测设备的精度测试等项工作。

2)按规模大小分类

汽车检测站按规模可分为大、中、小型检测站三种类型。其中,大型检测站检测线多,自动化程度高,年检能力大,且能检测多种车型。大型综合检测站可成为一定地区范围内的检测中心。

中型检测站至少有两条检测线,目前国内地市级及以上的城市建成或正在筹建的检测站多为这种类型。

小型检测站主要指那些服务对象单一的检测站。如规模不大的安全检测站和维修检测站就属于这种类型,它不能担负更多的检测任务。这种检测站设有一条或两条作用相同的检测线。如果是一条检测线时,它往往能兼顾大、小型汽车的检测;如果是两条检测线时,其中一条线往往是专检小型汽车,而另一条线则大小型汽车兼顾。这种规模的检测站,在国外较为常见。

有些检测站虽然服务对象单一,但站内设置的检测线较多,因而不应再称为小型检测站。如国外把拥有四条安全环保检测线的检测站视为中型检测站。

3)按自动化程度分类

按检测线的自动化程度检测站可分为手动式、全自动式和半自动式三种类型。

手动式检测站的各检测设备,由人工手动控制检测过程,从各单机配备的指示装置上读数,笔录检测结果或由单机配备的打印机打印检测结果,因而占用人员多、检测效率低、读数误差大,多适用于维修检测站,

全自动式检测站利用微机控制系统将检测线上各检测设备连接起来,除车辆上部和下部的外观检查工位仍需人工检查外,能自动控制其他所有工位上的检测过程,使设备的起动与运转、数据采集、分析判断、存储、显示和集中打印报表等全过程实现自动化。检测长可坐在主控制室内通过闭路电视观察各工位的检测情况,并通过检测程序向各工位受检车辆的驾驶员和检测员发出各种操作指令。每一项检测结果均能在主控制室内的微机显示器和各工位上的检验程序指示器上同时显示,因而检测长、各工位检测员和驾驶员均能随时了解每一项检测结果。

由于全自动式检测站自动化程度高,检测效率高,能避免人为的判断错误,因而获得广泛应用,目前国内外的安全检测站几乎全部为这种形式。

半自动式检测站的自动化程度或范围介于手动式和全自动式检测站之间,一般是在原手动式检测站的基础上将部分检测设备(如侧滑检验台、制动试验台、车速表试验台等)与微机联网以实现自动控制,而另一部分检测设备(如烟度计、废气分析仪、前照灯检测仪、声级计等)仍然手动操作。当微机联网的检测设备因故不能进行自动控制时,各检测设备仍可手动使用。

4)按站内检测线数分类

按站内检测线数检测站可分为单线检测站,双线检测站、三线检测站等多种类型。总之,站内有几条检测线,就可以称为几线检测站。

5）按所有制分类

按所有制检测站可分为全民所有（国家经营）检测站、集体所有（集体经营）检测站和个体所有（私人经营）检测站三种类型。

6）综合检测站又可按职能分类

如果按职能分类，综合检测站可分为 A 级站、B 级站和 C 级站三种类型，其职能如下：

（1）A 级站。能全面承担检测站的任务，即能检测车辆的制动、侧滑、灯光、转向、前轮定位、车速、车轮动平衡、底盘输出功率、燃料消耗、发动机功率和点火系状况以及异响、磨损、变形、裂纹、噪声、废气排放等状况。

（2）B 级站。能承担在用车辆技术状况和车辆维修质量的检测，即能检测车辆的制动、侧滑、灯光、转向、车轮动平衡、燃料消耗、发动机功率和点火系状况以及异响、变形、噪声、废气排放等状况。

（3）C 级站。能承担在用车辆技术状况的检测，即能检测车辆的制动、侧滑、灯光、转向、车轮动平衡、燃料消耗、发动机功率以及异响、噪声、废气排放等状况。

3.2.3.2　汽车检测站的组成及工位布置

1. 检测站的组成

检测站主要由一条至数条检测线组成。对于独立而完整的检测站，除检测线外，还应包括停车场、清洗站、泵气站、维修车间、办公区和生活区等设施。

1）安全检测站

安全检测站一般由一条至数条安全环保检测线组成。其中，一条为大、小型汽车通用自动检测线，另一条为小型汽车的专用自动检测线。除此之外，还配备一条新规检测线，以对新车登录、检测之用。

2）维修检测站

维修检测站一般由一条至数条综合检测线组成。

3）综合检测站

综合检测站一般由安全环保检测线和综合检测线组成，可以各为一条，也可以各为数条。国内交通系统建成的检测站大多属于综合检测站，一般由一条安全环保检测线和一条综合检测线组成。安全环保检测线工位一般包括：外观检查工位，侧滑制动车速表工位，灯光尾气工位；综合检测线工位一般包括：外观检查及车轮定位工位，制动工位，底盘测功工位。

由于对环境保护的日益重视，环保管理部门要求对机动车的排放性进行单独检测，所以一些综合性能检测站也单独设置了一条到数条环保检测线，主要用于机动车尾气排放性能的检测。此时，原安全环保检测线上的相应检测项目不再进行。

2. 检测线组成和工位布置

不管是安全环保检测线，还是综合检测线，它们都由多个检测工位组成，布置形式多为直线通道式，检测工位则是按一定顺序分布在直线通道上。

1）安全环保检测线

手动式和半自动式的安全环保检测线，一般由外观检查（人工检查）工位、侧滑制动车速表工位和灯光尾气（废气，下同）工位三个工位组成。其中，外观检查工位带有地沟。全自动式安全环保检测线既可以由上述三工位组成，也可以由四工位或五工位组成。五工位一般是汽车资料输入及安全装置检查工位、侧滑制动车速表工位、灯光尾气工位、车底检查工位(带有地沟)、综合判定及主控制室工位。

安全环保检测线工位布置如下：

一般安全环保检测线：外观检查工位→侧滑制动车速表工位→灯光尾气工位。

五工位全自动式安全环保检测线：汽车资料输入及安全装置检查工位→侧滑制动车速表工位→灯光尾气工位→车底检查工位→综合判定及主控制室工位。

对于安全环保检测线，不管是三工位、四工位，还是五工位，也不管工位顺序如何编排，其检测项目是固定的，因而均布置成直线通道式，以利于进行流水作业。

2) 综合检测线

如前所述，综合检测站分为 A、B、C 三种类型，职能各不一样，因而不同类型的综合检测线的职能也不一样。A 级综合检测站(以下简称 A 级站)能全面承担检测站的任务，是职能最全的检测站。A 级站在国内一般设置两条检测线，一条为安全环保检测线，主要承担公安部门车管所对车辆进行年审的任务；另一条为综合检测线，主要承担对车辆技术状况的检测诊断。A 级站的综合检测线一般有两种类型：一种是全能综合检测线；另一种是一般综合检测线。全能综合检测线设有包括安全环保检测线主要检测设备在内的比较齐全的工位，而一般综合检测线设置的工位不包括安全环保检测线的主要检测设备。

全能综合检测线由外观检查及车轮定位工位、制动工位和底盘测功工位组成，能对车辆技术状况进行全面检测诊断，必要时也能对车辆进行安全环保检测。这种检测线的检测设备多，检测项目齐全，与安全环保检测线互不干扰，因而检测效率相对较高，但建站费用也高。

综合检测线工位布置：外观检查及车轮定位工位→制动工位→底盘测功工位。

一般综合检测线由发动机测试及车轮平衡工位、底盘测功工位、车轮定位及车底检查工位组成，除制动性能不能检测外，安全环保检测线上的其他检测项目均能在该线上检测。

A 级站的一般综合检测线主要由底盘测功工位组成，能承担除安全环保检测项目以外项目的检测诊断，必要时车辆须开到安全环保检测线上才能完成有关项目的检测，国内已建成的综合检测站有相当多是属于这种类型的，与全能综合检测线相比，一般综合检测线设备少，建站费用低，但检测效率也低。

综合检测线上各工位的车辆，由于检测诊断项目不一，检测诊断深度不同，很难在相同的时间内检测诊断完毕。很有可能前边工位的车辆工作量大，而后边工位的车辆工作量小，但后边车辆又无法逾越前边车辆，因而影响了工作效率，当综合检测线采用直线通道式布置，而又允许在线上进行诊断故障和调试作业时，将不可避免地遇到工位之间相互等待的问题。在这种情况下，也可以将综合检测线的各工位横向布置成尽头式、穿过式或其他形式，以适合实际生产的需要，提高检测效率。

B 级综合检测站和 C 级综合检测站的综合检测线不包括底盘测功工位。

随着汽车技术的不断发展，汽车检测技术也不断更新，新的检测设备逐渐被研发，检测线的工位布置及各工位配备的仪器设备和功能也不断改进。

3.2.3.3　汽车现时技术状况的仪器检测分析

由于整车性能检测主要依附于汽车综合性能检测线进行，二手车评估师只需对其检测方法有一定的了解即可，而关键要求二手车评估师能够对各检测项目的检测结果进行正确的分析,以便给出二手车现时技术状况的准确评价。下面主要介绍汽车综合性能检测中,各检测项目的检测标准及结果分析。

1. 汽车的动力性检测

汽车动力性的好坏直接影响汽车运输效率的高低。它是汽车使用的最重要的基本性能。汽车在使用一定时期后,技术状况会发生变化,汽车的动力性也会发生变化。汽车技术状况不良,首先表现为动力性不足,燃料消耗增大。汽车动力性的检测方法有道路试验和室内台架试验两大类。室内台架试验不受客观条件影响,测试条件易于控制,所以在汽车检测站得到广泛应用。

1) 发动机输出功率的检测

发动机功率是汽车动力性评价指标之一。在检测线上,常用发动机综合检测仪检测发动机的输出功率,也有检测线还使用无负荷测功仪检测发动机输出功率。

(1) 检测标准。

在用发动机功率不得低于原额定功率的 75%,车辆二级维护竣工后的发动机功率不得低于发动机额定功率的 80%,大修后发动机功率不得低于原额定功率的 90%。

功率平衡要求:测得的发动机各缸单缸断火后,最高与最低转速下降值之差不得大于平均下降值的 30%。

营运车辆等级评定中,对发动机输出功率没有分级要求。

(2) 发动机输出功率不足的原因分析。

① 发动机气缸泄漏。可通过测量各气缸压缩压力做进一步判断,如发现某缸相对气缸压力值明显低于规定的正常值,则可能是气门隙失调,气门不密封,或活塞环漏气,气缸垫损坏等。

② 点火系统故障。可采用逐缸断火法检查,若某缸断火后发动机转速降低不明显,可能是该缸分缸高压线(高压油管)、火花塞(或喷油器)有故障。

③ 发动机点火正时(或喷油正时)不准。可借助发动机综合检测仪(或点火正时灯)检查校正。点火过早,加速时会有爆震声;点火过晚,则发动机起动困难,水温偏高。点火正进(或喷油正时)不准,会导致燃烧恶化,从而降低发动机的输出功率。

④ 空气供给系统故障。如空气滤清器堵塞、进气管泄漏等,会使进气量减少,将严重影响发动机的输出功率。

2) 驱动轮输出功率的检测

在室内检测在用汽车动力性时,采用驱动车轮输出功率或驱动力作为诊断参数,须在底盘测功机上进行。驱动车轮输出功率的检测,即通常所说的底盘测功。底盘测功的目的,一是为了获得驱动车轮的输出功率或驱动力,以便评价汽车的动力性;二是用获得的驱动车轮输出功率与发动机飞轮输出功率进行对比,求出传动效率,以便判定底盘传动系的技术状况。

(1) 检测标准。

GB 18565—2001《营运车辆综合要求和检验方法》规定,驱动轮输出功率的检测工况,采用汽车发动机额定扭矩和额定功率时的工况,即发动机全负荷与额定扭矩转速和额定功率转速相对应的直接档(无直接档时指传动比最接近 1 的档)车速构成的工况。

标准规定整车动力性检测的判定限值是在用上述检测工况下,采用校正驱动轮输出功率与相应的发动机输出功率的百分比,作为驱动轮输出功率的限值。

（2）检测结果分析。

分析整车动力性不足的原因涉及的面比较宽，可能是发动机动力不足，也可能与汽车底盘的技术状况有关。

发动机动力不足的原因前面已做了分析。汽车底盘技术状况引起整车动力性下降的可能原因主要有：

① 离合器打滑。底盘测功机加载后，车辆就模拟带负荷工作，当加速踏板踩到底后，车辆速度提升较慢，并能闻到摩擦片烧焦的味道。由于离合器打滑造成驱动轮的输出功率下降。

② 制动器间隙偏小。车辆在检测时为了使制动性能合格，经常盲目调整制动间隙并造成间隙偏小，这种状态在底盘测功机上检测时将会消耗部分功率使驱动输出功率下降，制动鼓外壳发烫。严重时，也会伴有烧制动带的味道，制动间隙偏小从踏板自由行程也能反映出来。

③ 传动轴变形弯曲，中间轴承支架松旷，传动轴不平衡等。传动系故障会使车辆在检测时抖动严重并伴有异响，车辆在检测时，由于传动轴的问题，车辆的抖动不但引起轮胎和滚筒滑移，而且车速不能恒定，这就难以保证检测的准确性。

④ 后桥装配不良或有故障，如轴承调整较紧，轴承孔不同心，齿轮间隙过大、过小等，除后轮会发烫外还有异响。这种车辆检测时，其阻力将消耗较大功率，会引起整车动力性的下降。

⑤ 轮胎气压不标准，轮辋变形，轮胎花纹规格不符合要求，也会造成滑移损耗增加，影响到动力性测试。

⑥ 传动系、行驶系润滑不良。现在部分营运车辆的维护质量很不规范，少数车辆连日常润滑都长期不做，有些连黄油嘴都没有。传动轴、悬架装置及变速器、主减速器不但要按规定加足润滑油，而且一定要按说明书规定加注规定的润滑油品，例如双曲线齿轮油不能用普通齿轮油替代，即使都是双曲线齿轮油也不允许不同型号油品混用，如果不按要求，混用、代用润滑油，不但不能起到润滑作用，反而会引起化学腐蚀，损坏机件，造成早期磨损。

3）汽车传动效率和滑行距离的检测

（1）检测标准。从底盘测功机上测出的驱动车轮输出功率，要与发动机飞轮输出的功率进行对比，按下式计算出机械传动效率。

$$\eta_m = P_k / P_e$$

式中：P_k 为驱动车轮的输出功率；P_e 为发动机飞轮的输出功率。

汽车传动系的机械传动效率正常值如表 3-3 所示。

表 3-3 汽车传动系机械传动效率

汽车类型		机械传动效率 η_m
轿车		0.90～0.92
载货汽车和公共汽车	单级主减速器	0.90
	双级主减速器	0.84
4×4 越野汽车		0.85
6×4 越野汽车		0.80

另外，利用底盘测功机还可测出汽车的滑行距离。汽车滑行距离的长短，主要取决于汽车传动系的技术状况，因此，滑行距离这一评价指标实际上是间接评价汽车传动系的技术状况。

汽车滑行距离的标准值见表3-4。

表3-4 汽车滑行距离限值

汽车整备质量 m/kg	双轴驱动车辆滑行距离/m	单轴驱动车辆滑行距离/m
m＜1 000	≥104	≥130
1 000≤m≤4 000	≥120	≥160
4 000≤m≤5 000	≥144	≥180
5 000≤m≤8 000	≥184	≥230
8 000≤m≤11 000	≥200	≥250
m＞11 000	≥214	≥270

（2）检测结果分析。

当被检汽车的机械传动效率低于表3-3中值时,说明消耗于离合器、变速器、分动器、万向传动装置、主减速器、差速器和轮毂轴承等处的功率增加。损耗的功率主要集中在各运动件的摩擦损耗和搅油损耗上。因此,通过正确的调整和合理的润滑,机械传动效率会得到提高。值得指出的是,新车和大修车的机械传动效率并不是最高,只有传动系完全走合后,由于配合情况变好,摩擦力减小,才使得机械传动效率达到最高。此后,随着车辆继续使用,由于磨损逐渐增大,配合情况逐渐恶化,造成摩擦损失不断增加,因而机械传动效率也就降低。

2. **汽车的燃油消耗量检测**

汽车燃油消耗量除了与燃料供给系的技术状况有直接关系外,还与曲柄连杆机构、配气机构、点火系、润滑系、冷却系、传动系、行驶系、转向系和制动系等有关,是一个综合性评价参数。检测汽车燃油消耗量在使用中的变化,不仅可以诊断燃料供给系的技术状况,而且可以诊断发动机及整车的技术状况。

在检测线上,燃油消耗量的检测需借助底盘测功试验台并配合油耗计来完成。

1) 检测标准

为了节约能源,国家对现生产及计划投产的载货汽车都规定了燃油消耗量限值,考核指标为比燃油消耗量 g(吨百公里燃油消耗量)。

被检测车辆要求在满足动力性的前提下,比燃油消耗量应符合"载货汽车燃油消耗量限值表"的规定。

对于在用车辆,检测燃油消耗的目的是将实际油耗与车辆标准油耗相对照,以判断发动机燃油系统的技术状况。GB18565-2001规定,采用等速百公里燃油消耗量作为车辆燃油经济性评价指标,并规定采用本标准规定的检验方法测得的汽车百公里燃油消耗量不得大于该车型原厂规定的相应车速等速百公里燃料消耗量的110％。

2) 汽车燃油经济性检测结果分析

影响汽车燃料经济性的因素很多,就车辆本身而言,主要分为两个方面:其一是发动机、汽车结构方面的因素;其二是汽车使用方面的因素。在汽车的使用因素中,其技术状况的变化对汽车燃料经济性影响很大。

汽车的燃料经济性能否正常发挥,在很大程度上取决于汽车发动机的技术状况,其中包括发动机各组合件的技术状况。

（1）发动机技术状况对汽车燃料经济性的影响。

① 发动机气缸的压缩压力。发动机气缸的压缩压力表明了发动机气缸—曲柄连杆机构组件的技术状况。气缸压缩压力越大，表明气缸—活塞组件、气门—气门座组件、气缸垫—气缸盖组件等技术状态良好。发动机做功行程产生的有效压力越大，可燃混合气的热能转换的机械功就越大。因而，提高了发动机的动力性和燃料经济性。气缸压缩压力不足表明气缸漏气，主要是由于气缸与活塞环磨损，气门与气门座不密封，气缸垫被烧坏等所致。因而，使发动机的工作过程恶化，燃料消耗量上升。

② 发动机的工作温度。一般水冷发动机冷却液的正常工作温度为 80℃～90℃。低于或高于正常工作温度，都会使汽车的燃料消耗量增加。试验表明，冷却液温度从 95℃ 下降到 75℃ 时，燃料消耗量将增加 3%～5%，如下降到 40℃～60℃ 时，燃料消耗量将增加 15%～20%。这是因为温度低，汽油不易汽化，燃烧不完全；其次，冷却液温度过低，由冷却液传出的热量增加，因而，发动的功率下降，燃料消耗量上升。发动机冷却液温度过高，则又容易产生早燃和爆燃及充气系数下降，使发动机工作恶化，也导致动力性和燃料经济性大幅度下降。如果发动机在冷却液沸腾情况下工作，则会使燃料消耗量猛增 60% 左右。

③ 发动机电控燃油喷射系统对燃油经济性的影响。燃料供给系的技术状况对汽车的燃料经济性有着直接影响。车用发动机要求是按照汽车不同的工况准确及时地送入相应的可燃混合气，并使燃料雾化良好，与空气混合均匀，保证及时迅速地燃烧，最大限度地把燃料的热能转变为机械功。发动机燃料供给系均应保证正常，否则，将增加燃料消耗量。

发动机电控燃油喷射系统供油是利用空气流量计或进气压力传感器测量发动机进气量，电控单元（ECU）根据各种传感器提供的发动机工况信号进行计算、修正，控制喷油器的喷油持续时间，使发动机获得该工况下运行所需要的最佳空燃比。影响电控燃油喷射发动机燃料经济性的因素，主要是其进气系统、燃油系统和电控单元的各传感器、调节器和控制器等的技术状况，下面对这些影响因素逐一进行分析。

• 空气流量计和进气歧管绝对压力传感器。在采用直接测量空气流量的电控燃油喷射系统中，空气流量计是用检测发动机进气量的大小，并将进气量信息转换成电信号送至 ECU，作为决定基本喷油量的信号之一，而在进气量采用进气歧管压力计量方式的电控燃油喷射系统中，是用进气歧管绝对压力传感器根据发动机的负荷状况测出进气歧管内压力的变化，并转化成电信号与转速信号一起送到 ECU，作为决定基本喷油量的依据。如果在使用中，空气流量计或进气歧管绝对压力传感器损坏或性能发生变化，它们送给电控单元的信号可能是不反映发动机实际工况的错误信号，影响了电控单元对基本喷油量的确定，从而引起发动机燃料经济性的变化。例如，翼片式空气流量计的回位弹簧弹力变弱，热线式空气流量计的热线在使用中脏污了，当进气管空气质量流量增大时，被空气带走的热线热量减少，通过热线的电流并不随空气质量流量增大而增大，引起空气流量计输送给电控单元的电信号降低，使基本喷油量减少，出现发动机功率不足，为提高发动机的动力性，必须加大油门，因而，会引起燃油消耗量增加。

• 冷却液温度传感器和进气温度传感器。冷却液温度传感器检测的冷却液温度信号输送给 ECU，ECU 就根据冷却液温度进行燃油喷射量的控制；在使用翼片式及卡门涡旋式空气流量计的电控汽油喷射发动机上，由于吸入空气温度的变化会引起空气密度发生变化，进气温度传感器将检测的进气温度变化信号输送给 ECU，ECU 据此进行喷油量的修正。冷却液温度传感器和进气温度传感器出现故障,如传感器内部线路接触不良或断线、热敏元件性能变化,就会出现传感器无信号或信号不准,从而导致发动机工作不正常,如发动机不能起动,发动机运转不平稳、停转或间歇运转,发动机功率下降等,造成油耗增加。

• 发动机转速传感器和曲轴位置传感器。发动机转速传感器和曲轴位置传感器是发动机电控系统中最主要的传感器,其功用是检测发动机活塞上止点和曲轴转角信号并输入ECU,以便 ECU 控制点火时刻(点火提前角)和喷油时刻。同时,也可测量发动机转速。使用中,曲轴位置传感器常见故障有电子电路失效或线路断路,造成不能正确将活塞上止点信号传输给 ECU,引起发动机无法起动或起动困难、加速不良、运转不佳、怠速不稳,容易熄火或间歇熄火等故障,从而使发动机的油耗增加。

• 节气门位置传感器。安装在节气门体上的节气门位置传感器,用来检测节气门的开度,它把节气门打开的角度转换成电压信号送给 ECU,ECU 据此进行节气门不同开度状态的喷油量控制。使用中,线性式节气门位置传感器常见的故障有传感器基板上电阻体的电阻不准确,造成输出的节气门位置信号不正确,易引起发动机动力不足,为提高发动机动力而加大油门,使油耗增加;再就是电刷与碳膜电阻接触不良,造成节气门位置信号时有时无,引起发动机工作性能不良、发抖,喘振、加速性能差及加速失速,也会增加油耗。

• 爆震传感器。爆震传感器功用是把爆震时传到气缸体上的振动转换成电压信号,并输送给 ECU。ECU 根据爆震传感器的反馈信号调整点火提前角,从而保持最佳点火提前角。如果使用中爆震传感器出现故障,如爆震传感器一直输出爆震信号给 ECU,ECU 控制推迟点火提前角,会造成气缸内混合气燃烧不完全,发动机功率下降,为提高发动机动力性,必须加大油门,使油耗增加;又如压电式爆震传感器失效,则爆震信号中断,ECU 就会将各缸的点火提前角推迟 15°,汽车在行驶过程中,发动机动力不足,也需要加大油门提高发动机的动力性,使油耗增加。

• 氧传感器。安装在排气管中的氧传感器,根据排气中的氧浓度测定空燃比,并向 ECU 发出反馈信号。ECU 根据氧传感器信号,不断修整喷油时间(喷油量),以控制混合气空燃比收敛于理论值,实现混合气空燃比反馈控制(闭环控制)。使用中,氧传感器的主要故障是其内部线路断开或脱落,陶瓷元件破损和电热电阻丝烧断等,出现上述故障,氧传感器不能输出排气管中氧浓度信息,ECU 就不能随排气中氧浓度的变化来修整喷油量,造成发动机油耗和排气污染均增加。发动机还会出现怠速不稳、缺火、喘振(抖)等。

• ECU。在汽油发动机 ECU 的控制功能中,与燃料消耗密切相关的主要控制功能有汽油喷射控制,其中包括喷油量控制、喷油定时控制和停油控制;还有点火控制,其中包括点火提前角控制、通电时间控制与恒流控制和防爆震控制等。通过这些控制功能的配合,使汽油发动机获得满足各种工况需要的最佳喷油量和最佳点火时刻,从而提高发动机的动力性。如果ECU 性能下降或出现故障,就会使喷油量和点火提前角得不到最佳控制,燃料消耗量就会增加。

• 喷油器。喷油器是电控燃油喷射系统中的一个关键的执行元件,它根据 ECU 送来的喷油脉冲信号精确地计量燃油喷射量。要求喷油器具有良好的雾化能力和适当的喷雾形状,以保证混合气的正常燃烧,保证发动机具有良好的起动性、怠速稳定性和满足低排放污染的要求。如果使用中喷油器雾化不良及喷油器针阀与阀座因磨损或积炭关闭不严而漏油时,均会造成混合气燃烧不完全,使油耗增加。

• 燃油压力调节器。喷油器将燃油喷入进气歧管,而进气歧管的压力是变化的,如果喷油压力一定,那么,进气歧管压力升高(真空压力降低)时,喷油量就会减少,进气歧管压力降低(真空压力增加)时,喷油量就会增加。喷油器喷射的燃油量,是根据 ECU 加给喷油器的通电时间长短来控制的,若以喷油通电时间长短来控制喷油量,必须使燃油的喷射压力与进气歧管的压力差保持恒定,为此,通过燃油压力调节器控制系统油压,随进气歧管压力的变化而相应变化,使系统油压与进气歧管的压力差保持恒定。如果在使用中,燃油压力调节器的性能发生变化或出现故障,可能会引起系统油压变化,从而引起喷油量的变化。如燃油压力调节器的回位弹簧老化,使其弹力变大或变小,如果回位弹簧弹力过大,回油孔打不开,系统油压得不到调整而过高,使喷油器喷油量增加,从而使油耗增加;如果回位弹簧弹力过小,回油孔易打开,使系统油压降低,喷油器喷油量减少,引起混合气过稀,发动机功率不足,需要加大油门,也会造成油耗增加。又如燃油压力调节器的真空软管漏气或堵塞,会因弹簧室的真空条件遭到破坏,使回油孔不易打开,造成系统油压偏高、喷油器喷油量增加,使油耗增加。

• 炭罐排放电磁阀。在电控发动机上,炭罐排放电磁阀受 ECU 控制,ECU 根据发动机的运行工况接通和断开电磁线圈来控制阀的开闭。只有电磁阀打开时,活性炭罐内的汽油蒸气才能进入进气歧管。通常是在发动机已经预热,发动机已运转了一定时间,在一定的行驶速度下和节气门开度达到一定时,ECU 控制炭罐排放电磁阀才打开。如果电磁线圈无电流或电磁线圈损坏而断开,炭罐排放电磁阀将一直打开,在所有时间炭罐都能向进气歧管排放汽油蒸气,易造成进气量少而燃油过多,使混合气过浓,燃烧不完全,使油耗增加。

④ 进气泄漏。如果进气管脱落或有漏气的地方,就会引起进气泄漏。而进入进气管的空气是经过空气流量计计量的,且 ECU 是以此进气量信号作为决定基本喷油量的依据,如果经过计量的空气泄漏了,会引起混合气过浓,燃烧不完全,使油耗增加。

⑤ 配气相位。发动机的配气机构在使用过程中要产生磨损,因而导致原配气相位的变化。合理的配气相位应适应发动机转速的要求,保证发动机得到较大的功率及较小的换气损失,保证发动机的燃料经济性,排气门提前开启角影响膨胀功损失及排气推出功损失。排气门提前开启角增大,膨胀功损失随之增大,推出功损失减小。反之,膨胀功损失减小,而推出功损失增大。因此,有一个最佳排气门提前开启角,可使膨胀功及推出动损失最小。而进气门迟闭角对换气质量有重要影响,过大或过小均会使充气系数下降。

气门间隙变化或调整不当,都将引起发动机配气相位的改变,因而,使发动机动力性和燃料经济性下降。根据试验,气门间隙每减小 0.1 mm,燃料消耗量增加 2%~8%。

由内燃机的工作原理可知,在进、排气门的开闭过程中,进气门迟闭角的改变对充气效率影响最大。加大进气迟闭角,可使高速时充气效率增加,有利于发动机最大功率的提高,但对中低速时发动机的性能不利;减小进气迟闭角,能够防止气体被推回进气管,有利于提高发动机的最大转矩。具有可变配气相位机构的发动机,可根据发动机转速的变化对配气相位作出相应的实时调整,使气缸的充气量同时满足发动机低转速和高转速下的不同需要,从而提高发动机的动力性和燃料经济性。如果可变配气相位机构损坏,配气相位不能随发动机转速变化而调整,特别是发动机高速时进气门迟闭角不能加大,充气效率不能增加,使高速时充气量不足,引起混合气过岭燃烧不完全,使油耗增加。

⑥ 节气门体。节气门体置于空气流量计与发动机之间的进气管上,与加速踏板联动,当踩加速踏板时,节气门开度随加速踏板踏下量而变化,以改变进气通路面积,从而控制发动机

运转工况。在使用中,如果节气门体内部脏污、不清洁,当发动机负荷增加时,会影响节气门的开度,这时,节气门开度传感器将送出错误信号给 ECU,使喷油量不能增加,发动机功率不足,因此,必须加大油门,使油耗增加。

⑦ 点火系的技术状况。点火系技术状况不良不仅影响发动机起动性能和动力性,也将增加发动机的油耗。实验表明,点火提前角相差 1°,油耗约增加 1%;一般情况下,火花塞间隙可适当偏大,这可以提高点火电压,增大点火能量对提高发动机燃料经济性有利。如将火花塞间隙由 0.6~0.8 mm 增至 1~1.2 mm 可以节省燃料 3%~5%。但电极间隙过大,又会增加点火系的负载,导致起动困难,高速时会发生断火现象,反而使经济性变坏。提高点火能量能达到节油的机理,主要在于火花能量强,可采用较稀的混合气。另外,提高点火能量还能保证发动机低速、低负荷混合气形成条件恶劣时能正常燃烧。发动机各缸火花塞的工作情况对燃料消耗量的影响也很大,根据试验,六缸发动机有一缸火花塞不工作,则发动机燃料消耗量将增加 25%。

在电控点火系中,点火控制包括点火提前角控制、通电时间控制与恒流控制和防爆震控制。发动机 ECU 根据各种传感器输入的信号,如空气流量计或进气歧管绝对压力传感器、曲轴位置传感器和凸轮轴位置传感器送来的点火提前角主控信号和节气门开废传感器、冷却液温度传感器、车速传感器、爆震传感器及点火控制器等送来的点火提前角修正信号,计算出最佳点火提前角,并将点火控制信号输送给点火控制器。如果输送点火提前角主控信号和输送点火提前角修正信号的传感器中的某些传感器性能发生变化或损坏,会使反馈给发动机 ECU 的信号发生变化,ECU 输出的点火控制信号将偏离最佳值,引起发动机燃烧状况变差,燃油消耗增加。另外,点火系的一些部件损坏,如火花塞漏电、高压线漏电,引起点火能量下降,也会使发动机燃烧状况变差,燃油消耗增加。

⑧ 二次空气喷射系统。通过二次空气喷射系统将一定量的空气引入排气管和催化转化器中,使废气中的一氧化碳和碳氢化合物在排气过程中进一步燃烧,进入催化转化器中的空气以提高催化剂的转化效率,从而减少一氧化碳和碳氢化合物的排放。空气何时进入排气总管及催化转化器中,由 ECU 进行控制。如果使用中控制空气进入的阀门失效,空气将一直进入排气总管内,这样,氧传感器将检测到混合气过稀,混合气过稀的信号送给 ECU,使喷油量增加,从而增加油耗。

⑨ 废气涡轮增压器。废气涡轮增压器出现故障,会引起增压压力不够,这是一种综合性的故障,其中增压器转速下降是主要原因,当轴承与转子轴磨损、涡轮或叶轮叶片变形、损坏或是转子体与壳体产生摩擦等原因,使转子体转速下降时,增压压力即随之下降;增压器进气道堵塞或进入中冷器的进气连接软管松旷、破裂,也会造成增压压力下降;发动机进气管有泄漏处也会使增压压力不足。增压压力不足,会引起充气系数下降,造成发动机动力不足,为了提高发动机的动力,必须加大油门,使油耗增加。

⑩ 废气再循环阀。废气再循环是把一部分废气引入进气系统中,和混合气一起再进入气缸中燃烧,以抑制 NO_x 生成的一种手段。根据发动机结构不同,进入进气歧管的废气量一般 EGR 率控制在 6%~23%,如果 EGR 率过大,随着 EGR 率的增加,会使发动机燃烧状况恶化和油耗增加。因此,在使用中,如果废气再循环阀漏气,使 EGR 率过大,会引起发动机燃烧状况恶化,功率不足,为提高发动机动力性,必须加大油门,造成油耗增加。

(2) 汽车底盘技术状况对汽车燃料经济性的影响。汽车底盘技术状况主要包括传动系统的传动效率、轮胎滚动阻力、车轮定位、轮毂轴承的紧度及制动间隙等。

① 传动系的技术状况。底盘传动系各配合副若配合不良,将使传动效率降低,燃料消耗量增加。例如,离合器打滑将引起离合器发热,使燃料消耗量增加。此外,变速器、万向传动装置及主减速器各传动副的配合间隙过大、过小,都会增加燃料消耗量。采用自动变速器的车辆,如果自动变速器的液力变矩器有故障,使传动效率下降,从而影响动力传递,为了提高车辆的动力性,必须加大油门,就会增加燃料消耗量。传动系轴承紧度调整不当,可使燃料超耗7%。使用不符合要求的齿轮油也会增加传动阻力。如冬季使用了夏季齿轮油,油耗将增加4%。

② 轮胎气压。轮胎气压低于标准时,滚动阻力增加,燃料消耗量增加。资料表明,胎压较标准值低 0.05 MPa 时,平均燃料消耗量会增加 6%,还将缩短轮胎的使用寿命。

③ 车轮定位参数。汽车前轮定位参数对燃料消耗的影响也很大。当前束失调时,轮胎在滚动中产生滑移,增加了滚动阻力。此外,还会引起前轮偏摆。试验表明,汽车前束相差1mm,燃料消耗将增加 5%。当车速在 30 km/h 时,滑行距离减少 25 m,燃料消耗量将增加5%左右。其实质上说明了底盘技术状况对燃料消耗量的影响。

3. 汽车制动性能的检测

在检测线利用制动性能检测试验台检测汽车制动性能时,其检测项目有制动力、制动力平衡要求、车轮阻滞力和制动协调时间。

1) 检测标准

国家标准 GB 7258—1997《机动车运行安全技术条件》对机动车制动性能的台架检验有以下规定:

(1) 行车制动性能。

① 汽车、汽车列车、无轨电车和农用运输车在制动试验台上测出的制动力应符合表 3-5 的要求。对空载检验制动力有质疑时,可用表中规定的满载检验制动力要求进行检验。

② 制动力平衡要求。在制动力增长全过程中同时测得的左右轮制动力差的最大值,与全过程中测得的该轴左右轮最大制动力大者之比,对前轴不应大于 20%,对后轴(及其他轴)在轴制动力不小于该轴轴荷的 60% 时不应大于 24%;对后轴(及其他轴)制动力小于该轴轴荷的60% 时,在制动力增长全过程中同时测得的左右轮制动力差的最大值不应大于该轴轴荷的 8%。

③ 制动协调时间。对液压制动的汽车不应大于 0.35 s,对气压制动的汽车不应大于 0.60 s;汽车列车和铰接客车、铰接式无轨电车的制动协调时间不应大于 0.80 s。

④ 车轮阻滞力要求。车轮阻滞力是指行车和驻车制动装置处于完全释放状态,变速器置空档位置时,试验台驱动车轮所需的作用力。汽车各车轮的阻滞力不得大于该轴轴荷的 5%。

表 3-5　试验台检测制动力要求

车辆类型	制动力总和与整车重量的百分比/%		轴制动力与轴荷的百分比/%	
	空载	满载	前轴	后轴
汽车、汽车列车、无轨电车和四轮农用运输车	≥60	≥50	≥60①	—
三轮农用运输车	—	—	—	≥60①

注①:空载和满载状态下测试均应满足此要求。

（2）驻车制动性能。当采用制动试验台检查车辆驻车制动力时,车辆空载,乘坐一名驾驶员,使用驻车制动装置,驻车制动力的总和不应小于该车在测试状态下整车重量的20%;对总质量为整备质量1.2倍以下的机动车为不小于15%。

（3）制动踏板力的要求。行车制动在产生最大制动作用时的踏板力,对于座位数小于或等于9的载客汽车应不大于500 N,对于其他车辆不大于700 N。驻车制动器用手操纵时,座位数小于或等于9的载客汽车应不大于400 N,其他车辆不大于600 N。驻车制动器用脚操纵时座位数小于或等于9的载客汽车应不大于500 N,其他车辆不大于700 N。

2）检测结果分析

（1）液压制动系。

① 各车轮制动力均偏低,主要原因为制动踏板自由行程太大,制动液中有空气或变质,制动主缸故障,增压器或助力器效能不佳或失效。

② 个别车轮制动力偏小,主要原因是该车轮制动器故障,若同一制动回路两车轮制动力均偏小,则应检查该制动回路中有无空气或不密封处。

③ 同轴左右轮制动力最大值差值道大故障原因同②;若在制动力上升阶段左右轮差值过大应检查制动间隙是否适当,若在制动释放阶段左右轮差值过大,则应检查制动轮缸及制动蹄回位弹簧。

④ 各车轮制动协调时间过长应主要检查制动踏板自由行程是否过大;若个别车轮制动协调时间过长,则主要检查该车轮制动间隙是否过大;若同一制动回路两车轮制动协调时间过长则可能是该制动回路中有空气。

⑤ 各车轮阻滞力都超限,主要原因是制动主缸故障或制动踏板无自由行程;若个别车轮阻滞力超限则主要是该车轮制动间隙过小、制动轮缸故障、制动蹄回位弹簧故障或轮毂轴承松旷。

（2）气压制动系。

① 各车轮制动力均偏低,主要原因是制动踏板自由行程太大,储气筒气压太低或制动阀故障。

② 个别车轮制动力偏低,主要原因是该车轮制动间隙过大或制动器故障。若同一制动回路两车轮制动力偏低,主要原因是制动管路漏气或某一制动气膜片破裂。

③ 同轴左右轮制动力最大值差值过大故障原因同②;若在制动力上升阶段左右轮差值过大应检查制动间隙是否适当;若在制动释放阶段左右轮差值过大,则可能是制动蹄或制动气室回位弹簧故障。

④ 各车轮制动协调时间过长应主要检查制动踏板自由行程是否过大;或个别车轮制动协调时间过长,则应主要检查该车轮制动间隙是否过大。

⑤ 各车轮阻滞力均超限,主要原因是制动踏板无自由行程或制动控制阀故障;若个别车轮阻滞力超限,则主要是该车轮制动间隙过小、制动蹄回位弹簧故障或轮毂轴承松旷。

4. 车轮侧滑量的检测

检测前轮侧滑量的目的是为了确知前轮前束与前轮外倾的配合是否恰当。当两者配合恰到好处时,汽车前轮保持稳定的直线行驶状态。有些汽车（如上海桑塔纳等）的后轮也有前束和外倾,因此也应进行后轮侧滑量检测。然而,相当一部分汽车的后轮是没有车轮定位的。当检查这部分汽车的后轮侧滑量时,可以确知后轴是否弯曲变形和轮毂轴承是否松旷。

车轮侧滑量检测,须采用侧滑检验台。侧滑检验台是测量汽车车轮横向滑动量并判断是否合格的一种检测设备,有滑板式和滚筒式之分。其中,滑板式侧滑检验台(以下简称为侧滑检验台)在我国获得了广泛应用。

1) 检测标准

按国家标准 GB 7258—1997《机动车运行安全技术条件》的规定,用侧滑检验台检测前轮侧滑量,其值不超过 5 m/km。

2) 检测结果分析

如果前轮侧滑量检测值不符合要求,说明前束值与车轮外倾角配合失准,可能是前束值不正确,也可能是车轮外倾角发生变化。

对于后轮没有前束值和车轮外倾角的汽车,利用侧滑检测台可判断汽车后轴的技术状况,具体检测与分析如下:

(1) 使汽车后轮从侧滑检验台滑动板上前进和后退驶过,如两次侧滑量读数均为零,表明后轴无任何弯曲变形。

(2) 如两次侧滑量读数不为零,且前进和后退驶过侧滑板后,侧滑量读数相等而侧滑方向相反,表明后轴在水平平面内发生弯曲。

① 若前进时滑动板向外滑动,后退时又向内滑动,说明后轴端部在水平平面内向前弯曲。

② 若前进时滑动板向内滑动,后退时又向外滑动,说明后轴端部在水平平面内向后弯曲。

(3) 如两次侧滑量读数不为零,且前进和后退驶过侧滑板后,侧滑量读数相等而侧滑方向相同,表明后轴在垂直平面内发生弯曲。

① 若滑动板向外滑动,说明后轴端部在垂直平面内向上弯曲。

② 若滑动板向内滑动,说明后轴端部在垂直平面内向下弯曲。

(4) 后轮多次驶过侧滑检验台滑动板,每次读数不相等,说明轮毂轴承松旷。

对于后轮有定位的汽车,仍可按上述方法检测后轴是否变形和轮毂轴承是否松旷,只是在检测结果中减去定位值,剩余值即为后轴弯曲变形造成的。

5. 前照灯技术状况的检测

汽车前照灯即汽车大灯,是保证汽车在夜间或在能见度较低的情况下安全行车并保持较高车速的照明装置。前照灯的技术状况主要是指发光强度的变化和光束照射位置是否偏斜。当发光强度不足或光束照射位置偏斜时,汽车驾驶员不易辨清前方的障碍物或给对方来车驾驶员造成炫目,因而导致交通事故。

前照灯检测仪是利用光电原理制成的专门检测汽车前照灯技术状况的仪器,该仪器可同时检测到前照灯光束照射位置及发光强度,进而对前照灯的技术状况给出全面的评价。

1) 检测标准

(1) 光束照射位置。

① 机动车(运输用拖拉机除外)在检验前照灯的近光光束照射位置时,前照灯在距离屏幕 10m 处,光束明暗截止线转角或中心的高度应为 $0.6 \sim 0.8H$,其水平方向位置向左向右偏均不得超过 100mm。

② 四灯制前照灯其远光单光束灯的调整,要求在屏幕上光束中心离地高度为 $0.85 \sim 0.90H$,水平位置要求左灯向左偏不得大于 100mm,向右偏不得大于 170mm;右灯向左或向右偏均不得大于 170mm。

③ 运输用拖拉机装用的前照灯近光光束的调整,要求在屏幕上光束中心的离地高度应为 $0.5\sim0.7H$;水平位置要求,允许向右偏移不大于 350 mm,不允许向左偏移。

④ 机动车装用远光和近光双光束灯时以调整近光光束为主。对于只能调整远光单光束的灯,调整远光单光束。

(2)发光强度。

机动车每只前照灯的远光光束发光强度应达到表 3-6 的要求。测试时,其电源系统应处于充电状态。

表 3-6 前照灯远光光束发光强度要求   (单位:坎德拉 cd)

机动车类型	检 查 项 目					
	新注册车			在用车		
	一灯制	两灯制	四灯制	一灯制	两灯制	四灯制
最高设计车速小于 70 km/h 的汽车		10 000	8 000		8 000	6 000
其他汽车		18 000	15 000		15 000	12 000

注:四灯制是指前照灯具有四个远光光束;四灯制的机动车其中两只对称的灯达到两灯制的要求时视为合格。

2)检测结果分析

前照灯检验不合格有两种情况,一是前照灯发光强度偏低;二是前照灯照射位置偏斜。

左右前照灯发光强度均偏低时,应检查前照灯反光镜是否明亮,如昏暗或镀层剥落应更换。

检查灯泡是否老化,质量是否符合要求,否则应更换。检查电池端电压是否符合要求。仅靠蓄电池供电,前照灯发光强度一般很难达到标准的规定,检测时发电机应供电。

左右前照灯发光强度不一致时,应检查发光强度偏低的前照灯的反射镜是否符合要求,检查线路接触不良的情况。

前照灯安装位置不当或因强烈振动而错位,致使光束照射位置偏斜超标,应进行调整。前照灯光束照射位置偏斜的调整,可借助前照灯检验仪进行。先将左右及上下光轴刻度盘旋钮置于所需要调整的方位上,然后调整被检汽车前照灯的安装螺钉,直到左右指示表及上下指示表指针均指向零点即可。

6.车轮定位的检测

车轮定位指的是车轮外倾角、车轮前束值、主销内倾角和主销后倾角。这些定位参数的变化会使汽车的操纵稳定性下降,同时增加轮胎的异常磨损和某些零部件的过早疲劳损坏。

在检测线上检测车轮定位常用四轮定位仪。四轮定位仪可检测的项目包括:前轮前束值(前轮前束角/前张角)、前轮外倾角、主销后倾角、主销内倾角、后轮前束值(后轮前束角/前张角)、后轮外倾角、车辆轮距、车辆轴距、转向 20°时的前张角、推力角和左右轴距差等。

1)检测标准

不同车辆的车轮定位参数值是不同的。四轮定位仪电脑储存有很多车型的车轮定位标准值,可以人工调取,与实测值相比较,对被检车辆的车轮定位状况给出正确的评价。另外,电脑本身也具有自动比较功能,当一个数据测量结束,电脑自动比较,并给出"合格(或显示绿色)"、"不合格(或显示红色)"、"符合标准"、"超出允许范围"等提示。

2) 检测结果分析

车轮定位的失准原因比较复杂,除维修调整不当外,车架、车桥、车身的变形,连接部位(如独立悬架的纵、横摆臂的连接部位)的磨损及相关连接件的变形等均会导致车轮定位值的变化。

7. 汽车车速表指示误差的检测

汽车行驶速度与行车安全有着直接关系。汽车行驶速度高,可以缩短运输时间、提高运输效率。但是,行驶速度过高往往使车辆失去操纵稳定性,使行车制动距离大大增加。因此,行驶速度对交通安全有很大影响。为了保证行车安全,特别是在限速路段和限速车道上行驶时,驾驶员必须按照车速表的指示值,根据车辆、行人和道路状况,准确地控制车速。为此,车速表一定要准确可靠。如果车速表指示误差太大,驾驶员就难以正确控制车速,且极易因判断失误而造成交通事故。

在检测线上检测汽车车速表需利用车速表检测台或底盘测功台。

1) 检测标准

根据国标 GB 7258—1997《机动车运行安全技术条件》的规定,车速表允许误差范围为$-5\%\sim+20\%$。即当实际车速为 40 km/h 时,车速表指示值在 38~48 km/h 范围内为合格;或当车速表指示值为 40 km/h 时,实际车速在 33.3~42.1km/h 范围内为合格。

2) 检测结果分析

车速表有磁感应式和电子式等类型,往往与里程表组合在一起。磁感应式车速表是利用蜗轮蜗杆和软轴的传动作为传感器,利用磁电互感作用并通过指针的摆动来指示汽车行驶速度的。机件在使用过程中发生自然磨损、磁性元件的磁性发生变化和轮胎滚动半径发生变化等原因,都会造成车速表指示误差增大。不管是磁感应式车速表还是电子式车速表,在本身技术状况正常的情况下,轮胎滚动半径的变化是造成车速表误差的主要原因。轮胎滚动半径的变化主要是由于轮胎磨损、气压不足或气压过高等原因造成的。

8. 汽车排气污染物的检测

汽车排放的污染物是城市公害之一,它污染了人类的生存环境,影响了人民的身体健康,已发展成为严重的社会问题。因此,监督并检测排气污染物浓度,已成为汽车检测项目中极为重要的组成部分。

汽车排气的污染物,主要是一氧化碳(CO)、碳氢化合物(HC)、氮氧化合物(NO_x)、硫化物(主要是 SO_2)、碳烟及其他一些有害物质。

汽车排气污染物中,CO、HC、NO_x 和碳烟主要来源于汽车尾气的排放,少部分来自曲轴箱窜气,其中,部分 HC 还来自于油箱和整个供油系的蒸发与滴漏。

汽车尾气排放污染物的检测可在综合性能检测线上(环保检测线),借助底盘测功台并配合汽油机尾气分析仪及柴油机烟度计来完成。

1) 汽油机汽车(装配点燃式发动机的车辆)

(1) 检测标准:装配点燃式发动机的车辆进行双怠速试验排气污染物限值。汽车尾气排放污染物限值标准参照我国各地的排放法规执行。北京、深圳等地的排放法规比全国的标准要执行得更早。

(2) 检测结果分析。

① 废气检测值与发动机故障的关系。在不同工况下废气排放浓度值的范围不同。废气

检测值与发动机系统故障的关系见表3-7。

表3-7　废气检测值与发动机系统故障的关系

CO	HC	CO_2	O_2	故障原因
低	很高	低	低	间歇性失火
低	很高	低	低	气缸压力
很高	很高/高	低	低	混合气浓
很高	很高/高	低	很高/高	混合气稀
高	低	正常	正常	点火太迟
低	高	正常	正常	点火太早
变化	变化	低	正常	EGR 阀漏气
很低	很低	很低	很高	空气喷射系统
低	低	低	高	排气管漏气

② 空燃比对废气排放的影响。空燃比即空气和燃油的比例,以14.7∶1(理论空燃比)为中心在16.1∶1~12.5∶1的范围内变化。16.1∶1是略稀的经济空燃比,12.5∶1是略浓的最大功率空燃比。

• 空燃比与一氧化碳(CO)。当空燃比小于14.7∶1时(混合气变浓),由于空气量不足引起不完全燃烧,CO 的排放浓度增大。

• 空燃比与碳氢化合物(HC)。碳氢化合物与空燃比没有直接关系。碳氢化合物生成的主要原因是:在燃烧室壁温度较低的冷却面附近,形成猝冷区,达不到燃烧温度,火焰消失;电火花微弱,根本未能点燃混合气,导致所谓缺火现象;在进、排气门重叠时漏气等。因此,当空燃比在16.2∶1以内时,混合气越浓,HC 的排放量就越多。而当空燃比超过16.2∶1时,由于燃料成分过少,用通常的燃烧方法已不能正常着火,产生失火,使未燃烧的 HC 大量排出。

• 空燃比与氮氧化合物(NO_x)。氮氧化合物是可燃混合气空气中的 N_2 和 O_2 在燃烧室内通过高温高压的火焰时化合而成的。因此,在混合气空燃比为15.5∶1附近燃烧效率最高时,NO_x 生成量达到最大,混合气空燃比高于或低于此值,NO_x 生成量会减小。

• 空燃比与二氧化碳(CO_2)。二氧化碳是燃烧的必然产物,CO_2 值的大小取决于影响燃烧效率的因素,这里当然包括空燃比的大小,空燃比越接近理论空燃比14.7∶1,燃烧越完全,CO_2 的值也就越高,最大值为13.5%~14.8%。

• 空燃比与氧(O_2)。氧是一个很好的空燃比指示值,如果混合气浓时,O_2 的值就低,如果混合气稀时,O_2 的值就高。

③ 用 CO_2＋CO 值分析空燃比。CO_2＋CO 值与空燃比的对照如表3-8所示。

表3-8　CO_2＋CO 值与空燃比对照表

空燃比	11∶6	15.5∶1	15∶1	14.7∶1	14.2∶1	13.7∶1	13∶1	12.5∶1	11.7∶1
CO_2＋CO/%	13.5	14.0	14.5	14.7	15	15.5	16	16.5	17

④ 点火提前角对废气排放的影响。

• 点火提前角与CO。点火提前角对CO的排放没有太大影响,如过分推迟点火,会使CO没有时间完全氧化,而引起CO排放量增加,但适度推迟点火可减小CO排放。实际上,推迟点火时间,为了维持输出功率不变,需要开大节气门,这时CO排放明显增加。

• 点火提前角与HC。点火推迟时,HC排放降低,主要是因为增高了排气温度,促进了CO和HC的氧化,也由于燃烧时降低了气缸的面容比,燃烧室内的激冷面积变小了,使排出的HC减少。采用推迟点火来降低HC,是以牺牲燃油的经济性为代价的,所以,得不偿失。

• 点火提前角与NO_x。在任何负荷和转速下,加大点火提前角,均使NO排放增加。这是因为点火时间提前时,燃烧温度升高的缘故。因此,从降低NO_x排放的角度出发,可以采用减少点火提前角,降低循环最高温度,使用比理论空燃比更稀或更浓的混合气的办法。然而,降低最高温度,将伴随着发动机热效率的降低。

⑤排气检测参数中的数据分析。如果燃烧室中没有足够的空气(O_2)保证正常燃烧,在通常情况下,二氧化碳(CO_2)的读数和一氧化碳(CO)、氧(O_2)的读数相反。燃烧越完全,二氧化碳(CO_2)的读数就越高,最大值为13.5%~14.8%,此时一氧化碳(CO)的读数应该非常接近0%。

O_2的读数是最有用的诊断数据之一。O_2的读数和其他3个读数一起,能帮助找出诊断问题的难点。通常,装有催化转化器汽车O_2的读数应该是1.0%~2.0%,说明发动机燃烧很好,只有少量未燃烧的O_2通过气缸。

O_2的读数小于1.0%,说明混合气太浓,不利于很好地燃烧。O_2的读数超过2.0%,说明混合气太稀。燃油滤清器堵塞、燃油压力低、喷油器阻塞、真空系统漏气、废气再循环(ECR)阀泄漏等,都可能导致过稀失火。

2) 柴油机汽车(装配压燃式发动机的车辆)

(1) 检测标准。

① 对于GB 3847—2005标准实施后生产的在用汽车。自2005年7月1日起,按标准规定经形式核准生产的在用汽车,应按《在用喇嘛透光烟度法》进行自由加速试验,所测得的排气光系数不应大于车型核准的自由加速排气烟度排放限值,再加0.5 m^{-1}。

② 对于2001年10月1日起至2005年7月1日生产的汽车,应按标准规定进行自由加速试验,所测得的排气光系数不应大于以下限值:

自然吸气式:2.5 m^{-1}。

涡轮增压式:3.0 m^{-1}。

③ 对于2001年10月1日前生产的在用汽车。

对于1995年7月1日起至2001年9月30日期间生产的汽车,应按《在用汽车自由加速试验滤纸烟度法》进行自由加速试验,所测得的烟度值应不大于4.5 Rb。

对于1995年6月30日以前生产的汽车,应按《在用汽车自由加速试验滤纸烟度法》进行自由加速试验,所测得的烟度值应不大于5.0 Rb。

④ 加载减速法检测限值。汽车尾气排放污染物限值标准参照我国各地的排放法规执行。北京、深圳等地的排放法规比全国的标准要执行得更早。

(2) 汽车的排气烟度检测结果的分析。

在压燃式发动机的烟气排放中,微粒和碳烟的生成机理一般都认为燃烧时的一段高温范围和局部存在特别浓的混合气,是产生微粒碳烟的必要条件。

装配压燃式发动机的在用汽车的排气烟度检测结果超标,主要原因是柴油机供油系调整不当所致。此外,柴油机气缸活塞组和曲柄连杆机构的技术状况及柴油的质量等对排放烟度也有影响。柴油机供油系统调整不当和相关系统技术状况的变化,主要表现在柴油机出现冒黑烟、蓝烟及白烟故障。其黑烟对排放烟气检测结果的影响最大。柴油机工作时黑烟浓重,其故障多属于喷油量过大,雾化不良,各缸喷油量不均匀,喷油时刻过早,调速器失调和空气滤清器堵塞等因素引起,建议主要检查如下几项:

① 检查个别缸喷油量。用分缸停止供油和结合观察排气烟色的方法予以判别。如某缸停止供油(旋松喷油器)后,烟色减轻,即为该缸喷油量过大。

② 检查该缸喷油泵柱塞调节齿扇固定螺钉是否松脱。

③ 检查喷油器是否良好。检查喷油器时,可将喷油器从气缸体上拆下,仍然连接高压油管,用旋具撬动该缸喷油泵柱塞弹簧座,作喷油动作,观察喷油雾化情况和有无滴油现象。若雾化不良,则应解体检查喷油器。

④ 检查调速器。若各缸喷油量均过大,应打开调速器盖,检查调节齿杆的刻度是否向喷油泵体内移动过多(刻线应与喷油泵壳后端面平行),同时,还需检查调速器飞块是否卡滞而引起喷油量过大。如在柴油机冒黑烟同时,还可以听到气缸内有清脆敲击声,则说明喷油时刻过早,应正确校准喷油正时。如检查中发现空气滤清器堵塞(滤芯脏污),应即清洗、吹净,并按规定加注新润滑油。

此外,柴油机冒黑烟还与柴油质量有关,为使着火性能良好,一般柴油机选用十六烷值为40~45 的柴油为宜。若十六烷值超过 65,则柴油蒸发性变差,致使燃烧不彻底,工作时也可发生冒黑烟现象。

9. 汽车悬架系统性能的检测

汽车悬架装置最易发生故障的部件是减振器。减振器对汽车行驶平顺性、乘坐舒适性、操纵稳定性和行驶安全性的影响很大。研究表明,大约有 1/4 的汽车上至少有一个减振器工作不正常。当悬架装置减振器工作不正常时,出现汽车行驶中跳跃严重,车轮轮胎有 30% 的路程接地力减少,汽车转向盘发飘,弯道行驶时车身晃动加剧,制动时易发生跑偏或侧滑,轮胎磨损异常,乘坐舒适性降低,有关机件磨损速度加快等不良后果。

随着道路条件的改善,尤其是高速公路的发展,不仅是小轿车的行驶速度已大大提高,就是货车和大客车以 100 km/h 车速行驶的情况也很常见。在高速行驶状态下,汽车的操纵稳定性和行驶安全性尤为重要,并与悬架装置有着直接的关系。所以,悬架装置工作性能的检测是十分重要的。

汽车悬架特性可通过谐振式悬架装置检测台或平板式检测台测得。

1)悬架装置性能评价指标

由于使用的检测设备不同,其用以评价悬架系统性能的指标是不同的。

(1)谐振式悬架装置检测台的评价指标。

汽车悬架装置的弹性元件或减振器损坏后,会使悬架装置的角刚度减少,增加了高频非悬架质量的振动位移,使车轮和道路的接触状态变坏。车轮作用在地面的接地力减少,大振幅的车轮振动甚至会使车轮跳离地面。因此,悬架装置性能损坏的汽车,不仅影响汽车行驶的平顺性,也会使汽车的操纵稳定性恶化,使汽车的行驶安全性变坏。

从上述的分析,我们引入了车轮与道路接触状态的新概念。车轮与道路的接触状态可以用车轮对地面的作用力来表征,把这个作用力称为接地力。但在实际路面上时,汽车的各个车轮与地面的作用状况是不一样的。这是因为各车轮悬架装置的性能不一样,或承受负荷不一样,或轮胎气压不一样,或路面冲击不一样等原因造成的。如果在检测台上,人为使各车轮的轮胎气压、承受的负荷和台面冲击做到一致,那么,车轮与地面的作用状态就主要决定于悬架装置的工作性能。因此,用测量汽车在检测台上车轮与台面接地力的大小和变化,来评价汽车悬架装置的品质和性能,是完全可行的。

目前,出现的谐振式悬架装置检测试验台都是利用检测车轮与道路接地力的原理,来快速评价汽车悬架性能的。其评价指标为"吸收率",吸收率是指在悬架装置检测台上,受检车辆的车轮在受外界激励振动过程中,产生共振时的车轮最小垂直载荷与静止状态下车轮垂直载荷的百分比值。

其实,汽车悬架性能属于汽车行驶平顺性检测项目,所以该装置一直是采用平顺性评价指标,是以汽车车身振动固有频率或汽车振动的加速度均方根值来评价的,这种评价方法不适宜对在用车辆进行快速检测分析评价。另外,悬架装置的性能也影响到汽车的操纵稳定性,直接影响到汽车的安全行驶。采用吸收率来评价,不仅考虑了悬架装置对汽车平顺性的影响,更主要的是着重考虑了对汽车操纵稳定性和行驶安全性的影响。它考查的是汽车在最差工作条件的情况下,即地面激振使悬架达到共振时,车轮与地面的接触状态。这是一个比较直观的评价指标,既能快速检测,又能综合评价汽车悬架装置的弹簧与减振器的匹配性能及品质。当然,随着汽车检测技术的发展,这种方法还会不断地修改和完善。

(2)平板式检测台的评价指标。

平板式检测台的测试采样过程:利用车辆制动→引起车身振动→测量车轮动态载荷的变化→悬架吸收、衰减振动→得出悬架效率。

悬架效率表示车身振动对阻尼衰减、吸收的程度,即反映了悬架的减振能力。

平板式检测台检测汽车悬架效率时,测试过程接近于路试,可以真实地反映车辆悬架的减振性能。而且试验数据全部由计算机自动处理,操作方便,试验瞬间即可得出测试结果。因此,该检测台适合于车辆检测和维修单位使用。

同样,为了防止因同轴左右悬架效率的差异过大而引起操纵稳定性和制动稳定性恶化,需要将同轴左右轮悬架效率差控制在一定的范围之内。

2)评价标准

欧洲减振器制造协会(EUSAMA)推荐的评价车轮接地性的参考标准见表3-9,可供我国检测悬架装置工作性能时参考。

表3-9 车轮接地性参考标准

车轮接地性指数/%	车轮接地状态	车轮接地性指数/%	车轮接地状态
60～100	优	20～30	差
45～60	良	1～20	很差
30～45	一般	0	车轮与路面脱离

需要指出的是,表中的车轮接地性指数是在悬架装置检测试验台台面振幅为 6mm 下测得的,这也是大部分悬架装置检测台使用的激振振幅。

表中的参考标准适用于大多数汽车,但非常轻的小轿车和微型车例外。这是因为这一类汽车的其中一个轴(一般为后轴)的两个车轮接地性指数非常低,而它们的悬架装置是正常的。

在营运车辆技术等级评定中,悬架特性为不分级项目,检测结果符合上述要求即为合格。

国家标准 GB18565—2001《营运车辆综合性能要求和检验方法》中规定:"用悬架装置检测台检测时受检车辆的车轮在受外界激励振动下测得的吸收率应不小于 40%,同轴左右轮吸收率之差不得大于 15%。""用平板式检测台检测时,受检车辆制动时测得的悬架效率应不小于 45%,同轴左右轮悬架效率之差不得大于 20%。"

3)检测结果分析

GB18565—2001 规定,根据我国的实际情况,目前,只对最大设计车速大于或等于 100 km/h、轴载质量小于或等于 1500 kg 的载客汽车提出悬架特性要求。悬架特性检测结果满足标准规定的限值,评定为合格;不满足标准规定的限值,评定为不合格。对不合格的车辆应进行调试、修理,直至检测合格为止。

在悬架系统中,起主要作用的部件是减振器。对在悬架装置检测中不合格的车辆,其可能的故障原因有以下几个方面:

(1)减振器内部的轴磨损,内部阀片损坏,各密封处漏油,导致减振功能失效。

(2)减振器外部的紧固螺栓磨损,松动,脱落。

(3)减振用螺旋弹簧弹性降低,疲劳或折断,造成早期损坏。

(4)悬架系统各连接部件磨损,松动。

任务回顾

(1)二手车的识伪检查和现时技术状况检查项目。

(2)二手车的识伪检查和现时技术状况检查方法。

任务实施步骤

(一)任务要求

二手车识伪检查和现时技术状况检查。

(二)任务实施的步骤

1. 汽车技术状况的静态检查

1)汽车识伪检查

(1)进口汽车的水货鉴别。

(2)汽车车身的防伪检查。

2)汽车外观检查

(1)车辆标志检查。

(2) 车身的技术状况检查。

(3) 驾驶室和车厢内部检查。

(4) 发动机的静态检查。

(5) 附属装置检查。

(6) 车辆底盘的静态检查。

(7) 车内电器设备状况检查。

(8) 车体周正性检测。

(9) 车轮及轮胎的检测。

2. 汽车技术状况的动态检查

1) 发动机无负荷运转工况检查

(1) 发动机起动状况的检查。

(2) 发动机无负荷运转状况的检查。

(3) 汽车转向系的转向盘自由行程和转向传动间隙检查。

2) 汽车路试检查

(1) 检查离合器。

(2) 检查制动性能。

(3) 检查变速器。

(4) 转向操纵检查。

(5) 通过检测高挡加速时间、起步加速时间、最高车速、陡坡爬坡车速、长坡爬坡车速来检查汽车的动力性。

(6) 检查汽车传动系统间隙。

(7) 通过滑行试验来检查汽车机械传动效率。

(8) 检查传动系统与行驶系统的动平衡。

(9) 汽车动态试验后检查各部件温度和检查汽车渗漏现象。

3. 有必要时进行汽车技术状况的仪器检查

1) 汽车的动力性检测

(1) 发动机输出功率的检测。

(2) 驱动轮输出功率的检测。

(3) 汽车传动效率和滑行距离的检测。

2) 汽车的燃料消耗量检测

3) 汽车制动性能的检测

4) 车轮侧滑量的检测

5) 汽车前照灯技术状况的检测

6) 汽车车轮定位的检测

7) 汽车车速表指示误差的检测

8) 汽车排气污染物的检测

9) 汽车悬架系统性能的检测

任务三　车辆拍照存档

知识目标
- 掌握车辆拍照时拍摄距离、角度、光线对车辆拍照的影响。
- 掌握二手车拍照的基本步骤。

能力目标
- 能够根据二手车拍照的要求,进行各方位拍照。

任务剖析

现场鉴定工作主要按照二手车鉴定评估作业表的项目进行,主要包括检查核对证件、被评估车辆的结构特点、鉴定现时技术状况并作出鉴定结论,给车辆拍照存档。

车辆拍照是评估人员根据车牌号或评估登记号,使用数码照相机拍摄被评估车辆照片,并存入系统存档。二手车照片是二手车鉴定评估报告的主要附件,评估前应对所评估的二手车进行全车进行拍照。

任务载体

二手车评估人员评估前完成手续检查和现场鉴定之后,还需要对被评估二手车进行拍照存档。对二手车拍照一般要拍摄前面、侧面和后面三个方向的整体外形照、发动机舱、驾驶室、后备箱等局部位置的照片。

相关知识

3.3.1　车辆拍照的要求

1. 拍摄距离

拍摄距离是指拍摄立足点与被拍照二手车的远近,一般要求全车影像尽量充满整个像面。

2. 拍摄角度

拍摄角度是指拍摄立足点与被拍照二手车的方位关系。拍摄角度方位一般分为上下关系和左右关系。

1) 上下关系

拍摄角度的上下关系可分为俯拍、平拍和仰拍三种。俯拍是指在比被拍摄物高的位置向下拍摄;平拍是指拍摄点在物体的中间位置,镜头平置的拍摄,此种拍摄方法效果就是人两眼平视的效果;仰拍是指相机放置在较低部位,镜头由下向上仰置的拍摄,这种拍摄效果易发生变形。

2) 左右关系

拍摄角度的左右关系一般根据拍摄者确定的拍摄方位,分为正面拍摄和侧面拍摄两种。

正面拍摄是指面对被拍摄的物体或部位的正面进行拍摄;侧面拍摄是指在被拍摄物体的正侧面所进行的拍摄。

3. 光照方向

光照方向是指光线与相机拍摄方向的关系,一般分为正面光、侧面光和逆光三种。对二手车拍照应尽量采用正面光拍照,以使二手车的轮廓分明、牌照号码清晰、车身颜色真实。

4. 对二手车拍照前的要求

(1) 车身要擦洗干净。

(2) 前挡风玻璃及仪表盘上无杂物。

(3) 机动车号牌无遮挡。

(4) 关闭各车门。

(5) 转向盘回正,前轮处于直线行驶状态。

5. 二手车常见拍摄位置

对二手车拍照一般要拍摄前面、侧面和后面三个方向的整体外形照、发动机舱、驾驶室、后备箱等局部位置的照片。

1) 整体外形照

整体外形照采用平拍,其中,前面照(也称为标准照)是在与车左前侧呈 45°方向拍摄,如图 3-1 所示;侧面照是正侧面拍摄,如图 3-2 所示;后面照是在与车右后侧呈 45°方向拍摄,如图 3-3 所示。

| 图 3-1　二手车的标准照 | 图 3-2　二手车的侧面照 | 图 3-3　二手车的尾照 |

2) 局部位置照

局部位置照采用俯拍,主要拍照的位置有汽车的发动机舱、驾驶室、后备箱、内饰等局部位置的照片等,如图 3-4、图 3-5、图 3-6 所示。

| 图 3-4　二手车的驾驶室照 | 图 3-5　二手车的发动机舱照 | 图 3-6　二手车后备箱照 |

任务回顾

(1) 二手车评估前拍照要求。
(2) 二手车评估前拍照方位。

任务实施步骤

(一) 任务要求

二手车评估前的证件的检查核对。

(二) 任务实施的步骤

(1) 检查车辆是否符合拍照的要求。视需要进行必要的处理。
(2) 调整好照相机。
(3) 拍摄二手车的标准照、侧面照、后面照及局部照片。
(4) 将拍摄的照片整理保存。

思考与训练

一、思考题

1. 机动车的法定证件都有哪些？各种税费单据有哪些？
2. 目前,我国的车辆购置税是如何计算的？
3. 说明补办《机动车登记证书》的一般程序。
4. 请详细总结,在车身的外观检查时,通过哪些现象可判断车辆出过交通事故。
5. 说明如何鉴别"水货"汽车。
6. 请解释二手车技术状况的静态检查、动态检查和辅助仪器检查的内涵。
7. 简单列举汽车发动机运转情况检查的项目。
8. 简单列举汽车技术状况辅助仪器检查的项目。
9. 如果发动机功率检测结果不合格,说明车辆可能存在的问题。
10. 如果汽车底盘输出功率检测结果不合格,说明车辆可能存在的问题。
11. 如果制动力平衡检测结果不合格,说明车辆可能存在的问题。
12. 如果汽车悬架性能检测结果不合格,说明车辆可能存在的问题。

二、选择题

1. 在核对二手车来历证明时,下列( )不需要《公证书》。

A. 中奖的　　　　　 B. 经法院判决的　　　 C. 赠予的　　　　　 D. 继承的

2. 二手车的合法手续证明一般不包括( )。

A. 车辆来历证明、机动车行驶证

B. 机动车登记证、车辆号牌、车辆运输证

C. 车辆购置附加费、机动车辆保险费

D. 交通事故处理意见书

3. 下列(　　)对判断车辆是否出过交通事故帮助最小。

A. 漆色　　　　　B. 车身平整度　　　　C. 油漆质量　　　　D. 玻璃

4. 下列关于二手车技术状况的一般检查叙述,(　　)不正确。

A. 水箱的检查重点是否加注防冻液

B. 蓄电池的检查重点是生产日期

C. 空气滤清器的检查重点是滤芯脏污情况

D. 机油尺的检查重点是查看机油状况

5. 下列(　　)不是二手车交易必须具备的条件。

A. 车辆种类符合国家或本地规定的安全技术性能要求,经公安交通部门检测合格

B. 二手车卖方应当拥有车辆的所有权或者处置权

C. 卖方具有合法、完整的车辆法定证明、凭证

D. 本单位或者上级单位出具的资产处理证明

6. 下列(　　)说明车辆有可能出过交通事故最不具有证据性。

A. 保险杠与车身其他部位色差较大　　　　B. 车辆线条明显弯曲

C. 车辆后视镜少一个　　　　D. 前风挡玻璃上没有国家安全玻璃认证

7. 下列(　　)不是发动机运转状况检查项目。

A. 发动机起动性和怠速运转检查　　　　B. 加速踏板控制检查

C. 离合器技术状况检查　　　　D. 排气烟色检查

8. 下列(　　)不是车辆路试检查项目。

A. 轮胎的技术状况　　　　B. 传动系技术状况

C. 转向系技术状况　　　　D. 制动系技术状况

9. 当进行资产评估时,考虑到当整体资产缺少该项要素资产将蒙受的损失时,利用的是资产评估经济技术原则中的(　　)。

A. 替代原则　　　B. 竞争原则　　　C. 最佳利用原则　　　D. 贡献原则

10. 当进行资产评估时,考虑到资产的预期收益时,利用的是资产评估经济技术原则中的(　　)。

A. 替代原则　　　B. 预期原则　　　C. 最佳利用原则　　　D. 贡献原则

11. 下列(　　)不是资产具有的特点。

A. 受国有资产管理部门监管的　　　　B. 经济主体拥有或控制的

C. 能以货币计量的　　　　D. 能够给拥有者带来经济利益的

12. 下列(　　)不是可确指资产。

A. 机器设备　　　B. 流动资产　　　C. 商标权　　　D. 商誉

13. 下列(　　)是对资产咨询性特点的描述。

A. 评估的结果无强制执行的效力

B. 评估的结果应经得起市场的检验

C. 评估过程不受任何一方当事人约束

D. 评估建立在专业知识与经验的基础上

14. 用相似车型的市场价格作为被评估车辆的参考,这种方法是利用资产评估的(　　)原则。

A. 竞争   B. 替代   C. 一致性   D. 平衡

15. 注册资产评估师证的换证期限为( )年。

A. 2   B. 3   C. 5   D. 6

16. 资产评估师不参与下列( )工作。

A. 签订委托书   B. 资产清查   C. 评定估算   D. 验证确认

17. 对进口汽车,下列叙述( )不正确。

A. 前风窗玻璃上有黄色的商检标志

B. 必须有右架改左架的痕迹

C. 附有中文使用手册和维修手册

D. 车型号必须在我国公布的进口汽车产品目录上

18. 在检查车体是否周正时,车体外缘左右对称部位的高度差不应大于( ) mm。

A. 30   B. 40   C. 50   D. 60

19. 如果前风窗密封胶条上沾有油漆,说明车辆可能( )。

A. 属于油漆厂   B. 汽车制造质量较差

C. 前风挡玻璃可能破碎过   D. 车辆可能出过交通事故

20. 揭开轿车地毯,发现底板有明显的烧焊痕迹,说明车辆可能( )。

A. 出过交通事故   B. 使用年限较长

C. 失过火   D. 被偷盗过

21. 下列( )不能用路试检查。

A. 传动系技术状况   B. 转向系技术状况

C. 侧滑量   D. 车辆制动性能

三、判断题

( ) 1. 在国外购买的机动车,必须有该车销售单位开具的销售发票及其翻译文本。

( ) 2. 如果没有机动车登记证书,则不能进行鉴定评估。

( ) 3. 二手车来历证明专指新车或二手车购置发票。

( ) 4. 如果车身有烧焊的痕迹,说明车辆有可能出过交通事故。

( ) 5. 如果车辆排气带较重的蓝色,可能是气缸磨损较重。

( ) 6. 为评估方便,对整体资产的评估,可以按其构成的单件资产进行评估后,求和即可。

( ) 7. 由于原车型价格下降的原因造成在用车价格的降低属于无形损耗。

( ) 8. 资产评估应以资产的最佳利用状态为基础进行估价。

( ) 9. 资产以往的收益能力对现实的评估具有一定的参考价值。

( ) 10. 商标权和商誉均属不可确指资产。

( ) 11. 一般来说,有限性评估的价格会高于完整性评估的价格。

( ) 12. 合伙制资产评估机构,应对合伙债务承担无限连带责任。

( ) 13. 发动机机油检查的重点是机油的质量。

( ) 14. 蓄电池检查的重点是看使用年限。

拓展提高

* *

任务四　汽车技术状况和故障评估、新车选购检验

3.4.1　二手车技术状况评估

1. 机动车的技术状况的概念

机动车的技术状况是指定量测得的、表征某一时刻汽车的外观和性能的参数值的总和。

机动车是由机构、总成组成的,而机构和总成又由零件组成,所以零件是机动车的基本组成单元。零件性能下降后,机动车的技术状况将受到影响,因此机动车技术状况的变化取决于组成零件的综合性能。

随着汽车行驶里程的增加,汽车的技术状况将逐渐变坏,致使汽车的动力性下降、经济性变坏、使用方便性下降、行驶安全性和使用可靠性变差,直至最后达到使用极限。其主要外观症状有:汽车最高行驶速度降低;加速时间与加速距离增长;燃料与润滑油消耗量增加;制动迟缓、失灵;转向沉重;行驶中出现振抖、摇摆或异常声响;排黑烟或有异常气味;运行中因技术故障而停歇的时间增多。

2. 机动车技术状况的评价指标

机动车的技术状况可用机动车的工作能力或运用性能来评价。机动车的运用性能包括动力性、经济性、使用方便性、行驶安全性、使用可靠性、载质量和容积等。

3. 机动车技术状况变化的原因

机动车技术状况的变化是机动车诸多内在原因综合作用的结果。主要原因有:零件之间相互摩擦而产生的磨损,零件与有害物质接触而产生的腐蚀,零件在交变载荷作用下产生疲劳,零件在外载、温度和残余内应力作用下发生变形,橡胶及塑料等非金属零件和电器元件因长时间使用而老化,由于偶然事件造成零件损伤等。这些原因使零件原有尺寸和几何形状及表面质量发生改变,破坏了零件原来的配合特性和正确位置关系,从而引起汽车(或总成)技术状况变坏。

磨损是零件的主要损坏形式,磨损现象只发生在零件表面,其磨损速度的快慢既与零件的材料、加工方法有关,又受汽车运用中装载、润滑、车速等条件的影响。疲劳损坏是由于零件承受超过材料的疲劳极限的循环应力时,而产生的损坏。

腐蚀损坏产生于与腐蚀性物质接触的零件表面。易于产生腐蚀损坏的主要部件有:燃料供给系统和冷却系统的管道、车身、车架等。零件在制造和加工过程中产生的残余内应力和零件受热不匀而产生的热应力足够大时,也会导致零件变形或加剧变形过程。老化是由于零件材料在物理、化学和温度变化的影响下,而逐渐变质或损坏的故障形式。

因机动车零件和运行材料性能的变化,而使机动车技术状况逐渐变坏的现象,不仅发生于机动车使用过程中,也发生于储存过程中。例如,橡胶、塑料等非金属零件因老化而失去弹性,强度下降等。

4. 影响机动车技术状况变化的因素

机动车在使用过程中,其技术状况变化的快慢不仅取决于结构设计和制造工艺水平,还受各种使用因素的影响。

机动车的初始性能是由结构设计和制造保证的,结构设计与制造工艺是否合理以及零件材料选择是否适当,也影响着机动车使用过程中技术状况的变化。如设计与制造工艺不合理或零件材料选择不当,由于机动车在使用过程中自身存在薄弱环节,就会经常出现同一类故障。

影响机动车技术状况变化的使用因素有:运行条件、燃料和润滑油的品质、机动车运用的合理性等。

5. 汽车技术状况变化的外观症状及其主要影响因素

汽车在使用过程中,随着行驶里程的增长,各部机件将会由于磨损量的增大和各种损伤,使得原有的尺寸、几何形状、机械性能、配合关系等遭受破坏,从而使汽车技术状况发生变化,汽车失去正常工作的能力,也即汽车产生了"故障"。

1) 外观症状

实践证明,无论是汽车发动机还是底盘部分的故障症状均因其成因不同而不同。可以通过人们的耳朵(听)、眼睛(看)、鼻子(嗅)、手(摸)、身(受)等来发现外观症状,并根据这些外观症状来断定汽车是否存在故障。归纳起来,这些变化多端的故障外观症状大致可分为以下几类:

(1) 技术性能变坏。

① 动力下降。如活塞、活塞环与气缸壁的磨损量超过限度后,则在进气行程中,气缸内吸力不足,以致进气量减少;并且在压缩行程、做功行程中,造成气缸漏气、爆发压力下降,导致发动机功率下降。

② 可靠性变差。如制动系的有关机件磨损过度,则汽车的制动性能下降,甚至失去制动功能。

③ 经济性变坏。如发动机燃油供给系的有关机件磨损过度,造成燃油的雾化不良,燃烧不完全,以致耗油量增加,经济性下降。

(2) 声响异常、振动增大。随着机件的磨损,相关的配合间隙增大,同时造成机件的磨损变形,于是在机件运转时,由于冲击负荷产生异响,运转不平衡而产生强烈的振动。

(3) 渗漏现象。渗漏指汽车的燃油、润滑油、制动液(或压缩空气)以吸其他各种液体的渗漏现象。渗漏容易造成过热、烧损及转向、制动机件失灵等故障。

(4) 排气烟色异常。发动机技术状况良好,气缸内可燃混合气燃烧正常时,排气管排出的废气一般呈淡灰色。当气缸出现漏气后,会使燃油雾化不良,燃烧不完全,废气中CO量增多,排气呈黑色;当气缸上窜机油时,排气呈蓝色;当缸套或缸垫破裂,冷却水进入气缸时,大量水蒸气随废气排出,废气呈白色。柴油发动机的排气烟色不正常,通常是发动机无力或不易发动的伴随现象。

(5) 气味异常。当制动出现拖滞、离合器打滑、摩擦片因摩擦温度过高而烧焦时,会散发出焦味;当混合气过浓,部分燃油不能参加燃烧时,会散发出生油味;电路短路搭铁导线烧毁时也有异味。

(6) 机件过热。常见的有发动机过热、轮毂过热、后桥过热、变速器过热、离合器过热等,这些是机件运转不正常、润滑不良、散热不好的故障表现。

（7）外观异常。汽车停放在平坦场地上，如有横向或纵向歪斜等现象，即为外观异常。外观异常多由车架、车身、悬架、轮胎等异常造成，并会导致方向不稳、行驶跑偏、质心转移、车轮吃胎等故障。

2）外观症状的主要影响因素

汽车在各种复杂条件下运行，造成上述各类外观症状而导致故障的因素是多种多样的。有的是因力设计或制造缺陷所致，有的是由于使用不当、维修不良所引起，但大部分是长期运行正常磨损后发生的。

（1）设计制造上的缺陷。汽车在设计制造上的缺陷，会给机件带来先天性不良，以致使用不久就出现故障。另外，汽车零部件的制造厂家所生产的配件质量不一致，这也是分析、判断故障时不能忽视的因素。

（2）燃、润料品质的影响。合理选用汽车燃、润料是汽车正常行驶的必要条件，因此应选用符合各厂牌车型要求的燃、润料。另外燃、润料品质的优劣，也是影响汽车使用寿命的重要因素。如汽油品质差、燃烧热值低、易爆燃，则发动机的动力小，工作不正常，出现异响，机件易损；柴油品质差，蒸发性不好，则造成着火延迟期增长，使发动机工作粗暴；润滑脂黏度过浓或过稀，会使运动机件因润滑不良易受磨损等。

（3）外部使用条件复杂。汽车外部使用条件，主要是指道路及气温、湿度等环境情况。在不平路面上行驶，汽车悬架部分容易损坏，连接部件易松动；高温易使汽油发动机供油系产生气阻；高湿则易使电系产生漏电、短路等故障。经常在市区或山路行车，由于传动、制动部分工况变动次数多、幅度大而往往导致早期损坏。

（4）操作不当、保修不善。驾驶员若是技术不熟练，行车中频繁制动，则将使制动系和行驶系机件加速磨损；变速换档不熟练，动作粗暴，则将造成齿轮啮合不同步，变速齿轮受损；在使用中经常超载，各机件长时间超负荷工作，将造成早期损伤，导致故障的发生。

汽车保修是确保汽车技术状况完好，减少事故发生的重要技术措施。如果不按时、不按标准对汽车进行维护，故障将不可避免地增加，如不按时加注润滑油，则运动机件的磨损将加快；不按时检查、调整和紧固横直拉杆、钢板弹簧螺栓等有关机件，则将会出现严重故障；不按期维护和及时修理，将造成汽车动力下降、起动困难、燃烧不良、异响严重等故障，甚至会发生严重事故。

3.4.2　二手车故障评估

1. 汽车故障的定义与分类

1）汽车故障的定义

汽车故障是指汽车中的零、部件或总成部分或完全丧失了工作能力的现象。故障与失效都是指零部件丧失了工作的能力，但两者使用的场合有所不同。一般说来，故障用于可修复的零部件，如化油器、分电器、喷油泵、转向器、离合器等。而失效则常用于不必修复或不可修复的零部件，如活塞、活塞环、火花塞及各种紧固件、垫片等。

2）汽车故障的分类

汽车故障一般分为功能故障和参数故障两大类：功能故障一般是指这类故障发生后汽车不能继续完成本身的功能，如行驶跑偏、转向系失灵、发动机不能起动等；参数故障是指汽车的性能参数达不到规定的指标,汽车部分或完全丧失工作的能力,如发动机功率下降、每百千米油耗超标、机油耗量异常、滑行时间和加速时间达不到要求等。

汽车故障按照故障发生后造成的后果的严重性又可分为轻微故障、一般故障、严重故障和致命故障。

(1) 轻微故障。轻微故障一般不会导致汽车停车或性能下降,不需要更换零件,用随车工具能在 5 min 内对故障部位作稍许调整即可排险。如气门脚响、点火不正、喷油不正、怠速过高、紧固件松动等。

(2) 一般故障。一般故障使汽车停驶或性能下降,但一般不会导致主要部件和总成的严重损坏,可更换易损备件并台邑用随车工具在短时间(30 min)内排除。如滤清器堵塞、垫片损坏而漏油、来油不畅等。

(3) 严重故障。严重故障可能导致主要零部件和总成的严重损坏,必须停车,且不能用易损备件和随车工具在较短时间(30 min)内排除。如发动机拉缸、抱轴、烧轴承、气缸体裂纹等。

(4) 致命故障。致命故障指危及汽车行驶安全,导致人身伤亡,引起主要总成报废,造成重大经济损失,或对周围环境造成严重危害的现象。如连杆螺栓断裂、活塞碎裂、柴油机飞车等。

2. 故障的诊断方法

汽车使用过程中产生的故障现象是错综复杂的,往往一种故障现象,可能是由多种原因引起的,而某一原因又可能引发多种故障现象,必须科学、准确地对故障现象进行分析,诊断出造成故障的原因,这也是目前汽车诊断技术努力研究的课题。

目前,对汽车故障诊断的方法有两种:一种是仪器设备诊断法;另一种是直观经验诊断法。

1) 仪器设备诊断法

汽车故障的仪器设备诊断法是汽车在不解体的情况下,用仪器设备获取有关的信息参数,并据此判别汽车的技术状况。这种方法也称为不解体检验法。随着电子测试技术、信号处理技术和计算机技术的发展,汽车故障诊断设备日益完善,如发动机异响诊断仪、电涡流底盘测功机等设备越来越广泛地在汽车故障诊断和维修中使用。

2) 直观经验诊断法

汽车故障的直观经验诊断法是依靠人为感觉和观察或者采用简单工具并通过一定的试验来确定汽车故障部位的方法。这种方法的基本原则是"先简后繁、先外后内、分段检查、逐渐缩小故障部位的范围"。它具体包括问、看、听、嗅、摸、试、想 7 个方面。

问即调查。包括询问汽车行驶的里程数、近期的维修情况、故障发生前的预兆等。

看即观察。例如,观察仪表指示是否正常、排气颜色、化油器是否漏油、行驶是否跑偏、发动机有无抖动等。

听即查听汽车在各种工况下所发出的声响。包括化油器有无回火声、气缸内有无爆燃声或敲击声、排气管有无放炮和"突突"声等。

嗅即嗅汽车使用过程中是否散发出某些特殊气味。包括制动器拖滞、离合器打滑发出摩擦片的焦臭味,电路短路搭铁导线烧毁时出的臭味等。

摸即触摸可能产生故障部位的温度、振动情况。包括配合面是否过热、轴承是否过紧、高压油管有无供油脉动等。

试即试验。包括用拉阻风门的方法试验发动机工作情况,用慢加速或急加速的方法试验汽车发动机在怠速、低速、中速、高速和加速等各种工况下的工作情况;用单缸断油或断火法判别发动机异响部位;用滑行试验方法观察汽车底盘各部分的摩擦阻力等。

想即思考。根据故障现象,运用理论知识和实践经验分析思考,合理、正确地判断故障部位和故障原因。

3. 汽车故障与汽车价格

影响汽车(二手机动车)价格的因素众多。国家有关部委在 1997 年 7 月 15 日联合发布了新的《汽车报废标准》,1998 年、2000 年又对该标准进行了调整。按新标准精神,影响汽车(二手机动车)价格的因素主要包括:使用年限;行驶里程;车辆受损情况或技术状况;车型状况(主要指配件来源情况);车辆耗油量及排放品质。

其中车辆的技术状况及排放品质与汽车故障息息相关。因此可以说汽车故障对汽车(二手机动车)价格有很大影响,而且故障的部位和故障的性质将在很大程度上决定着汽车(二手机动车)价格的水平。

4. 影响汽车价格较大的故障

任何除轻微故障以外的汽车故障都会对汽车(二手车)价格产生一定的影响,下面我们仅列出对汽车(二手车)价格影响较大的故障(见表 3-10)。

表 3-10 对汽车价格影响较大的故障

部位	机构、系统	故障现象、具体部位及原因	处理方法	备 注
发动机部分	曲柄连杆机构	气缸盖、气缸体裂纹划伤深度 0.2 mm 以上	更换缸盖或缸体	
		活塞卡缸、拉缸	更换活塞气缸	应尽量杜绝发生
		活塞销过度磨损,与销座(套)之间的间隙大于 0.025 mm	更换活塞销	
		连杆弯曲与扭曲量超过规定	更换连杆	
		活塞顶部裂纹无法修补	更换活塞	
	配气机构	气门、气门导管、气门座严重磨损,摇臂弯曲或扭曲,在接头处龟裂或过度磨损	更换相应新件,更换摇臂	
	燃油供系统	挠曲管或乙炔管(输油管的一段)裂纹	更换新件	
		化油器故障(针阀、阀座、浮子过度磨损或变形,化油器外壳变形超过 0.2 mm)	针对相应的故障检修后更换新件	
	冷却系统	散热器水泄漏部位表面发生严重腐蚀	更换散热器	
		水泵故障(泵体、带轮、叶片轮、带轮毂裂纹或损伤)	更换相应新件	
	润滑系统	齿轮泵中齿轮与泵壳之间的间隙过大	更换新泵	采用齿轮式机油泵
		转子泵内部有关间隙超过规定	更换转子或泵体	采用转子式机油泵

笔记

部位	机构、系统	故障现象、具体部位及原因	处理方法	备注
底盘部分	离合器	离合器打滑，原因是摩擦片磨损减薄，铆钉外露，表面硬化、烧结	更换新摩擦片	
		离合器分离不彻底，原因是离合器本体的从动盘钢片破碎，从动盘翘曲	更换从动盘或钢片	
		离合器接合发抖，原因是摩擦片过度磨损，表面烧结、硬化；减振器盘破裂	更换摩擦片或减振器盘	
		离合器操纵液压系统泄漏位置在主缸或分离缸处	整体解体检修	采用液压或踏板的离合器
	变速器	换挡困难，原因是变速轴出现阶梯形磨损或弯曲	更换新变速轴	
		齿轮啮合困难，原因是同步器故障	更换同步器（环、键或弹簧）	
		出现漏油现象，故障原因是变速器壳龟裂、损伤	检修，若过度磨损则更换	
	传动轴	传动轴弯曲大于 0.5 mm 或断裂	无法修理应更换	
	后驱动桥	出现异响，原因是主减速器齿轮齿面磨损、损伤	成对更换主、从动齿轮	采用准双曲面齿轮时价格较高
		后轮转动异常，原因是轮辋拱曲变形过大	更换轮辋	
	转向器	转向沉重，操作不灵敏，原因是转向器内部严重故障，且无法调整	更换转向器	
		行驶中跑偏，原因是一边钢板弹簧折断	更换弹簧	
	动力转向器	由于动力缸、油泵严重损坏引起的故障	检修后更换相应配件	
	制动系统	制动失效，原因是空气压缩机严重损坏	更换空压机	气压制动系
	悬架	钢板弹簧第一片折断	更换该片板簧	
车身	车身与车架	由于碰撞或过载所致的车身、车架严重变形	无法修整时应予更换	
	油漆	需大区域补漆和全涂装的油漆故障	损伤表面涂装	

（续表）

部位	机构、系统	故障现象、具体部位及原因	处理方法	备　注
电器设备	蓄电池	因使用不当造成极板损坏和隔板击穿	更换相应配件	
	发电机	发电机内部无法修复故障	检修后更换发电机	
	起动机	起动机不转,原因是起动机故障	检修或更换	
	空调	系统不制冷,原因是压缩机故障	检修或更换	
		系统不制冷,原因是电动机故障	更换电动机	
		系统不制冷,原因是冷凝器故障	检修或更换	
		系统不制冷,原因是缺制冷剂且有泄漏	充入制冷剂并补漏	

3.4.3　新车评估与检验

3.4.3.1　新车的价格构成

新车分为进口汽车和国产(包括国外品牌国内生产)汽车。这两种汽车,其价格都是有很多因素决定的。对于这两种汽车,销售渠道以及销售对象完全不同,其价格构成也是完全不一样的。

1. 国产汽车价格构成

国产汽车价格由以下几部分构成:研发与生产成本、营销成本、增值税、厂家利润和经销商利润。不同的汽车厂家、品牌,这几部分的构成比例是不一样的,而且往往存在着巨大的差异。

1) 研发与生产成本

研发与生产成本是汽车的直接成本,是汽车价格构成的重要组成部分,与汽车的设计、结构、配置、零配件的质量、生产工艺水平等有关。不同的汽车厂家、品牌,其研发与生产成本千差万别。

2) 营销成本

汽车的营销成本也是因人而异的,不同的厂家有不同的营销战略也就有不同的营销成本。总的来说,随着我国汽车销售量的不断增长,分摊到每辆汽车上的营销成本相差不大。

3) 增值税

售价越高,包含的增值税越多。我国目前的增值税税率是 17%。比如,一辆售价 10 万元的汽车,其中就包含了 $10 \div 1.17 \times 17\% = 1.453$ 万元的增值税。

2. 进口汽车价格构成

目前国内进口汽车的价格主要由五部分构成:到岸价格、关税、消费税、增值税和经销商利润及费用。到岸价格因为汇率变化是处于变化中的。进口汽车价格计算公式为

进口车价格＝到岸价×(1＋关税税率＋消费税税率)×(1＋增值税税率)＋经销商利润及费用

3. 汽车价格的影响因素

1) 汽车品质

汽车品质包括汽车本身的内在质量、性能、外形等,它一方面决定了汽车的研发与生产成

本的高低,同时也极大地左右消费者的购买意向,所以汽车品质是影响汽车价格的首要因素。

品牌是汽车品质的一个重要方面,对消费者的影响力很大。汽车的油耗指标也是汽车品质的另一个重要方面。

2) 市场营销与售后服务

有效地控制和占领汽车市场是维系汽车企业生存与发展的关键。汽车市场营销的管理过程、营销战略规划、营销环境、营销调研及信息系统建设和售后服务都对汽车价格,同时也对购买行为有重大影响。

3) 市场环境

影响汽车价格的市场环境包括汽车整体市场环境、市场定位以及汽车市场竞争环境。汽车整体市场环境需要分几个角度来看待。

(1) 看整体汽车市场是属于买方市场还是卖方市场,这要从整个区域(国家)的需求与生产能力的对比分析来得出结论。

(2) 从汽车市场的竞争程度将汽车市场分为完全垄断市场、垄断竞争市场、寡头垄断市场和充分竞争市场。而汽车整体市场环境往往是错综复杂、多种市场形式并存的,所以对于具体某个车型,必须要有准确的市场定位。

市场定位是指确定该型号汽车在整个汽车市场中的地位,是高档车、中级车还是经济型汽车。高档车必然定价高,经济型车定价低。如果定位错误,将高档车定低价、经济型车高定价,其市场表现以及企业利润必然不佳。

4) 社会环境

经济发展水平决定了人们的购买力。汽车的车辆购置税、使用税、养路费、过桥过路费、保险费、停车费以及燃油价格都是汽车的使用环境,影响着汽车的购买力,也影响着汽车价格。

汽车需要有道路和停车场等相关配套设施才能发挥其功用。随着汽车保有量的增加,交通压力越来越大,尤其是特大型城市如北京、上海,道路拥堵,停车困难。这些都会对汽车消费产生制约作用,也进一步影响汽车价格。

3.4.3.2　新车的选购评估

人们在购买新汽车时考虑的因素会有:汽车的安全性、燃油经济性、动力性能、操控性、舒适性、可靠性、外观、内饰、品牌、配置、内部空间、污染物排放、噪声、综合用车成本以及所购汽车的售后服务等。

选购新汽车时可以分以下几步进行,其中重点考虑:汽车的安全性、燃油经济性、舒适性、综合用车成本以及售后服务等。

1. 购车预算和付款方式

首先根据经济能力,确定购车预算。确定购车预算时须考虑税、保险和上牌照的费用。

根据自身的财务状况,决定车款是一次付清还是分期付清。

2. 用车方式及习惯

购车前应考虑所购车辆是用来跑长途(多)还是短程(多),如果时常跑高速路,应选择安全性高、速度快、较宽敞的车辆,如多在市区跑,则应选择省油、车身长度适中的车型。

3. 汇集各种车型资料

价位定好、用车目的确定后，便应广泛地收集各种车型的资料，以便进入选车最重要的步骤——对比车辆性能、配备、外观等。

4. 安全性

确定了价位，购车应首先考虑安全性。安全第一，生命最宝贵。任何车型，即使它配置再高、油耗再低、价格再便宜，如果其安全性能不达标，其实际价值将大打折扣。

5. 汽车外观

购买新汽车，外观是一个很重要的考虑因素。

6. 燃油经济性

汽车的油耗直接关系使用成本。

7. 汽车的舒适性与车内空间

舒适性包括驾驶舒适性与乘坐舒适性两方面。驾驶舒适性与汽车的各项功能配置以及悬挂的设计有关。比如，现代汽车广泛运用的转向盘助力机构，能够提高汽车的驾驶舒适性。

8. 综合用车成本与售后服务

用车成本还包括车辆的保养、维修费用等。此外，购车还要考虑所购汽车的售后服务。售后服务系统的健全与否，直接关系到购车后的权益保障。

9. 环保问题

作为购车者，在选择车型时必须注意所选车型的排放水平是否能够达到当地的排放控制标准。否则可能会遭遇新车上不了牌照的尴尬。

3.4.3.3　汽车的 C-NCAP 安全碰撞测试

图 3-7　NCAP 安全碰撞测试

NCAP 是英文 New Car Assessment Program 的缩写，即新车评价规程，是一系列考验汽车安全性能的新车碰撞测试。见图 3-7。NCAP 一般由政府或具有权威性的组织机构，按照比国家法规更严格的方法对在市场上销售的车型进行碰撞安全性能测试、评分和划分星级，向社会公开测试和评价结果。

世界各国都是以汽车碰撞试验作为汽车安全性能的考评指标。但是，各个国家和地区的碰撞标准又有所不同。对于购车者，汽车的安全性也是评估汽车的首要指标。

1. 欧洲

欧洲 NCAP 汽车安全测试机构不定期对已上市的新车和进口车进行碰撞试验。标准就是欧盟实施的 EURO-NCAP 测试标准。

测试包括正面和侧面碰撞两部分，正面碰撞速度为 64km/h，侧面碰撞速度为 50km/h。测试的成绩通过计分评定星级，达到 33 分为满分。

星级由五个星级表示，星级越高表示该车的碰撞安全性能越好。

2．日本

日本的 NCAP 体系简称 J-NCAP，是目前 NCAP 体系中比较严格的。目前测试项目包括时速为 55 km/h 的正面碰撞、时速为 64 km/h 的 40％偏置碰撞以及时速为 55 km/h 的侧面碰撞。试验不仅要求车辆在和障碍物接触时拥有相当大的初速度，而且被测车型既要接受100％正面碰撞又要接受正面 40％偏置碰撞，这无疑是对车辆的前舱吸能性和刚性两对看似矛盾的性能同时提出了较高的要求。

3．我国的 C-NCAP

中国汽车技术研究中心在深入研究和分析国外 NCAP 的基础上，结合我国的汽车标准法规、道路交通实际情况和车型特征，并在进行了广泛的技术交流和实际试验的基础上确定了我国的 C-NCAP 的试验和评分规则。

C-NCAP 与我国现有汽车正面和侧面碰撞的强制性国家标准相比，不仅增加了偏置正面碰撞试验，还在两种正面碰撞试验中在第二排座椅增加假人放置，以及增加了更为细致严格的测试项目，技术要求也非常全面。

C-NCAP 对试验假人及传感器的标定、测试设备、试验环境条件、试验车辆状态调整和试验过程控制的规定都要比国家标准更为严谨和苛刻，与国际水平基本一致。

1）正面 100％重叠刚性壁障碰撞试验

试验车辆 100％重叠正面冲击固定刚性壁障。碰撞速度为 50km/h～51km/h（试验速度不得低于 50km/h）。见示意图 3-8。在前排驾驶员和乘员位置分别放置一个 Hybrid Ⅲ 型第50 百分位男性假人，用以测量前排人员受伤害情况。在第二排座椅最右侧座位上放置一个Hybrid Ⅲ 型第 5 百分位女性假人，用以考核安全带性能。

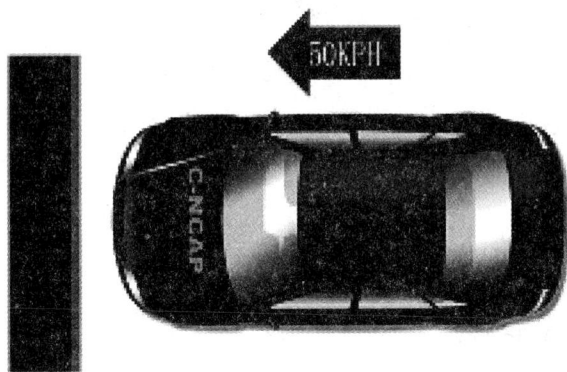

图 3-8　正面 100％重叠刚性壁障碰撞试验示意图

2）正面 40％重叠可变形壁障碰撞试验

碰撞速度为 56km/h～57km/h（试验速度不得低于 56km/h），偏置碰撞车辆与可变形壁障碰撞重叠宽度应在 40％车宽±20mm 的范围内。见图 3-9。在前排驾驶员和乘员位置分别放置一个 Hybrid Ⅲ 型第 50 百分位男性假人，用以测量前排人员受伤害情况。在第二排座椅最左侧座位上放置一个 Hybrid Ⅲ 型第 5 百分位女性假人，用以考核安全带性能。

3）可变形移动壁障侧面碰撞试验

移动台车前端加装可变形吸能壁障冲击试验车辆驾驶员侧。见图 3-10。移动壁障行驶方

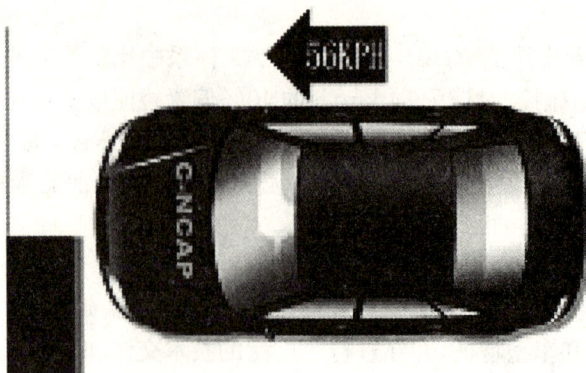

图 3-9　正面 40%重叠可变形壁障碰撞试验示意图

向与试验车辆垂直,移动壁障中心线对准试验车辆 R 点,碰撞速度为 50km/h~51km/h(试验

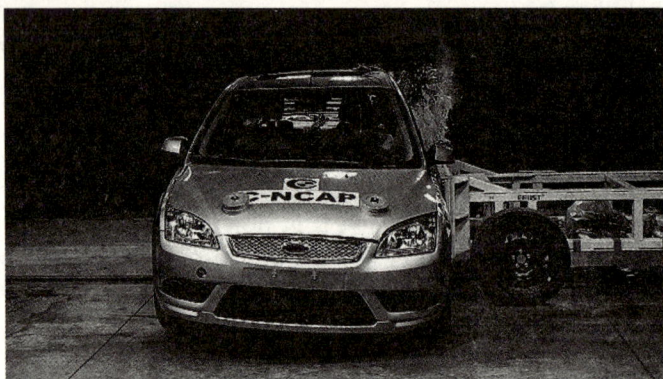

图 3-10　可变形移动壁障侧面碰撞试验

速度不得低于 50km/h)。移动壁障的纵向中垂面与试验车辆上通过碰撞侧前排座椅 R 点的横断垂面之间的距离应在±25mm 内。在驾驶员位置放置一个 EuroSID Ⅱ 型假人,用以测量驾驶员位置受伤害情况。

4) C-NCAP 的项目评分

试验评分项目(满分 48 分,每项 16 分)

(1) 正面 100%碰撞(16 分)。

头 5 分;颈 2 分;胸 5 分;大腿 2 分;小腿 2 分。

(2) 正面 40%偏置碰撞(16 分)。

头 4 分;胸 4 分;大腿 4 分;小腿 4 分。

(3) 侧面碰撞(16 分)。

头 4 分;胸 4 分;腹部 4 分;骨盆 4 分。

(4) 附加评分项目(满分 3 分)。

前排安全带提醒装置(2 分);侧气囊和气帘(1 分)。

(5) 星级划分。

将三项试验的得分及加分项得分之和(四舍五入至小数点后一位)记为总分,并按总分确定评价星级。评分规则非常细致严格,最高得分为 51 分,星级最低为 1 星级。

除总分外,对于 5 星级车,假人特定部位得分不能为 0,对于 4 星级车,每项试验得分不能低于 10 分。

3.4.3.4　新车的检验

为了使即将交付给顾客的新车状况及性能良好,保证各部件和机械运转正常使顾客满意,销售人员要认真细致地验收将要交付的新车,及早发现隐藏的质量缺陷,避免日后返修带来的麻烦。因为新车从生产厂到达经销商处经历了上千公里的运输路途和长时间的停放,为了向顾客保证新车的安全性和原厂性能,PDI 检查必不可少。越是高档车辆,其电子自动化程度越高,PDI 项目的检查也就越多。

新车的检验内容主要包括检验前的准备工作、外部检查、发动机舱内检查、车辆起步检查、路试检查等方面。

销售人员要对整个车辆实施交车前的检验 PDI (Pre Delivery Inspection,即车辆的售前检验记录),并对交付的新车功能进行检验。

1. 新车检验前的准备
(1) 准备好轮胎空气压力表、数字式万用表等维修工具。
(2) 安装驾驶室座椅护套、转向盘护套及驾驶室脚垫。
(3) 准备好工具箱、扭力扳手、梅花扳手、套筒等。
(4) 准备新车交接检验记录单等。
2. 新车功能检验的项目、操作步骤及要求
1) 检验汽车铭牌和 VIN 码
查找车辆铭牌和车辆识别号可参照《维修手册》中指示车辆铭牌和车辆识别代号所处的位置来查找,一般在发动机舱或底盘处。
2) 外观和内饰
(1) 环绕汽车一周,仔细查看油漆颜色、全车颜色是否一致。车身表面有无划痕、掉漆、开裂、锈蚀,尤其是车灯、车门、车窗及风玻璃是否完整、有无损伤。见图 3-11。
(2) 检查汽车有无液体泄漏现象。通常可能漏油的部位是发动机的油底壳、变速器、进气歧管套管表面及连接处连接。打开前盖检查电瓶(注意电极的连接是否松动),水箱是否泄漏,各部分走线是否合理,有无混乱。
3) 检查轮胎、轮毂规格
检查轮胎、轮毂规格(包括备胎)是否与订购或厂家的说明相同(注意四个轮胎的气嘴帽是否在)。
4) 检查减震器性能
用手按压汽车前后左右 4 个角,松手后跳动不多于 2 次,表示减震器性能力好。
5) 检查车内座椅是否完整,座椅前、后是否可以调整,如图 3-12。地面是否清洁、车门门窗密封条是否良好等。
6) 检查后备箱中附件
备胎、铝合金罩盖(配钢圈轮毂的)、一套工具(1 个千斤顶、1 个专用套筒扳手、1 个十字/一字改锥、1 个 10/13 固定扳手和 1 个前拖车用吊环共五件)、12V 电源插座(进口车和国产基本型的车没有)。

图 3-11　检查车门

图 3-12　检查车内座椅

图 3-13　检查车灯

3. 验证新车各项功能

（1）检查电动车窗升降功能。

（2）检查外后视镜。

（3）检查前、后雨刷器：能正常工作，刮得干净、无噪音（注意不要干刷，先喷点水）。

（4）检查方向盘：可作角度和前后的四方向调整。

（5）检查仪表、灯光和喇叭是否正常。

通电时，所有功能灯都亮几秒钟。点火后，气囊灯、ABS 灯、充电指示灯等不应该亮。见图 3-13。

（6）检查排档，应感觉入位轻松、清晰准确；油门和刹车踏板不犯卡、能正常回位。

（7）检查防盗中控锁。

（8）检查空调、音响、天窗、室内灯、内后视镜、遮阳板，等等。

4. 观察新车发动机运转

打开机器盖听发动机声，要注意三个时间段：

（1）在点火的一刹那，注意起动时间的长短和声音，选声音小和时间相对较短的。

（2）起动后，发动机约有几分钟的高怠速运转，看看机器运转是否有较大的抖动，同样选抖动和声音小的。

（3）怠速下来后，发动机声和震动应明显减小，坐回驾驶室，关闭门窗，感觉座位和方向盘是否有任何震动（可能会听见微小的声音）。

5. 新车路试检查

（1）检查组合仪表的工作状况。起动发动机，在冷起动时注意转速表变化。正常情况下指针应达到 1500r/min 左右，然后正常平顺滑落至 750r/min。然后观察各种仪表及报警装置工作是否正常。

（2）检查发动机运转是否轻快、连续、平稳而无杂音、异响，轻踩油门，发动机转速应是连续、平稳地提升；检查胎躁；检查车运行中门窗全关闭时的密封性。

（3）车辆起步前行，换档时应平顺，不应出现换档困难及出现齿轮异响的现象。

（4）轻踩刹车，检查制动系统的刹车力度，以及刹车时的方向稳定性是否良好。

（5）检查滑行性能，在 20km 的时速下挂空档滑行，应可滑行 50～80m。

（6）多绕些弯路，检查转向系统，看汽车是否有良好的操控性。

（7）在不平路面上加速行驶，感受汽车的减震性能是否令人满意；高速行驶，检查汽车的高速行驶性能等。

6. 在检验新车前要进行车辆状态验证和车辆状态恢复

1）车辆状态验证的项目与要求

（1）验证车辆运输状况。

车辆运输状况主要包括发车地点、运输车号、司机姓名、司机联系电话、装运车辆数量、运输公司等。

经验收人员验收后，再编写入库编码，将车辆运输状况及入库编码记录在车辆入库检验单上。

（2）车辆明细资料的查对。

车辆明细资料主要包括车辆品牌、车型、规格、颜色、发动机号码、车架号等信息。

（3）随车物品的检点。

一般包括车主手册、保修手册、备胎、钥匙、工具包、点烟器等。

（4）车辆手续资料检验。

货物进口证明书（进口车）、进口车辆随车检验单（进口车）、车辆安全性能检验证书、拓印（车辆铭牌、发动机号、车架号等的拓印）、运单、新车点检单等。

（5）检验后的确认。

验收人员对以上项目进行仔细查对与检点，确定有无、是否正确，发现问题，并在新车入库检验单中标记，对发现的问题进行记录，并提出处理意见。

在进行 PDI 时，车辆必须恢复正常的工作状态，发挥汽车的正常功能，避免用户在使用中出现意外事故。

2）恢复新车正常工作状态

（1）安装保险丝及短路销。

为了防止在运输中有电流通过，厂家已将顶灯保险丝、收音机保险丝或短路销拆下放在继电器盒内，因此，应首先将顶灯保险丝、收音机保险丝或短路销安装到相应位置。见图 3-14。

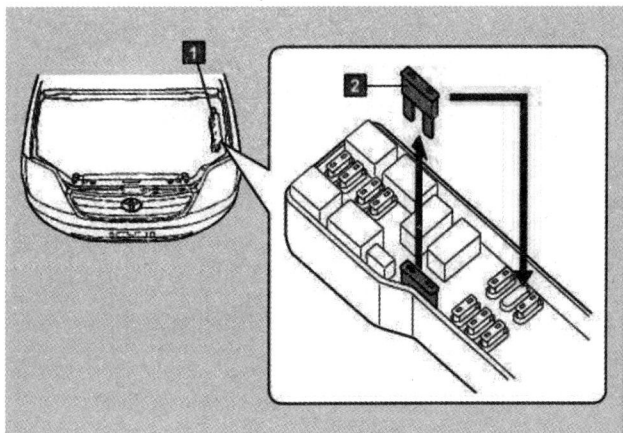

图 3-14　安装保险丝及短路销示意图

（2）安装汽车厂提供的零部件。

厂家对外后视镜等汽车外部凸出部分零部件单独包装，以防运输途中损坏。一般有以下内容，见图 3-15。

① 安装外后视镜。

② 安装备用轮固定架托座。

③ 安装气管。

④ 安装前阻扰流板盖。

⑤ 安装轮冒和盖。

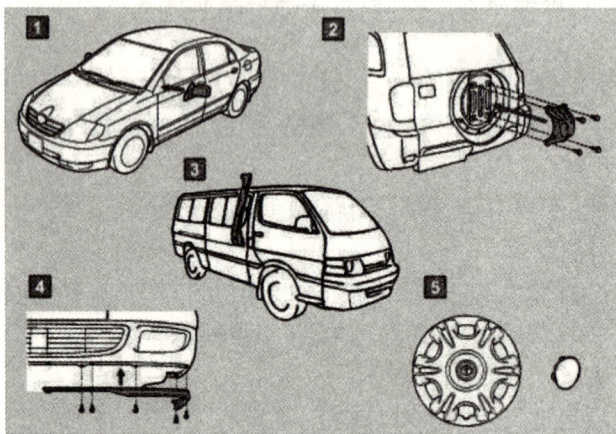

图 3-15　安装汽车厂提供的零部件示意图

（3）从制动器盘上拆下防锈罩。

注意取下时一定要用手进行，切忌使用螺钉旋具或其他工具，以防损坏车轮或制动盘，见图 3-16。如果制动器上装有防尘罩，一般在前窗上帖有一警告标志。

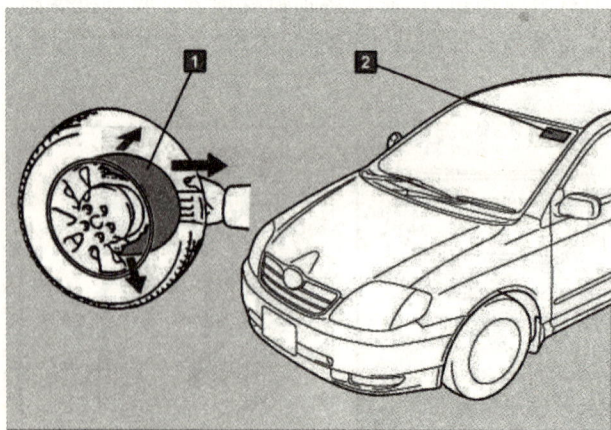

图 3-16　从制动器盘上拆下防锈罩示意图

（4）取下紧急拖车环。

从保险杠上取下紧急拖车环，然后在紧急拖车环的孔上加盖，见图 3-17。注意紧急拖车环

笔记

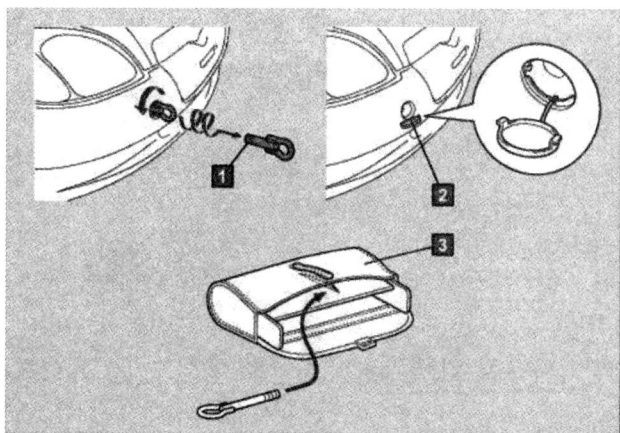

图 3-17　取下紧急拖车环示意图

孔盖在手套箱中,取下的紧急拖车环放在工具袋中。没有装紧急拖车环的车辆不进行此项工作。

（5）调整轮胎空气压力。

调整轮胎（包括备胎）空气压力至正常值,见图 3-18。注意出厂时轮胎气压通常值高一些以防运输中轮胎变形,因此交用户前一般要调低至正常值。

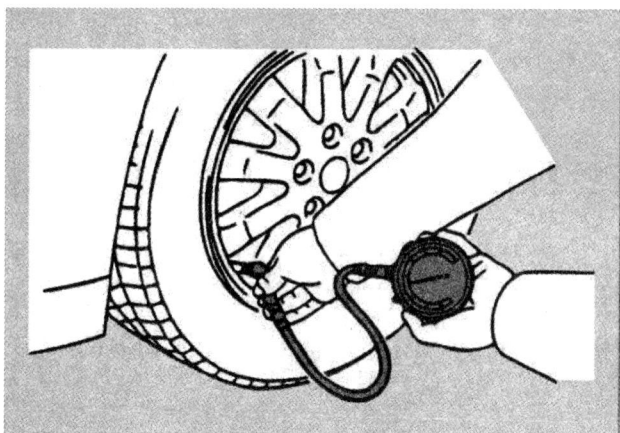

图 3-18　调整轮胎空气压力示意图

（6）除去不必要的标志、标签、贴纸及保护盖等。

交用户前取下相应保护盖,除去标签、标志、贴纸等,见图 3-19。注意勿用如刀等尖锐物体拆除保护盖,以免损坏装饰条及座椅。

（7）取掉车身防护膜。

先冲洗汽车除去运输过程中积下的砂石、尘土;再剥离车身上的保护膜;最后检查车身在油漆表面上是否有黏性残留物或凸出物,见图 3-20。

注意只能用手剥离保护膜,但为了防止刮坏油漆或压凹车身,勿将肘部或手放在车上。

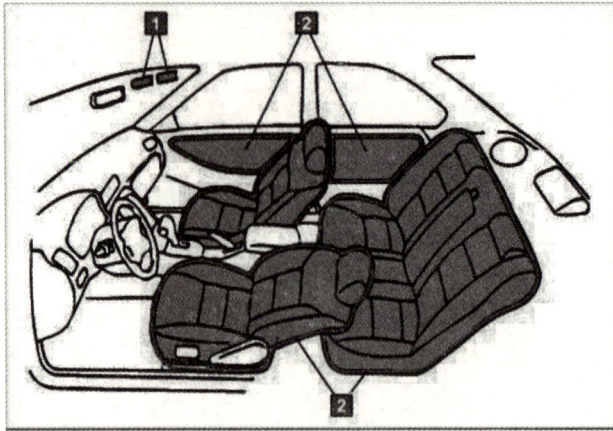

图 3-19　除去不必要的标签、贴纸等示意图

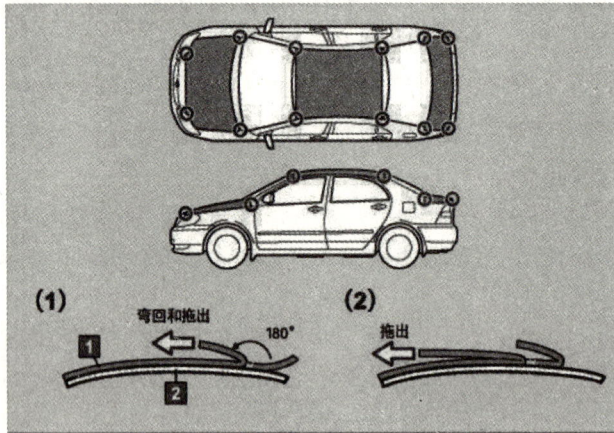

图 3-20　取掉车身防护膜示意图

▶ 项目四

二手车的评定估算

任务一　确定二手车成新率
任务二　运用重置成本法评估二手车
任务三　运用收益现值法评估二手车
任务四　运用现行市价法评估二手车
任务五　运用清算价格法评估二手车

？ 学习目标

通过本单元任务的学习,要掌握二手车成新率的确定方法,掌握重置成本法、收益现值法、现行市价法和清算价格法。

☆ **期待效果**

通过本项目的学习,能对实践中的不同二手车选择合适的评估方法进行评估。

项目理解

任务一:成新率是重置成本法的一项重要指标,如何科学、准确地确定该项指标是二手车评估中的重点和难点。

任务二:重置成本法比较充分地考虑了车辆的各方面损耗,反映了车辆市场价格的变化,评估结果更趋于公平合理,在不易估算车辆未来收益,或难于在市场上找到可类比对象的情况下可广泛应用。

任务三:收益现值法是从被评估二手车在剩余经济使用寿命内能够带来预期利润的前提下进行评估的,因此,比较适用于投资营运车辆的评估。

任务四:现行市价法要求评估方在当地或周边地区能找到一个二手车交易市场发育成熟、活跃,交易量大,车型丰富,容易找到可类比的参照车辆,并且参照车辆是近期的、可比较的。因此,它特别适用于产权转让的畅销车型的评估,如二手车收购(尤其是成批收购)和典当等业务。

任务五:清算价格法是从车辆资产债权人的角度出发,以车辆快速变现为目的进行评估的,因此,适用于企业破产、资产抵押、停业清理等急于出售变现的车辆评估,如法院、海关委托评估的涉案车辆。

任务一　确定二手车成新率

知识目标
- 掌握成新率等相关名词的含义。
- 掌握二手车成新率的计算公式。

能力目标
- 能够运用合适的方法对二手车的成新率进行计算。

任务剖析

成新率是反映二手车新旧程度的指标。二手车成新率是表示二手车的功能或使用价值占全新机动车的功能或使用价值的比率,也可以理解为二手车的现时状态与机动车全新状态的比率。

成新率与有形损耗一起反映了同一车辆的两方面。车辆的有形损耗也称为车辆的实体性贬值,它是由于使用磨损和自然损耗形成的。成新率和有形损耗率的关系是:

成新率＝1－有形损耗率

任务载体

在二手车交易市场,选择不同类型的二手车,在对二手车进行相关检测的基础上,确定相应二手车成新率计算方法,并确定其成新率。

相关知识

4.1.1　运用使用年限法确定二手车成新率

4.1.1.1　使用年限法的计算方法

使用年限法是通过确定被评估二手车的尚可使用年限与规定使用年限的比值来确定二手车成新率的一种方法。其计算公式为

$$C_Y = \frac{Y_g - Y}{Y_g} \times 100\% = \left(1 - \frac{Y}{Y_g}\right) \times 100\%$$

式中: C_Y 为使用年限成新率; Y 为手车实际已使用年限,年或月; Y_g 为车辆规定的使用年限,年或月。

使用年限法估算二手车的成新率是基于这样的假设:二手车在规定的使用寿命期间,实体性损耗与时间呈线性速增关系,二手车价值的降低与其损耗大小成正比。因此,可利用被评估二手车的实际已使用年限与该车型规定使用年限的比值来判断其实体贬值率(程度),进而估算被评估二手车成新率。

4.1.1.2　已使用年限与规定使用年限

1. 已使用年限

使用年限是代表汽车运行量和工作量的一种计量。这种计量是以汽车正常使用为前提的,包括正常的使用时间和使用强度。对于汽车来说,它的经济使用寿命指标既有规定使用年限,同时也应以行驶里程数作为运行量的计量单位。从理论上讲,综合考虑已使用年限和行驶里程数要符合实际一些,即汽车的已使用年限应采用折算年限,即

折算年限＝总的累计行驶里程/年平均行驶里程

这种使用年限表示方法既反映了汽车的使用情况(包括管理水平、使用水平和维护保养水平)、使用强度,又包括了运行条件和某些停驶时间较长的汽车的自然损耗。但在实践操作中,很难找到总的累计行驶里程和年平均行驶里程这一组数据,所以已使用年限一般取该车从新车在公安交通管理机关注册登记日起至评估基准日所经历的时间。这个时间可以用年或月或日为单位计算。实际计算中,评估基准日并不恰好与注册登记日同日,如果以年为单位计算实际已使用年限,结果误差太大;如果以日为单位计算实际已使用年限,需要精确计算实际已使用天数,结果精确,但工作量较大,比较麻烦;一般以月为单位计算实际已使用年限,即将已使用年限和规定使用年限换算成月数,这样,计算简单、结果误差也较小,比较切合实际。

2. 规定使用年限

车辆规定使用年限是指《汽车报废标准》中对被评估车辆规定的使用年限。各种类型汽车规定使用年限应按《汽车报废标准》和 2001 年 3 月 1 日国家发布的《关于调整汽车报废标准若干规定的通知》的规定执行。各类汽车规定使用年限如表 4-1 所示。

表 4-1　各类汽车规定使用年限

车　型	使用年限/年
一般非运营性 9 座(含 9 座)以下载客汽车	15
旅游载客汽车和 9 座以上非运营载客汽车	10
载货汽车(不含微型载货汽车)	10
微型载货汽车和各类出租汽车	8

4.1.1.3　使用年限法的前提条件

使用年限法计算成新率的前提条件是车辆在正常使用条件下,按正常使用强度(年平均行驶里程)使用。我国各类汽车年平均行驶里程如表 4-2 所示。

表 4-2　我国各类汽车年平均行驶里程

汽车类别	年平均行驶里程/万千米
微型、轻型货车	3～5
中型、重型货车	6～10
私家车	1～3
公务、商务用车	3～6

汽车类别	年平均行驶里程/万千米
出租车	10～15
租赁车	5～8
旅游车	6～10
中、低档长途客运车	8～12
高档长途客运车	15～25

　　利用使用年限法计算得到的成新率实际上反映的是车辆的时间损耗及时间折旧率，与车辆的日常使用强度和车况无关。

　　如果车辆的日常使用强度较大，在运用已使用年限指标时，应适当乘以一定的系数。例如，对于某些以双班制运行的车辆，其实际使用时间为正常使用时间的两倍，因此该车辆的已使用年限，应是车辆从开始使用到评估基准日所经历时间的两倍。

　　在《汽车报废标准》中除了规定使用年限外，还规定了行驶里程，因此，也可以使用下面介绍的行驶里程法进行估算。

4.1.2　运用行驶里程法确定二手车成新率

4.1.2.1　行驶里程法的计算方法

　　行驶里程法是通过确定被评估二手车的尚可行驶里程与规定行驶里程的比值来确定二手车成新率的一种方法。其计算公式为

$$C_s = \frac{S_g - S}{S_g} \times 100\%$$

　　式中：C_s 为行驶里程成新率；S 为二手车实际累计行驶里程，km；S_g 为车辆规定的行驶里程，km。

4.1.2.2　累计行驶里程与规定行驶里程

　　1. 累计行驶里程
　　二手车累计行驶里程是指被评估二手车从开始使用到评估基准时点所行驶的总里程。
　　2. 规定行驶里程
　　车辆规定行驶里程是指《汽车报废标准》中规定的该车型的行驶里程。

　　行驶里程较使用年限更真实地反映了二手车使用强度及使用过程中实际的物理损耗。它反映了二手车使用强度对其成新率的影响。总的行驶里程越大，车辆的实际有形损耗也越大。

4.1.2.3　行驶里程法计算成新率的前提条件

　　行驶里程法计算成新率的前提条件是车辆里程表的记录必须是原始的，不能被人为更改。由于里程表容易被人为变更，因此，在实际应用中，较少直接采用此方法进行评估。

4.1.3　运用部件鉴定法确定二手车成新率

4.1.3.1　部件鉴定法的计算方法

部件鉴定法(也称技术鉴定法)是指评估人员在确定二手车各组成部分技术状况的基础上,按其各组成部分对整车的重要性和价值量的大小加权评分,最后确定成新率的一种方法。采用部件鉴定法估算二手车成新率的计算公式为

$$C_B = \sum_{i=1}^{n} (c_i \cdot \beta_i)$$

式中：C_B 为部件鉴定法二手车成新率；c_i 为二手车第 i 项部件的成新率；β_i 为二手车第 i 项部件的价值权重。

4.1.3.2　部件鉴定法的计算步骤

此方法的基本步骤如下：

(1) 先确定二手车各主要总成、部件,再根据各部分的制造成本占整车制造成本的比重,确定其权重的百分比 $\beta_i (i=1,2,\cdots,n)$,表 4-3 为汽车各部分的价值权重参考表。

(2) 以全新车辆对应的各总成、部件功能为满分(100 分),功能完全丧失为零分,再根据被评估二手车各相应总成、部件的技术状态估算出其成新率 $c_i (i=1,2,\cdots,n)$。

(3) 将各总成、部件估算出的成新率与价值权重相乘,得到各总成、部件的权重成新率 $(c_i \cdot \beta_i) (i=1,2,\cdots,n)$。

(4) 最后将各总成、部件的权重成新率相加,即得出被评估车辆的成新率。

在不同种类、档次的车辆上,各组成部分对整车的重要性及其价值占整车的比重各不相同,有些类型车辆之间相差还很大。因此,表 4-3 只能供评估人员参考,不可作为唯一标准。在实际评估时,应根据被评估车辆各部分价值量占整车价值的比重,调整各部分的权重。

表 4-3　汽车各部分的价值权重参考表

序　号	车辆各主要总成、部件名称	价值权重/%		
		轿车	客车	货车
1	发动机及离合器总成	26	27	25
2	变速器及万向传动装置总成	11	10	15
3	前桥、前悬架及转向系总成	10	10	15
4	后桥及后悬架总成	8	11	15
5	制动系	6	6	5
6	车架	2	6	6
7	车身	26	20	9
8	电器仪表	7	6	5
9	轮胎	4	4	5
	合　计	100	100	100

4.1.3.3　部件鉴定法的特点及适用范围

从上述计算步骤可见，采用部件鉴定法计算加权成新率比较费时费力，但评估值更接近客观实际，可信度高。它既考虑了二手车实体性损耗，同时也考虑了二手车维修或换件等追加投资使车辆价值发生的变化。这种方法一般用于价值较高的二手车评估。

4.1.4　运用整车观测法确定二手车成新率

整车观测法是指评估人员采用人工观察的方法，辅助简单的仪器检测，判定被评估二手车的技术等级以确定成新率的一种方法。整车观测法观察和检测的技术指标主要包括二手车的现时技术状态、使用时间及行驶里程、主要故障经历及大修情况、整车外观和完整性等。二手车技术状况的分级可参考表 4-4。

表 4-4　二手车成新率评估参考表

车况等级	新旧情况	有形损耗率/%	技术状况描述	成新率/%
1	使用不久	0～10	刚使用不久，行驶里程一般在(3～5)万 km，在用状态良好，能按设计要求正常使用	100～90
2	较新车	11～35	使用 1 年以上，行驶 15 万 km 左右，一般没有经过大修，在用状态良好，故障率低，可随时出车使用	89～65
3	旧车	36～60	使用 4～5 年，发动机或整车经过大修一次，大修较好地恢复原设计性能，在用状态良好，外观中度受损，恢复情况良好	64～40
4	老旧车	61～85	使用 5～8 年，发动机或整车经过二次大修，动力性能、经济性能、工作可靠性都有所下降，外观油漆脱落受损，金属件锈蚀程度明显，故障率上升，维修费用、使用费用明显上升，但车辆符合《机动车安全技术条件》，在用状态一般或较差	39～15
5	待报废处理车	86～100	基本到达或到达使用年限，通过《机动车安全技术条件》检查，能使用但不能正常使用，动力性、经济型、可靠性下降，燃料费、维修费、大修费用增长速度快，车辆收益与支出基本持平，排放污染和噪声污染到达极限	15 以下

表 4-4 中所示数据是判定二手车成新率的经验数据，只能供评估人员参考，不能作为唯一标准。由于该法对二手车技术状况的评判是采用人工观察方法进行的，所以成新率的估值是否客观、实际取决于评估人员的专业水准和评估经验。整车观测法简单易行，但其判断结果没有部件鉴定法准确，一般用于初步估算中、低档二手车的价格，或作为综合分析法的辅助手段，用来确定车辆的技术状况调整系数。

4.1.5　运用综合分析法确定二手车成新率

4.1.5.1　综合分析法的计算方法

综合分析法是以使用年限法为基础,综合考虑二手车的实际技术状况、维护保养情况、原车制造质量、二手车用途及使用条件等多种因素对二手车价值的影响,以调整系数形式确定成新率的一种方法。其计算公式为

$$C_F = C_Y K \times 100\%$$

式中:C_F 为综合成新率;C_Y 为使用年限成新率;K 为综合调整系数。

4.1.5.2　综合调整系数

影响二手车成新率的主要因素有二手车技术状况、二手车维护保养、二手车原始制造质量、二手车用途和二手车使用条件五个方面,可采用表 4-5 推荐的综合调整系数,用加权平均的方法进行调整。

表 4-5　二手车成新率综合调整系数参考表

序号	影响因素	因素分级	调整系数	权重/%
1	技术状况	好	1.0	30
		较好	0.9	
		一般	0.8	
		较差	0.7	
		差	0.6	
2	维护保养	好	1.0	25
		较好	0.9	
		一般	0.8	
		差	0.7	
3	制造质量	进口车	1.0	20
		国产名牌车(走私罚没车)	0.9	
		国产非名牌车	0.8	
4	车辆用途	私用	1.0	15
		公务、商务	0.9	
		营运	0.7	
5	使用条件	好	1.0	10
		一般	0.9	
		差	0.8	

根据被评估二手车是否需要进行项目修理或换件维修,综合调整系数有两种确定方法。

(1)二手车无须进行项目修理或换件时,可直接采用表4-5所推荐的调整系数,应用下式进行计算:

$$K=K_1\times30\%+K_2\times25\%+K_3\times20\%+K_4\times15\%+K_5\times10\%$$

式中:K为综合调整系数;K_1为二手车技术状况调整系数;K_2为二手车维护保养调整系数;K_3为二手车原始制造质量整系数;K_4为二手车用途调整系数;K_5为二手车使用条件调整系数。

(2)二手车需要进行项目修理或换件,或需要进行大修时,可采用"一揽子"评估方法,综合考虑确定表4-5所列因素的影响。所谓"一揽子"评估方法就是综合考虑修理后对二手车成新率估算值的影响,直接确定一个合理的综合调整系数而进行价值评估的一种方法。

表4-5中的因素分级和调整系数只是一个参考,实际确定综合调整系数时,应根据具体情况作适当的调整,但各因素的调整系数取值不要超过1,综合调整系数计算结果也不会超过1。

4.1.5.3　调整系数的选取

(1)二手车技术状况调整系数K_1。二手车技术状况调整系数是在对车辆技术状况鉴定的基础上对车辆进行的分级,然后取调整系数来修正车辆的成新率。技术状况调整系数取值范围为0.6~1.0,技术状况好的取上限,反之,取下限。

(2)二手车维护保养调整系数K_2。维护保养调整系数反映了使用者对车辆使用、维护和保养的水平,不同的使用者,对车辆使用、维护和保养的实际执行情况差别较大,因而直接影响到车辆的使用寿命和成新率。维护保养调整系数取值范围为0.7~1.0,维护保养好的取上限,反之,取下限。

(3)二手车原始制造质量调整系数K_3。确定该系数时,应了解被评估的二手车是国产车还是进口车以及进口国别,是国产车应了解是名牌产品还是一般产品。一般来说,国家正规手续进口的车辆质量优于国产车辆,名牌产品优于一般产品,但又有较多例外,故在确定此系数时应较慎重。对依法没收领取牌证的走私车辆,其原始制造质量系数建议视同国产名牌产品。原始制造质量调整系数取值范围在0.8~1.0。

(4)二手车用途调整系数K_4。二手车用途(或使用性质)不同,其繁忙程度不同,使用强度亦不同。一般车辆用途可分为私人工作和生活用车,机关企事业单位的公务和商务用车,从事旅客、货运、城市出租的营运用车。以普通小轿车为例,一般来说,私人工作和生活用车每年最多行驶约3万千米;公务、商务用车每年不超过6万千米;而营运出租车每年行驶有些高达15万千米。可见二手车用途不同,其使用强度差异很大。二手车用途调整系数取值范围为0.7~1.0,使用强度小的取上限,反之,取下限。

(5)二手车使用条件调整系数K_5。我国地域辽阔,各地自然条件差别很大,车辆的使用条件对其成新率影响很大。使用条件可分为道路使用条件和特殊使用条件。

① 道路使用条件。道路使用条件可分为好路、中等路和差路三类。

- 好路:指国家道路等级中的高速公路,一、二、三级道路,好路率在50%以上。
- 中等路:指符合国家道路等级四级道路,好路率在30%~50%。
- 差路:国家等级以外的路,好路率在30%以下。

② 特殊环境使用条件。特殊环境使用条件主要指特殊自然条件,包括寒冷、沿海、风沙和

山区等地区。

车辆使用条件调整系数取值范围为 0.8~1.0。取值时,应根据二手车实际使用条件适当取值。如果二手车长期在道路条件为好路和中等路行驶时,分别取 1 和 0.9;如果二手车长期在差路或特殊环境使用条件下工作,其系数取 0.8。

从上述影响因素中可以看出,各影响因素关联性较大。一般来说,其中某一影响因素加强时,其他项影响因素也随之加强;反之,则减弱。影响因素作用加强时,对其综合调整系数不要随影响作用加强而随之无限加大,一般综合调整系数取值不要超过 1。

4.1.5.4　综合分析法的特点及适用范围

综合分析法较为详细地考虑了影响二手车价值的各种因素,并用一个综合调整系数指标来调整二手车成新率,评估值准确度较高,因而适用于具有中等价值的二手车评估。这是目前二手车鉴定评估最常用的方法之一。

4.1.6　运用综合成新率法确定二手车成新率

1. 计算方法

前面介绍的用使用年限法、行驶里程法和部件鉴定法计算二手车成新率只从单一因素考虑了二手车的新旧程度,是不完全也是不完整的。为了全面地反映二手车的新旧状态,可以采用综合成新率法来计算成新率。所谓综合成新率就是采用定性和定量分析的方法,综合多种单一因素对二手车成新率的估算结果,并分别赋予不同的权重,计算加权平均成新率。这样,就可以尽量减小使用单一因素成新率计算给评估结果带来的误差,因而是一种较为科学的方法。以下介绍一种综合使用年限法、行驶里程法、技术鉴定法和整车观测法估算二手车成新率的方法。

综合成新率法的数学计算公式为

$$C_Z = C_1 \cdot a_1 + C_2 \cdot a_2$$

式中:C_Z 为综合成新率;C_1 为二手车理论成新率;C_2 为二手车现场查勘成新率;a_1、a_2 为权重系数,$a_1 + a_2 = 1$。

权重系数的取值要求评估人员根据被评估二手车的实际情况而定。

2. 二手车理论成新率 C_1

二手车理论成新率包括使用年限法和行驶里程法计算的成新率,是根据二手车实际使用的时间和行驶里程计算而得,是一种对二手车成新率的定量计算,其结果一般不能人为改变。实际计算中,可将使用年限成新率和行驶里程成新率加权平均得到二手车理论成新率。计算公式为

$$C_1 = C_Y \times 50\% + C_S \times 50\%$$

式中:C_Y 为使用年限成新率;C_S 为行驶里程成新率。

3. 二手车现场查勘成新率 C_2

二手车现场查勘成新率是由评估人员根据现场查勘情况而确定的一个综合评价值。具体确定步骤是:评估人员先对二手车作技术状况现场查勘(包括静态检查和动态检查),得出鉴定评价意见,然后对整车和重要部件分别作综合评分,累加评分,其结果就是二手车现场查勘成新率。可见二手车现场查勘成新率是一个定性与定量相结合的结果。

（1）二手车技术状况现场查勘。被评估二手车技术状况现场查勘主要内容如下：

① 车身外现，包括车身颜色、光泽、有无褪色及锈蚀情况，车身是否被碰撞过，车灯是否齐全，前后保险杠是否完整和其他情况等。

② 车内装饰，包括装潢程度、颜色、清洁程度、仪表及座位是否完整和其他有关装饰情况等。

③ 发动机工作状况，包括发动机动力状况、有无更换部件（或替代部件）和修复现象，是否有漏油现象等。

④ 底盘，包括有无变形、有无异响、变速箱状况是否正常、前后桥状况是否正常、传动系统工作状况是否正常、是否有漏油现象、转向系统情况是否正常和制动系统工作状况是否正常等。

⑤ 电器系统，包括电源系统是否工作正常、发动机点火器是否工作正常、空调系统是否工作正常和音响系统是否工作正常等。

以上查勘情况，一般应由评估委托方或车辆所有单位技术人员签名，以确认查勘情况是客观的、真实的，不存在与实际车况不相符合的情况。确定查勘情况后，评估人员必须对被评估车辆作出查勘鉴定结论。上述资料经过整理，就可以编制成表 4-6 所示的《二手车技术状况调查表》。

表 4-6　二手车技术状况调查表

评估委托方：×××　　　　　　　　　　　　　　　　　　评估基准日：2002 年 4 月 30 日

车辆基本情况	明细表序号	01		车辆牌号	粤××××		厂牌型号	BUICK 上海别克/UICK/GL8
	生产厂家	上海通用		已行驶里程	50 000km		规定行驶里程	500 000 km
	购置日期	2001 年 2 月		登记日期	2001 年 2 月		规定使用年限	15 年(180 个月)
	大修情况	无大修						
	改装情况	无改装						
	耗油量	正常	是否达到环保要求	是		事故次数及情况	无事故	

			现场查勘情况						
车辆实际技术状况	外形车身部分	颜色	白	光泽	较好	褪色	无	锈蚀	无
		有无被碰撞	轻微	严重程度	—	修复		车灯是否齐	齐
		前、后保险杠是否完整	完整	其他：车头右侧及左前车门有轻碰痕迹					
	车内装饰部分	装潢程度	一般	颜色	浅色	清洁	较好	仪表是否齐	是
		座位是否完整	是	其他					

（续表）

车辆实际技术状况	发动机总成	动力状况评分	85	有无更换部件	无	有无修补现象	无	有无替代部件	无
		漏油现象	严重□　一般□　轻微□　无□						
	底盘各部分	有无变形	无	有无异响	无	变速箱状况	工况正常	后桥状况	正常
		前桥状况	正常	传动状况	工况正常	漏油现象	严重□　一般□　轻微□　无□		
		转向系统情况	工况正常			制动系统情况	工况正常		
车辆实际技术状况	电器系统	电源系统是否工作正常	工况正常	发动机点火器是否工作正常	工况正常	空调系统是否有效	工况正常	音响系统是否正常工作	工况正常
		其他							
	鉴定意见	维护保养情况较好,磨损正常,整体车况较好							

资产占有单位技术人员签字：×××　　　　　　　　　　评估人员签字：×××

（2）二手车现场查勘成新率。在上述对二手车作技术状况现场查勘的基础上,对整车和重要部件作定量分析并以评分形式给予量化,可参考表4-7。总分就是二手车现场查勘成新率。

表 4-7　二手车成新率评定表

序　号	项目名称	达标程度	参考标准分	评　分
1	整车(满分20分)	全新	20	—
		良好	15	15
		较差	5	
2	车架(满分15分)	全新	15	12
		一般	7	—
3	前后桥(满分15分)	全新	15	12
		一般	7	—
4	发动机(满分30分)	全新	30	—
		轻度磨损	25	28
		中度磨损	17	—
		重度磨损	5	—
5	变速箱(满分10分)	全新	10	—
		轻度磨损	8	8
		中度磨损	6	—
		重度磨损	2	—

（续表）

序　号	项目名称	达标程度	参考标准分	评　分
6	转向及制动系统 （满分10分）	全新	10	—
		轻度磨损	8	8
		中度磨损	5	—
		重度磨损	2	—
	总分（现场查勘成新率%）		100	83

必须指出的是，被评估二手车理论成新率和现场查勘成新率的权重分配、使用年限成新率和机动车行驶里程成新率的权重分配，要根据被评估二手车类型、使用状况、维修保养状况综合考虑，科学、合理地确定权重分配，这与二手车鉴定评估人员的实践工作经验和专业判断能力有很大的关系，需要在实践中注意学习和总结。

任务回顾

（1）二手车成新率的不同计算方法。
（2）二手车成新率的具体计算。

任务实施步骤

4.1.6.1　任务要求

确定不同类型二手车的相应二手车成新率的计算方法，并确定其成新率。

4.1.6.2　任务实施的步骤

以下为不同类型成新率计算方法的实例。

1. 用使用年限法计算二手车成新率

1）车辆基本信息

车型：东风日产劲悦08款1.6JS AT豪华型，私家车；

购车时间：2008年5月；

行驶里程数：2.3万km；

初次登记日期：2008年5月；

评估基准日：2009年5月。

2）车辆基本配置

HR16DE全铝合金发动机、5速自动变速箱、电动门窗、电动天窗、智能钥匙、真皮座椅、CD、ABS、EBD、倒车雷达、双安全气囊、自动恒温空调、中控门锁。

3）车辆检查

（1）外观目测。整体外观非常好，前保险杠右前角有一处较为明显的划痕。全车没有碰撞过，后备箱也没有追尾过，轮胎磨损正常，底盘无刮蹭。

（2）内饰检测。内饰保养得不错，电子部件运作正常，功能良好，没有发现有改动过的痕迹。

（2）内饰检测。内饰保养得不错，电子部件运作正常，功能良好，没有发现有改动过的痕迹。

（3）发动机舱检查。发动机舱干净整洁，无漏油、漏水，电器线路整齐，没有改动过的痕迹。各接口没有松动。

（4）道路路测。在怠速情况下，安静与平顺性都控制较好，没有抖动，噪声极小；在加速过程中，该车加速有力；悬挂较硬，路感明显，能过滤路面的不平，但在颠簸路面时减振的跳动稍大；方向盘转向较轻；制动性能适中。

4）成新率计算

（1）由于该车的使用强度符合我国私家车年平均行驶里程统计标准，故可采用使用年限法计算其成新率。

（2）按我国现行的汽车报废标准，该车报废年限为 15 年（180 个月）。

（3）该车初次登记日为 2008 年 5 月，评估基准日为 2009 年 5 月，已使用 12 个月。

（4）根据公式

$$C_Y = (1 - Y/Y_g) \times 100\%$$

该车的成新率为

$$C_Y = (1 - 12/180) \times 100\% = 93.33\%$$

2. 用行驶里程法计算二手车成新率

1）车辆基本情况

车型：迷你库伯 1.6 标准版（私家用车）；

登记日期：2006 年 9 月；

表征行驶里程：7.8 万 km；

发动机：直列 4 缸 1.6L 汽油发动机；

其他：电动转向助力＋转向盘调节；

登记证、发票：登记证有效、正规发票；

其他：正常、进口关单、手续齐全。

2）车辆检查

（1）静态检查。车辆整体状况良好，油漆颜色靓丽，车身经过了专业的抛光打蜡，全车的细微划痕被遮盖，前后保险杠有碰撞修复的痕迹；车门开合良好，没有异常响动，车架连接良好，焊点清晰，橡胶密封正常；驾驶舱内的配置简单实用，前排长度相比较好但是宽度略差，做工用料相对精细。发动机舱内线路基本正常，发动机没有明显的渗漏痕迹，前车灯经过更换，车辆常规保养部件有更换痕迹。底盘系统整体良好，悬架系统正常，刹车盘片磨损正常，轮胎磨损正常，备胎没有使用过的痕迹。

（2）动态检查。车辆起动时噪声正常，抖动正常，怠速稍高，稳定后噪声减小，怠速稳定，变速箱结合动力比较顺畅，车辆的起步速度相对较快，油门感觉轻盈，整体行驶过程中操控灵活，制动感觉比较硬，轮胎噪声正常，抓地力良好，车辆音响效果一般，驾驶视野一般。

3）成新率计算

（1）说明。该车 4 年行驶 7.8 万 km，符合家庭车的使用标准，所以可以使用行驶里程法进行评估。

（2）根据国家汽车报废标准，该车报废里程为 45 万 km，已使用里程为 7.8 万 km。

笔记

（3）由行驶里程法成新率计算公式得

$$C_S = \frac{S_g - S}{S_g} \times 100\% = \frac{45 - 7.8}{45} \times 100\% \approx 83\%$$

3. 用部件鉴定法计算二手车成新率

1）车辆基本情况

车型：宝来 1.6-AT-2V 基本型（国Ⅱ）。

初次登记日期：2005 年 6 月 6 日。

评估基准日：2010 年 3 月 10 日。

累计行驶里程：12.8 万 km。

该车配置：排量 1.6 L 多点电喷发动机、DOHC 双顶置凸轮轴、四轮独立悬架、四轮盘式制动系统配合 ABS、全电动门窗以及电子除霜、前排安全气囊、单碟 DVD 配合四声道六喇叭音响系统、可调节方向盘、助力转向、智能倒车雷达、真皮座椅、防盗点火系统、智能中控门锁。

车辆手续：该车为公司老板个人使用车辆，证件、税费齐全有效。

2）车况检查

（1）静态检查。对车辆的外观整体检查中发现保险杠有碰撞修补的痕迹，车辆的左前侧雾灯下方有刮蹭痕迹，造成了油漆脱落，车辆左侧的滑动门需要进行润滑，不过整个的车身情况保持得比较好。发动机舱线束整齐，观察车辆大梁、左右翼子板没有变形、锈蚀，油路也没有渗油现象，整个前端的车架部分还保持着原厂油漆的痕迹，各部位代码清晰可见，足以证明车辆保养比较专业。车内真皮座椅及内饰干净，丝毫没有旧车的感觉。电动门窗、倒车雷达、音响使用正常。

（2）动态检查。发动机性能比较稳定，轻踩油门，在 4 300 r/min 时达到了动力输出峰值。在车速较高的情况下，风噪、胎噪几乎听不到。紧急制动，反应迅速，没有跑偏现象。高速行驶略有摆振，当车辆在 52 km/h 左右时，前轮摇摆，当车辆保持在低速 38 km/h 以下行驶或高速超过 66 km/h 行驶时，前轮摇摆现象消失，经检查发现左前轮补过轮胎，试验更换两个前胎，摆动现象消失，所以，是由子轮胎有过修补引起起动不平衡。乘坐较舒适，对地面的振动反应一般。

3）计算成新率

（1）由于该车为高档轿车，故可用部件鉴定法计算其成新率。

（2）根据对该车的检查结果，其成新率的估算明细见表 4-8。

表 4-8　二手车成新率估算明细表

序号	车辆各主要总成、部件名	价值权重/%	成新率/%	加权成新率/%
1	发动机及离合器总成	23	72	16.56
2	变速器及万向传动装置总成	12	72	8.64
3	前桥、前悬架及转向系总成	9	72	6.48
4	后桥及后悬架总成	9	72	6.48
5	制动系	7	72	5.04

（续表）

序号	车辆各主要总成、部件名	价值权重/%	成新率/%	加权成新率/%
6	车架	2	72	1.44
7	车身	24	70	16.80
8	电器仪表	6	72	4.32
9	轮胎	8	50	4.00
合　计		100		69.76

4. 用综合分析法计算二手车成新率

1）车辆基本情况

车辆型号：中华骏捷 1.8 舒适型。

车辆配置：1.8L 136 马力 L4 三菱发动机、四门电动车窗、前排双气囊、可调转向盘、助力转向、倒车雷达、ABS 防抱死制动、合金轮圈、冷风空调、暖风空调、CD 机、手自动变速箱、电动后视镜、中遥控及防盗系统。

2）车况检查

（1）静态检查。该车车漆属原车漆，光泽度非常好，但前、后保险杠明显有重新喷漆的痕迹，由于和原厂漆的颜色调配得不是特别对号所以很明显，但经仔细检查均发现对车辆本身并未造成影响，伤处仅仅伤及保险杠体，并未波及前后缓冲钢架；一些细长划痕也都只是伤及表漆面，相对已经上路行驶 3 年多的车来说，外观保养得已经相当不错了。目测发动机舱内主要部件、散热器组件、转向助力泵、制动泵、ABS 泵、蓄电池、电机、起动机等主件外表均无异常，各机油颜色均正常。

（2）动态检查。这部车搭配的 5 速变速器，在起步、急加速、急减速、倒车时车辆没有明显的顿挫感，可见发动机和变速箱搭配得不错。该车行驶、转向和制动轨迹正常，无跑偏等现象，制动稍微偏软一些；转向盘助力及转向盘的准确性较好；车辆的隔音设备以及音响都还算保养得不错。总体来说，该车动力、制动、通过、行驶平顺、噪声等方面性能基本良好。动态试验后车辆油温、水温正常，运动机件无过热，无漏水、漏油、漏电等现象。

3）成新率计算

（1）初次登记日为 2006 年 10 月 25 日，评估基准日为 2010 年 3 月 26 日，则已使用年限 $Y=41$ 个月，规定使用年限为 15 年，$Y_g=180$ 个月。

（2）综合调整系数 K 的确定。根据表 3-5，确定各项调整系数如下：

该车技术状况较好，车辆技术状况调整系数 $K_1=0.9$；

维护保养一般，维护情况调整系数 $K_2=0.9$；

此中华骏捷轿车是国产名牌车，制造质量调整系数 $K_3=1.0$；

该车为私人用车，车辆用途调整系数 $K_4=1.0$；

该车主要在市内行驶，使用条件一般，使用条件调整系数 $K_5=0.9$。

根据公式

$$K = K_1 \times 30\% + K_2 \times 25\% + K_3 \times 20\% + K_4 \times 15\% + K_5 \times 10\%$$

得综合调整系数为

$$K = 0.9 \times 30\% + 0.9 \times 25\% + 1.0 \times 20\% + 1.0 \times 15\% + 0.9 \times 10\% = 0.935$$

（3）计算成新率 C_F：

$$C_F = (1 - Y/Y_g)K \times 100\% = (1 - 41/180) \times 0.935 \times 100\% = 72.20\%$$

5. 各种成新率计算方法的选择

二手车成新率的确定可根据鉴定评估目的和评估对象的实际情况选择相应的模型计算。在这些计算成新率的方法中，由于综合分析法是以使用年限法为基础，以调整系数形式调整二手车成新率，调整系数综合考虑了二手车的实际技术状况、维护保养情况、原车制造质量、二手车用途及使用条件等多种因素对二手车价值的影响，评估值准确度较高，因此是目前二手车鉴定评估业务中最常用的方法之一。综合成新率法也是以技术状况现场查勘为基础，因此，也是二手车鉴定评估业务中常用的方法。

任务二　运用重置成本法评估二手车

知识目标

● 掌握重置成本法等相关概念的含义。
● 掌握重置成本法的计算。

能力目标

● 能够运用重置成本法对二手车价格进行评估计算。

任务剖析

二手车价格评估计算方法有重置成本法、收益现值法、现行市价法、清算价格法等。二手车评估师必须根据二手车评估的目的正确选择合适的方法，才能正确估算二手车的价格。

评定估算工作就是对被评估车辆所收集的数据资料、技术鉴定资料进行整理，根据评估目的选择适用的评估标准和评估方法，本着客观、公正的原则对车辆进行评定估算，确定评估结果。二手车评估师根据评估目的，选择了相应的计价标准和评估方法，并依据现场车辆查勘的结果确定了二手车成新率之后，即可根据不同评估方法的数学模型计算被评估二手车的评估值。由于重置成本法为评估二手车常用的方法之一，所以通常在计算之前，还需要进行市场询价，以获得被评估二手车的重置成本。

任务载体

重置成本法比较充分地考虑了车辆的各方面损耗，反映了车辆市场价格的变化，评估结果更趋于公平合理，在不易估算车辆未来收益，或难于在市场上找到可类比对象的情况下可广泛应用。

相关知识

4.2.1　重置成本法的相关理论

4.2.1.1　重置成本法的基本原理

1. 重置成本法的概念

重置成本法是指在现时市场条件下重新购置一辆全新状态的被评估车辆所需的全部成本,减去该被评估车辆的各种陈旧贬值后的差额作为被评估车辆现时价格的一种评估方法。其评估思路可用数学式概括为

二手车评估值＝重置成本－实体损耗－功能性贬值－经济性贬值

重置成本法既充分考虑了被评估二手车的重置全价,又考虑了该二手车已使用年限内的磨损以及功能性、经济性贬值,因而是一种适应性较强,并在实践中被广泛采用的基本评估方法。

2. 重置成本法的基本要素

重置成本法的概念中涉及四个基本要素,即二手车的重置成本、二手车实体有形损耗、二手车功能性贬值和二手车经济性贬值。

(1) 二手车的重置成本。二手车重置成本是指在现行市场条件下重新购置一辆全新车辆所支付的全部货币总额。简单地说,二手车重置成本就是当前再取得该车的成本。具体来说,重置成本又分为复原重置成本和更新重置成本两种。

复原重置成本是指用与被评估车辆相同的材料、制造标准、结构设计及技术水平等以现时市场价格重新购建与被评估车辆相同的全新车辆所发生的全部成本。汽车不同于一般机器设备,它的技术性很强,又有很强的法规限制,一般用户是很难复原一辆已经停产很久的汽车的。

更新重置成本是指利用新型材料、新技术标准和新型设计等,以现时市场价格购置具有相同或相似功能的全新车辆所支付的全部成本。

应该注意的是,无论复原重置成本还是更新重置成本,车辆本身的功能不变。

一般情况下,在选择重置成本时,如果同时取得复原重置成本和更新重置成本,应优先选择更新重置成本。在不存在更新重置成本时,再考虑采用复原重置成本。由此可见,重置成本法主要立足于二手车的现行市价,与二手车的原购置价并无多大的关系。现行市价越高,重置成本也越高。

(2) 二手车实体有形损耗。二手车实体有形损耗也称实体性贬值,是指二手车在存放和使用过程中,由于物理和化学原因(如机件磨损、锈蚀和老化等)而导致的车辆实体发生的价值损耗,即由于自然力的作用而发生的损耗。计量二手车实体有形损耗时主要根据已使用年限进行分摊。

(3) 二手车功能性贬值。二手车功能性贬值是由于技术进步引起的二手车功能相对落后而导致的贬值。这是无形损耗。功能性贬值可分为一次性功能贬值和营运性功能贬值。

一次性功能贬值是由于技术进步引起劳动生产率的提高,现在再生产制造与原功能相同的车辆的社会必要劳动时间减少、成本降低而造成原车辆的价值贬值。

营运性功能贬值是由于技术进步,出现了新的、性能更优的车辆,致使原有车辆的功能相对新车型已经落后而引起其价值贬值。具体表现为原有车辆在完成相同工作任务的前提下,在燃料、人力、配件材料等方面的消耗增加,形成了一部分超额运营成本。

(4)二手车经济性贬值。二手车经济性贬值是指由于外部经济环境变化所造成的车辆贬值。它也是一种无形损耗。外部经济环境包括宏观经济政策、市场需求、通货膨胀和环境保护等。如国家提高对汽车排放标准的要求,实施欧Ⅳ排放标准,原来执行欧Ⅲ排放标准的在用车就会因此而贬值。经济性贬值是由于外部环境而不是车辆本身或内部因素所引起的达不到原有设计的获利能力而造成的贬值。外界因素对车辆价值的影响不仅是客观存在的,而且对车辆价值影响还相当大,所以在二手车的评估中不可忽视。

3. 重置成本法应用的理论依据

任何一个精明的投资者在购买某项资产时,他所愿意支付的价格,绝不会超过现时在市场上能够购买到与该项资产具有同等效用的全新资产所需的最低成本,而不管这项资产的原拥有者当初在购买这项资产时的购置价(历史成本)是多少。这就是重置成本法的理论依据。可见重置成本是现时购买一辆全新的与被评估二手车相同的车辆所支付的最低金额。

4.2.1.2　重置成本法的应用前提和适用范围

重置成本法作为一种二手车评估的方法,是从能够重新取得被评估二手车的角度来反映二手车的交换价值的,即通过被评估二手车的重置成本反映二手车的交换价值。只有当被评估的二手车处于继续使用状态下,再取得被评估二手车的全部费用才能构成其交换价值的内容。二手车继续使用包含着其使用有效性的经济意义,只有当二手车能够继续使用并且在持续使用中为潜在投资者带来经济利益,二手车的重置成本才能为潜在投资者和市场承认及接受。从这个意义上讲,重置成本法主要适用于继续使用前提下的二手车评估。

4.2.1.3　重置成本法的优缺点

1. 重置成本法的优点

(1)比较充分地考虑了车辆的各方面损耗,反映了车辆市场价格的变化,评估结果更趋于公平合理,在不易估算车辆未来收益,或难以在市场上找到可类比对象的情况下可广泛应用。

(2)可采用综合分析法确定成新率,将车况和配置以及车辆使用情况用适当的调整系数表征出来,比较清晰地解析了车辆残值的构成,使整个评估过程显得有理有据,有助于增强交易双方对评估结果的信任,可广泛应用于价值较高的中高档车辆评估。

2. 重置成本法的缺点

(1)评估工作量较大,确定成新率时主观因素影响较大。

(2)对极少数的进口车辆,不易查询到现时市场报价,一些已停产或是国内自然淘汰的车型,由于不可能查询到相同车型新车的市场报价,因此难于准确地确定出它们的重置成本或重置成本全价。

4.2.2　重置成本评估方法的选择

重置成本法比较充分地考虑了车辆的各方面损耗,反映了车辆市场价格的变化,评估结果更趋于公平合理,在不易估算车辆未来收益,或难于在市场上找到可类比对象的情况下可广泛应用。

评估方法的多样性，为鉴定评估人员提供了选择评估的途径。选择评估方法时应考虑以下因素：

（1）必须严格与二手车评估的计价标准相适应。

（2）要受收集数据和信息资料的制约。

（3）要充分考虑二手车鉴定评估工作的效率，选择简单易行的方法。

鉴于上述因素的考虑，若采用重置成本法，具有收集资料信息便捷、操作简单易行、评估理论强、结合对车辆的技术鉴定而使评估结果有依有据、可信度高等优点，故成为鉴定评估中应用最广的一种评估方法。本节主要介绍运用重置成本法对二手车价格进行估算的方法。

4.2.3　应用重置成本法评估的具体方法

4.2.3.1　重置成本法的计算模型

重置成本法有以下两种基本计算模型：

模型一：评估值＝重置成本－实体性贬值－功能性贬值－经济性贬值

模型二：评估值＝重置成本×成新率

模型一是重置成本法评估二手车的最基本模型。它综合考虑了二手车的现行市场价格和各种影响二手车价值量变化（贬值）的因素，最让人信服和易于接受。但造成这些贬值的影响因素较多且有一定的不确定性，所以准确地确定二手车的贬值是不容易的。

模型二以成新率综合考虑了各种贬值对二手车价值的影响，是一种定性和定量相结合的评估方法，比较符合中国人评判二手物品的思维模式，是目前市场上应用最广的一种评估方法。下面重点介绍此评估模型。

4.2.3.2　基于成新率的重置成本法评估计算

1. 评估计算公式

上述模型二即为基于成新率的重置成本法评估计算公式：

$$P = BC$$

式中：P 为被评估二手车的评估值，元；B 为被评估二手车的现时重置成本，元；C 为被评估二手车的现时成新率。

2. 重置成本的计算

在资产评估中，重置成本的估算有多种方法，对二手车评估来说，计算重置成本一般采用以下重置核算法和物价指数法两种方法。

（1）重置核算法。重置核算法是利用成本核算原理，根据重新取得一辆与二手车车型和功能一样的新车所需的费用项目，逐项计算后累加得到二手车的重置成本。二手车的重置成本具体由二手车的现行购买价格、运杂费以及必要的税费构成。根据新车来源方式不同，二手车重置成本可分为国产车和进口车两种不同的构成。

① 国产二手车重置成本的构成。国产二手车重置成本构成的计算公式为

$$B = B_1 + B_2$$

式中：B 为二手车重置成本，元；B_1 为购置全新车辆的市场成交价，元；B_2 为车辆购置价格以

笔记 外国家和地方政府一次性收缴的各种税费总和,元。

各种税费包括车辆购置税和注册登记费(牌照费)。

重置成本构成不应包括车辆拥有阶段及使用阶段的税费,如车辆拥有阶段的年审费、车船使用税、消费税,车辆使用阶段的保险费、燃油税、路桥费等。

② 进口二手车重置成本的构成。根据海关税则和收费标准,进口轿车的重置成本(即现行价格)的税费构成为

进口二手车重置成本＝报关价＋关税＋消费税＋增值税＋其他必要费用

报关价即到岸价,又称 CIF 价格,它与离岸价 FOB 的关系为

CIF 价格＝FOB 价格＋途中保险费＋从装运港到目的港的运费

FOB 价格是指在国外装运港船上交货时的价格,因此也称为离岸价,它不包括从装运港到目的港的运费和保险费。

由于这部分费用是以外汇支付的,所以在计算时,需要将报关价格换算成人民币,外汇汇率采用评估基准日的外汇汇率进行计算。

关税的计算方法为

关税＝报关价×关税税率

根据我国加入 WTO 的承诺,自 2006 年 7 月 1 日起,轿车的关税税率为 25%。

消费税的计算方法为

消费税＝(报关价＋关税)/(1−消费税率)×消费税率

我国 2006 年 4 月 1 日起实施新的汽车消费税率。消费税率根据汽车排量分档,共分为 6 档,如表 4-9 所示。

表4-9　汽车排量与汽车消费税率对照表

车　型	排量/L	税率/%
乘用车(含越野车)	≤1.5	3
	1.5~2.0(含)	5
	2.0~2.5(含)	9
	2.5~3.0(含)	12
	3.0~4.0(含)	15
	>4.0	20
中轻型商用客车	—	5

增值税的计算方法为

增值税＝(报关价＋关税＋消费税)×增值税率

各种进口车增值税税率均为 17%。

除了上述费用之外,进口车价还包括通关、商检、仓储运输、银行、运装件价格、经销商、进口许可证等非关税措施造成的费用。

一般而言,车辆重置成本大多是依靠市场调查搜集而来的,并不需要进行十分复杂的计算。但是对于市场上尚未出现的那些新车型(特别是进口新车型)或淘汰车型,由于其价格信息有时不容易获得,这时则需要按照其重置成本的构成进行估算。

（2）物价指数法。物价指数法也叫价格指数法，是指根据已掌握历年来的价格指数，在二手车原始成本的基础上，通过现时物价指数确定其重置成本。其计算公式为

$$B=B_0\frac{I}{I_0} \text{ 或 } B=B_0(1-\lambda)$$

式中：B 为车辆重置成本，元；B_0 为车辆原始成本，元；I 为车辆评估时物价指数；I_0 为车辆当初购买时物价指数；λ 为车辆价格变动指数。

当被评估车辆已停产，或是进口车辆，无法找到现时市场价格时，这是一种很有用的方法，但应用时必须要注意，一定要先检查被评估车辆的账面购买原价。如果购买原价不准确，则不能用物价指数法。

车辆价格变动指数是表示车辆历年价格变动趋势和速度的指标。取值时要选用国家统计部门、物价管理部门或行业协会定期发布和提供的数据，不能选用无依据、不明来源的数据。

3. 二手车重置成本全价的确定

实际工作中，一般根据鉴定评估的经济行为确定重置成本的全价，具体有以下两种处理方法：

（1）对于以所有权转让为目的的二手车交易经济行为，按评估基准日被评估车辆所在地收集的现行市场成交价格作为被评估车辆的重置成本全价，其他费用略去不计。

（2）对企业产权变动的经济行为（如企业合资、合作和联营，企业分设、合并和兼并，企业清算，企业租赁等），其重置成本全价除了考虑被评估车辆的现行市场购置价格以外，还应将国家和地方政府规定对车辆加收的其他税费（如车辆购置附加费、车船使用税等）一并计入重置成本全价中。

任务回顾

（1）重置成本法的相关理论。
（2）运用重置成本法评估二手车。

任务实施步骤

（一）任务要求
运用重置成本法对二手车的价格进行评估。

（二）任务实施的步骤

1. 基于使用年限法确定成新率的二手车评估

一辆私人用一汽大众捷达 CIF，2005 年 6 月份购买，购买价格为 7.68 万元，车辆购置税为 8 000 元，初次登记日期是 2005 年 12 月，使用 4 年后于 2009 年 12 月进入二手车交易市场评估交易。经核对相关证件（照）齐全。

经现场查勘，车身外观较好，无漆面脱落现象，经点火试驾，发动机运转平稳，无异常的响声，档位清晰，制动系统良好。该车里程表显示累计行驶里程为 11 万 km，与实际情况比较吻合，评估基准日为 2009 年 12 月。在评估时，已知该车的现行市场销售价格为 6 万元，其他税费不计，试评估该车的现时市场价值。

评估步骤如下：

(1) 根据题目已知条件，选用重置成本法进行评估。

(2) 该车为轿车，车型为紧凑型，车体结构 4 门 5 座 3 车厢，变速箱 5 档手动，其报废年限为 15 年，即 180 个月。

(3) 初次登记日为 2005 年 12 月，评估基准日为 2009 年 12 月，已使用 48 个月。

(4) 由于此项业务属于交易类业务，故重置成本不计车辆购置税等附加费用，因此，该车的现时重置成本为 6 万元。

(5) 根据现场查勘结果，该车属于正常使用，故可用使用年限法确定成新率。

根据公式 $C_Y = \dfrac{Y_g - Y}{Y_g} \times 100\%$，该车的年限成新率为

$$C_Y = (1 - 48/180) \times 100\% = 73.33\%$$

(6) 评估值＝重置成本×成新率＝ 60 000×73.33%＝ 44 000(元)。

2. 基于行驶里程法确定成新率的二手车评估

一辆飞驰 FSQ6100HD 大型普通客车欲转让。据该车辆的机动车行驶证和登记证书所记，该车登记日期为 2005 年 9 月，检验合格至 2009 年 4 月有效。据现场勘察，该车的外观和内饰正常，能正常上路行驶，累计行驶里程约为 13.55 万 km。试估算该车的价格(提示：从中国车网上查得，同生产厂家与被估车型相近大型客车的车身价为 37 万元，其购置税约为车身价的 10%)。

评估步骤如下：

(1) 正常运营的大型客车一般较少人为调整里程表，表上显示的累计行驶里程数比较真实地反映了使用强度，故可采用行驶里程法估算其价格。

(2) 根据《汽车报废标准》，大型客车规定的累计行驶里程数为 50 万 km。已知该车里程表显示累计行驶里程约为 13.55 万 km。

(3) 根据公式 $C_S = \dfrac{S_g - S}{S_g} \times 100\%$，该车的行驶里程成新率为

$$C_S = (1 - 13.55/50) \times 100\% = 72.9\%$$

(4) 该车的现时重置成本＝车身价×(1＋10%)＝37×(1＋10%)＝ 40.7(万元)。

由于该车于 2005 年 9 月购置，存在功能性贬值，重置成本取 95%，约为 38.6 万元，取重置成本为 38 万元。

(5) 评估值＝重置成本×成新率＝ 38 万元×72.9%＝ 27.7 万元。

对于家用轿车，除了使用上述里程法估算二手车价格外，也可以采用经验方法"54321 法"估算(注：只对个人购买二手车时的一种估算参考，不算正式鉴定评估方法)。这种经验方法的基本思想是：一般认为，一辆家用轿车最多行驶 30 万 km 就报废，超过 30 万 km 后，维修保养费可能比车本身价值还高，因此将其分为 5 段，每段 6 万 km，每段价值依序为新车价的 5/15、4/15、3/15、2/15、1/15。也就是说，新车开了第一段 6 万 km 后，就耗去了新车价值的 5/15，剩余价值为[新车现行市价×(4＋3＋2＋1)/15]，而第二段 6 万 km 又消耗了新车价的 4/15，剩余价值为[新车现行市价×(3＋2＋1)/15]，之后如此类推，依次递减。例如，某车已行驶了 12 万 km，而同款车型目前市场价为 10 万元，那么此时该车的估算价为 10 万元×(3＋2＋1)/15＝4 万元。

笔记

3. 基于部件鉴定法确定成新率的二手车评估

1) 车辆基本情况及手续

车型:宝来 1.6-AT-2V 基本型(国Ⅱ)。

初次登记日期:2006 年 4 月。

评估基准日:2010 年 3 月。

累计行驶里程:12.8 万 km。

该车配置:排量 1.6 L 多点电喷发动机、DOHC 双顶置凸轮轴、四轮独立悬架、四轮盘式制动系统配合 ABS、全电动门窗以及电子除霜、前排安全气囊、单碟 DVD 配合四声道六喇叭音响系统、可调节转向盘、助力转向、智能倒车雷达、真皮座椅、防盗点火系统、智能中控门锁。

市场新车价格:14.58 万元。

车辆手续:该车为公司老板个人使用车辆,证件、税费齐全有效。

2) 车况检查

(1) 静态检查。对车辆的外观整体检查中发现保险杠有碰撞修补的痕迹,车辆的左前侧雾灯下方有刮蹭痕迹,造成了油漆脱落,车辆左侧的滑动门需要进行润滑,不过整个的车身情况保持得比较好。发动机舱线束整齐,观察车辆大梁、左右翼子板没有变形、锈蚀,油路也没有渗油现象,整个前端的车架部分还保持着原厂油漆的痕迹,各部位代码清晰可见,足以证明车辆保养比较专业。车内真皮座椅及内饰干净,丝毫没有旧车的感觉。电动门窗、倒车雷达、音响使用正常。

(2) 动态检查。发动机性能比较稳定,轻踩油门,在 4 300 r/min 时达到了动力输出峰值。在车速较高的情况下,风噪、胎噪几乎听不到。急踩刹车,反应迅速,制动没有跑偏现象。高速行驶略有摆振,当车辆在 52 km/h 左右时,前轮摇摆,当车辆保持在低速 38 km/h 以下行驶或高速超过 66 km/h 行驶时,前轮摇摆现象消失,经检查发现左前轮补过轮胎,试验更换两个前胎,摆动现象消失,所以是由于轮胎有过修补引起动不平衡。乘坐较舒适,对地面的振动反应一般。

评估步骤如下:

① 根据题目已知条件及要求,选用重置成本法进行评估。

② 该车为私人轿车,其报废年限按 15 年计算,即 180 个月。

③ 初次登记日为 2006 年 4 月,评估基准日为 2010 年 3 月,已使用 47 个月。

④ 由于此项业务属于交易类业务,故重置成本不计车辆购置税等附加费用,因此车的现时重置成本为 145 800 元。

⑤ 由于该车型为高档轿车,故可采用部件鉴定法估算该车的成新率。根据对该车的检查结果,其成新率的估算明细见表 4-10。

表 4-10　二手车成新率估算明细表

序 号	车辆各主要总成、部件名称	价值权重/%	成新率/%	加权成新率/%
1	发动机及离合器总成	23	72	16.56
2	变速器及万向传动装置总成	12	72	8.64
3	前桥、前悬架及转向系总成	9	72	6.48

序　号	车辆各主要总成、部件名称	价值权重/%	成新率/%	加权成新率/%
4	后桥及后悬架总成	9	72	6.48
5	制动系	7	72	5.04
6	车架	2	72	1.44
7	车身	24	70	16.80
8	电器仪表	6	72	4.32
9	轮胎	8	50	4.00
合计		100		69.76

值得注意的是，此车没有进行大件更换而产生附如费用，所以部件鉴定法计算的成新率不应高于使用年限法计算的成新率 C_Y，即

$$C_Y = (1 - Y/Y_g) = (1 - 47/180) \times 100\% = 73.9\%$$

⑥ 评估值=重置成本×成新率=145 800×69.76%=101 710（元）。

4. 基于整车观测法确定成新率的二手车评估

2010 年 12 月二手车鉴定评估人员对一辆捷达的二手车进行评估。

1）车辆基本情况

型号：捷达 CIF。

年份：2005 年 7 月。

里程：76 427 km。

车辆基本配置：排量 1.6L，发动机型号 JL368Q，直列 4 缸 8 气门多点电喷发动机，5 速手动变速器，发动机最大功率 64 kW，铝合金轮毂。

内饰配置：无发动机转速表，手动调节车窗及后视镜，机械式手动调节空调，卡带及调频收音机 4 喇叭音响。

2）车况检查

（1）静态检查。首先整体看过车辆后，发现该车外观不佳，具体情况如下：前后保险杠均有多处蹭伤；左侧两个车门都出现重新做漆迹象，在阳光下观察，车门已不平整，有凹凸不平痕迹，再仔细观察漆面色差，发现右前翼子板、前门、后门形成三种颜色，特别是右前门漆面光泽晦涩，影响美观度，但车门部分没有发现事故痕迹；打开左前门检查门边沿，发现有明显的拉伸及焊接的维修迹象；车顶左边沿也有明显通过拉伸修复的痕迹，而且重新喷漆的部位有多处脱落；打开发动机舱盖，发现左前翼子板部位有焊接及钣金的痕迹，两根前纵梁没有任何事故痕迹；车尾部有被追尾留下的凹陷；车内饰显出一定的磨损，座椅正常无损坏；玻璃升降器无异常。

（2）动态检查。起动发动机，怠速状态有明显的抖动；空调效果差，需要加氟；灯光、雨刮器无异常；音响效果欠佳，扬声器失真明显，需要更换；变速器已经有明显的松旷感；倒车档无异常，不过离合器踏板偏高。之后进行路试的结果如下：起步平稳顺畅，提速尚可，但挂入 2 档比较费劲，而且在 2 档时加油，驾驶员有向后一挫的感觉；制动器不佳，脚感不好，给人比较软的感觉，在驾驶员感觉似乎没有制动反应时，本能地深踩制动踏板，这时制动的反应又太过灵

敏,近似紧急制动的状态;转向正常,但因为没有转向助力,转向盘比较沉;弯道的侧倾比较明显;行进中,感觉车的密封性较差,发动机噪声以及风噪、胎噪都很明显;行车中发现右后轮减振器有异响,需要更换;驻车检查无异常。

3) 确定成新率

由于该车为一般车型,而且使用年限较多,故可使用整车观测法确定其成新率。根据车况检查结果,该车的车况一般,使用时间已有5年,保养较差,车外观不佳,有明显的事故痕迹,可大致确定该车的成新率在44%左右。

4) 市场询价

通过市场调查,该型号车的新车市场价格为75 800元。

5) 粗略估算评估价

$$评估价=重置成本×成新率=75\ 800×44\%=33\ 352(元)$$

6) 综合评价

在二手车市场,大众的收购行情以及转手的价格都比较稳定。2009年的大众捷达,在车况正常时,应该可以得到3.3万元的收购价。但这辆车外观不佳,车况不是太好,所以,结合二手车收购行情,该车评估价为3.1万元,价格低于正常行情。

5. 基于综合分析法确定成新率的二手车评估

2010年3月15日,客户吴先生驾驶其高尔夫2.0轿车到长春某高尔夫专卖店进行二手车置换业务,以下是鉴定评估师对该车的检查鉴定情况。

1) 手续检验

手续齐全,主要证件有行驶证、登记证书、车辆附加费本、交强险单(到2010年9月15日),此车整车为原装德国进口。

2) 车辆使用背景

该车属私家车,有车库保管,一年下乡3次,长年工作在市区内,工作条件较好,使用强度不大,日常维护、保养也好。

3) 配置

自动档、天窗、双气囊、ABS、EBD、电动门窗、中控门锁、电动后视镜、真皮加热座椅、前置6碟CD、倒车雷达、氙气灯、行车电脑、空调、行车自动落锁、超重低音炮、全车四条全新韩泰轮胎等。

4) 车况检查

(1) 静态检查。查看车辆外观漆面全车80%原漆,通过车辆漆面查看可以看出此车没有过碰撞事故;打开发动机盖,发动机内保持很新,没有漏油的地方,查看挡泥板没有修复过的痕迹;驾驶室表台和真皮座椅保持很新,没有乱花老化的痕迹。整体查看此车外况有8.5成新。

(2) 动态检查。起动发动机(停了一晚上外面气温-26℃),经过三四个压缩循环车辆顺利起动。冷车高怠速在1 200 r/min,查看尾气正常,约5 min后,怠速回到了800 r/min左右。发动机运转平稳,脚踏刹车挂入D档,变速器没有冲击感。松开制动,车辆起步加速,由于水温没有上来,所以车子换档转速有些高,约在1 800 r/min,当水温90℃以后,车子自动换档转速在1 300 r/min左右。在平整路面加速车子到60 km/h,车子顺利地跳到了4档,没有异响和冲击。松开转向盘,车子无跑偏的现象。紧急制动,可以感到ABS工作时反馈给制动踏板的回跳感。在过铁路的时候底盘没有很大异响,前轮反馈回给转向盘的路感非常精准,说明底

笔记 盘各球头无大间隙。

5）确定成新率

（1）由于该车型为中档轿车，为计算准确，采用综合分析法确定其成新率，评估值 P 的计算公式为

$$P = BC_F = B(1 - Y/Y_g)K \times 100\%$$

（2）初次登记日为 2006 年 3 月，评估基准日为 2010 年 3 月，则已使用年限 $Y=$ 48 个月，规定使用年限为 15 年，$Y_g=180$ 个月。

（3）综合调整系数 K 的确定。根据技术鉴定情况，该车无须进项行目修理或换件，参考表 4-5 得到以下综合调整系数。

该车技术状况好，车辆技术状况调整系数 $K_1=1.0$；

使用、维护保养好，使用与维护保养调整系数 $K_2=0.9$；

该车为进口车，制造质量调整系数 $K_3=1.0$；

该车为私人用车，车辆用途调整系数 $K_4=0.9$；

该车主要在市内行驶，使用条件好，使用条件调整系数 $K_5=0.9$。

根据公式 $K= K_1 \times 30\% + K_2 \times 25\% + K_3 \times 20\% + K_4 \times 15\% + K_5 \times 10\%$，得综合调整系数为

$$K = 1.0 \times 30\% + 0.9 \times 25\% + 1.0 \times 20\% + 0.9 \times 15\% + 0.9 \times 10\% = 0.95$$

（4）计算成新率 C_F：

$$C_F = (1 - Y/Y_g)K \times 100\% = (1 - 48/180) \times 0.95 \times 100\% = 69.8\%$$

（5）重置成本的确定。因属交易类，故重置成本为新车市场价。根据市场询价，该车型的新车市场价格为 120 000 元，即重置成本为 120 000 元。

（6）计算评估值 P：

$$P = BC_F = 120\,000 \times 69.8\% = 83\,760(元)$$

6. 基于综合成新率法确定成新率的二手车评估

2010 年 3 月，辽宁沈阳马某委托当地一会计师事务所吴某对欲处置的 09 款福克斯两厢 2.0AT 运动型轿车进行评估。

1）车辆概况

车牌号：辽 A×××××；车型：×××××；发动机号：×××××××××；车身号：××××××××××××××××；乘员数（包括驾驶员）：5 人；生产商：长安福特；登记日期：2009 年 2 月。

2）性能参数及配置

发动机型号：Duratec-HE DOHC 16V；排量：1999 mL；最大功率：104 kW，6 000 r/min；最大扭矩：180 N.m，4 000 r/min；气缸数：4 个；气缸排列形式：直列横置；气缸压缩比：10.8；达到排放标准：欧Ⅲ标准；燃油供给方式：多点电喷；冷却系统：水冷；三元催化：标准配置；前悬架：麦弗逊式；后悬架：多连杆；驱动方式：前驱；动力助力转向：标准配置；助力转向方式：电子液压助力；前制动器：盘式；后制动器：盘式；最高车速：185 km/h；整车整备质量：1 360 kg；经济油耗：8.8 L；长×宽×高：4 342 mm×1 840 mm×1 500 mm。

3）采用重置成本法进行价值评估

（1）重置成本全价的确定。

① 现行购置价的确定。经当地市场调查,09 款福克斯两厢 2.0AT 运动型新车的沈阳市场售价为 153 900 元。

② 车辆购置税及相关税费的确定。

$$车辆购置税=153\ 900\times10\%=15\ 390(元)$$

证照费、检车费为 500 元

$$重置成本全价=153\ 900+153\ 90+500=169\ 790(元)$$

(2) 成新率的确定。由于该车型价值较高,为了全面反映二手车的新旧状态,故采用综合成新率法计算成新率。

① 计算理论成新率 C_1。查看该车里程表为 23 200 km,又由于为私家车所以理论成新率 C_1 直接由年限法成新率计算而得。该车登记日期为 2009 年 2 月,评估基准日为 2010 年 3 月,已使用 1 年,根据国家《汽车报废标准》,小型越野汽车的规定使用年限为 15 年,所以:

$$C_1=C_Y=(1-已使用年限/规定使用年限)\times100\%=(1-1/15)\times100\%=93\%$$

② 计算现场查勘成新率 C_2。评估人员在现场对该车的勘察中,分别对车辆的发动机、底盘、车身、内饰及电气系统进行鉴定打分,详见表 4-11。

表 4-11　车辆鉴定评分表

项　目	鉴定标准	标准分	鉴定情况	评定分数
发动机、离合器总成	① 气缸压力是否符合标准 ② 机油是否泄漏,冷却系统是否漏水 ③ 燃油消耗是否在正常范围内 ④ 测量气缸内椭圆度不超过 0.125mm ⑤ 在高中低速时没有断火现象和其他异常现象	35	燃油消耗超标,其他情况一般	26
前桥总成	工字梁应无变形和裂绞,转向系统操作轻便灵活,转向节不应有裂纹	8	操作较灵活及准确,其他均正常	6
后桥总成	圆锥主动齿轮轴转速在 1 400~1 500 r/min,各轴承温度不应高于 60℃,差速器及半轴的齿轮符合要求的敲击声或高低变化声响,各结合部位不允许漏油	10	基本符合要求	8
变速器总成	① 变速箱在运动中,齿轮在任何档位均不应有脱档、跳档及异常声响 ② 变速杆不应有明显抖动,密封部位不漏油,变速操作杆操作灵便 ③ 箱体各孔圆度误差不大于 0.0075mm	8	基本符合要求	6
车身总成	车身无碰伤变形、脱漆、锈蚀,门窗玻璃完好,各焊口应无裂纹及损伤,连接件齐全无松动,密封良好、座椅完整	29	有脱漆、锈蚀现象,车辆维护一般	20

（续表）

项　目	鉴　定　标　准	标准分	鉴定情况	评定分数
轮胎	依磨损量确定	2	中度磨损	1
其他	① 制动系统：气压制动的储气筒，制动管不漏气 ② 电系统：电源点火、信号、照明应正常	8	工作状况一般	5
合计		100		72

根据表 3-11，现场查勘成新率 C_2 ＝现场勘察打分值/100＝72%。

取权重系数 a_1 ＝0.4、a_2 ＝0.6，则综合成新率为

$$C_z = C_1 \times a_1 + C_2 \times a_2 = 93\% \times 0.4 + 72\% \times 0.6 = 80\%$$

（3）评估值的确定。

评估价值＝重置全价×综合成新率＝169 790×80%＝135 832（元）

任务三　运用收益现值法评估二手车

知识目标

● 掌握收益现值法等相关概念的含义。

● 掌握收益现值法的计算。

能力目标

● 能够运用收益现值法对二手车价格进行评估计算。

任务剖析

二手车价格估算方法有重置成本法、收益现值法、现行市价法、清算价格法等。二手车评估师必须根据二手车评估的目的正确选择合适的方法，才能正确估算二手车的价格。

二手车评估师根据评估目的，选择了相应的计价标准和评估方法，并依据现场车辆查勘的结果确定了二手车成新率之后，即可根据不同评估方法的数学模型计算被评估二手车的评估值。评定估算工作就是对被评估车辆所收集的数据资料、技术鉴定资料进行整理，根据评估目的选择适用的评估标准和评估方法，本着客观、公正的原则对车辆进行评定估算，确定评估结果。

任务载体

收益现值法是从被评估二手车在剩余经济使用寿命内能够带来预期利润的前提下进行评估的，因此，比较适用于投资营运车辆的评估。

相关知识

4.3.1　收益现值法的相关理论

4.3.1.1　收益现值法的基本原理

1. 收益现值法的概念

收益现值法是通过估算被评估二手车在剩余寿命期内的预期收益,并折现为评估基准日的现值,借此来确定二手车价值的一种评估方法。也就是说,现值在这里被视为二手车的评估值,而且现值的确定依赖于未来预期收益。

2. 收益现值法的基本原理

收益现值法是基于这样的假设,即人们之所以购买某辆二手车,主要是考虑这辆车能为自己带来一定的收益。任何一个理智的投资者在决定投资购买这辆二手车时,他所愿意支付的货币金额不会高于评估时求得的该车未来预期收益的折现值。

4.3.1.2　收益现值法的应用前提和适用范围

收益现值法的应用基于以下几个前提:

(1) 被评估二手车必须是经营性车辆,且具有继续经营和获利的能力。

(2) 继续经营的预期收益可以预测而且必须能够用货币金额来表示。

(3) 二手车购买者获得预期收益所承担的风险也可以预测,并可以用货币衡量。

(4) 被评估二手车预期获利年限可以预测。

由以上应用的前提条件可见,运用收益现值法进行评估时,是以车辆投入使用后连续获利为基础的。在机动车的交易中,人们购买的目的往往不是在于车辆本身,而是车辆获利的能力。因此,收益现值法较适用投资营运的车辆。

4.3.1.3　收益现值法的优缺点

1. 收益现值法的优点

(1) 与投资决策相结合,容易被交易双方接受。

(2) 能真实和较准确地反映车辆本金化的价格。

2. 收益现值法的缺点

(1) 预期收益额和折现率以及风险报酬率的预测难度大。

(2) 受主观判断和未来不可预见因素的影响较大。

4.3.2　收益现值评估方法的选择

收益现值法是从被评估二手车在剩余经济使用寿命内能够带来预期利润的前提下进行评估的,因此,比较适用于投资营运车辆的评估。

评估方法的多样性,为鉴定评估人员提供了选择评估的途径。选择评估方法时应考虑以下因素:

（1）必须严格与二手车评估的计价标准相适应。

（2）要受收集数据和信息资料的制约。

（3）要充分考虑二手车鉴定评估工作的效率,选择简单易行的方法。

采用收益现值法时,由于投资者对预期收益额预测难度大,易受较强的主观判断和未来不可预见因素的影响。

4.3.3 应用收益现值法评估的具体方法

1. 计算模型

应用收益现值法求二手车评估值的计算,实际上就是对被评估二手车未来预期收益进行折现的过程。

被评估二手车的评估值等于剩余寿命期内各收益期的收益折现值之和。其基本计算公式为

$$P = \sum_{t=1}^{n} \frac{A_t}{(1+i)^t} = \frac{A_1}{(1+i)^1} + \frac{A_2}{(1+i)^2} + \cdots + \frac{A_n}{(1+i)^n}$$

式中:P 为评估值,元;A_t 为未来第 t 个收益期的预期收益额,元(由于二手车的收益期是有限的,所以上式中的 A_t 还包括收益期末车辆的残值,一般估算时残值忽略不计);n 为收益年期(即二手车剩余经济使用寿命的年限);i 为折现率,在经济分析中如果不作其他说明,一般指年利率或收益率;t 为收益期,一般以年计。

当 $A_1 = A_2 = \cdots = A_n = A$ 时,即 t 在 $1 \sim n$ 年末来收益都相同为 A 时,则有

$$P = A \cdot \left[\frac{1}{1+i} + \frac{1}{(1+i)^2} + \cdots + \frac{1}{(1+i)^n} \right] = A \cdot \frac{(1+i)^n - 1}{i \cdot (1+i)^n} = A(P/A, i, n)$$

式中:$\frac{1}{(1+i)^t}$ 为第 t 个收益年期的现值系数;$\frac{(1+i)^n - 1}{i \cdot (1+i)^n}$ 为年金现值系数。

上式反映了收益率为 i,二手车预期在 n 年的收益期内每年的收益为 A 元,几年累计收益额"等值于"现值 P 元,那么,现在可接受的最大投资额应为 P 元。

2. 收益现值法各评估参数的确定

1) 收益年期 n 的确定

收益年期(即二手车剩余使用寿命的年限)指从评估基准日到二手车报废的年限。各类营运车辆的报废年限在国家《汽车报废标准》中都有具体规定。如果剩余使用寿命期估算得过长,则计算的收益期就多,车辆的评估价格就高;反之,则会低评估价格。因此,必须根据二手车的实际状况对其收益年期作出正确的评定。

2) 预期收益额 A_t 的确定

运用收益现值法时,未来每年收益额的确定是关键。预期收益额是指被评估二手车在其剩余使用寿命期内的使用过程中,可能带来的年纯收益额。确定车辆预期收益额时应注意以下两点:

（1）预期收益额是通过预测分析获得的。对于买卖双方来说,判断车辆是否有价值,应判断该车辆是否能带来收益。对车辆收益能力的判断,不仅要看现在的情形,更重要的是关注未来的经营风险。

（2）收益额的构成。以企业为例,目前有几种观点:第一,企业税后利润;第二,企业税后

利润与提取折旧额之和扣除投资额;第三,利润总额。在二手车评估业务中建议选择第一种观点,目的是准确反映预期收益额。其计算公式为

$$收益额＝税前收入－应交所得税＝税前收入×(1－所得税率)$$
$$税前收入＝一年的毛收入－车辆使用的各种税费和人员劳务费等$$

3) 折现率 i 的确定

折现率是指将未来预期收益额折算成现值的比率。从本质上讲,折现率是一种期望投资报酬率,是投资者在投资风险一定的情况下,对投资所期望的回报率。折现率由无风险报酬率和风险报酬率两部分组成,即

$$折现率(i)＝无风险报酬率＋风险报酬率$$

无风险报酬率一般是指同期国库券利率,它实际上是一种无风险收益率。风险报酬率是指超过无风险收益率以上部分的投资回报率。在资产评估中,因资产的行业分布、种类、市场条件等的不同,其折现率亦不相同。因此,在利用收益法对二手车鉴定评估选择折现率时,应该进行本企业、本行业历年收益率指标的对比分析,以尽可能准确地估测二手车的折现率。但是,最后确定的折现率应该起码不低于国家债券或银行存款的利率。

任务回顾

(1) 收益现值法的相关理论。
(2) 运用收益现值法评估二手车。

任务实施步骤

(一) 任务要求

运用收益现值法对二手车的价格进行评估。

(二) 任务实施的步骤

1. 实例一

2009 年 1 月,某人打算在二手车市场购置一辆夏利 TJ7100U 型轿车用于个体出租车运营。该车的基本信息及经营预测如下:

2005 年 1 月购买,并于当月完成车辆登记手续,已行驶 36 万 km。目前车辆技术状况良好,能正常运行;如用于出租车运营,全年预计可出勤 320 天。根据市场经营经验,该车型每天平均毛收入约 400 元,每天耗油费用 80 元,年检、保险、养路费及各种应支出费用折合平均每天 75 元,年日常维修保养费用约 12 000 元,年平均大修费用约 8 000 元,人员劳务费 15 000 元。根据目前银行储蓄年利率、行业收益等情况,确定资金预期收益率为 15%,风险报酬率为 5%。

假设每年的纯收入相同,试结合上述条件评估该车可接受的最大投资额是多少?

评估步骤如下:

(1) 根据题目条件,评估方法采用收益现值法。

(2) 收益年期 n 的确定。从车辆登记日(2005 年 1 月)至评估基准日(2009 年 1 月)止,该车已使用 4 年,根据国家《汽车报废标准》的规定,出租车规定运营年限为 8 年,车辆剩

笔记

余使用寿命为 4 年,即收益年期 $n=4$。

(3) 预期收益额 A_t 的确定。

① 根据题设条件,计算预计年毛收入,具体计算如下:

预计年总收入:$400 \times 320 = 128\,000$(元)

预计年支出:

年燃油消耗费用:$80 \times 320 = 25\,600$(元)

年检、保险、养路费及各种应支出费用:$75 \times 320 = 24\,000$(元)

年日常维修保养费用:$12\,000$ 元

年平均大修费用:$8\,000$ 元

人员劳务费:$15\,000$ 元

预计年毛收入:$128\,000 - 25\,600 - 24\,000 - 12\,000 - 8\,000 - 15\,000 = 43\,400$(元)

② 计算年预计纯收入。根据国家个人所得税条例规定年收入为 3 万~5 万元,应缴纳所得税率为 20%,故年预计纯收入为 $43\,400 \times (1-20\%) = 34\,720$(元)。

③ 预期收益额 $A_t =$ 年预计纯收入 $= 34\,720$ 元。

(4) 折现率 i 的确定。折现率(i)=无风险报酬率+风险报酬率$=15\% + 5\% = 20\%$。

(5) 计算评估值 P:

$$P = A \frac{(1+i)^n - 1}{i \cdot (1+i)^n} = 34\,720 \times \frac{(1+0.2)^4 - 1}{0.2 \times (1+0.2)^4} = 89\,881(元)$$

任务四　运用现行市价法评估二手车

知识目标

● 掌握现行市价法等相关概念的含义。

● 掌握现行市价法的计算。

能力目标

● 能够运用现行市价法对二手车价格进行评估计算。

任务剖析

二手车价格估算方法有重置成本法、收益现值法、现行市价法、清算价格法等。二手车评估师必须根据二手车评估的目的正确选择合适的方法,才能正确估算二手车的价格。

二手车评估师根据评估目的,选择了相应的计价标准和评估方法,并依据现场车辆查勘的结果确定了二手车成新率之后,即可根据不同评估方法的数学模型计算被评估二手车的评估值。评定估算工作就是对被评估车辆所收集的数据资料、技术鉴定资料进行整理,根据评估目的选择适用的评估标准和评估方法,本着客观、公正的原则对车辆进行评定估算,确定评估结果。

任务载体

现行市价法要求评估方在当地或周边地区能找到一个二手车交易市场发育成熟、活跃,交

易量大,车型丰富,容易找到可类比的参照车辆,并且参照车辆是近期的、可比较的。因此,它特别适用于产权转让的畅销车型的评估,如二手车收购(尤其是成批收购)和典当等业务。

相关知识

4.4.1 现行市价法的相关理论

4.4.1.1 现行市价法的基本原理

1. 现行市价法的概念

现行市价法又称市场法、市场价格比较法,是指通过比较被评估车辆与最近售出类似车辆的异同,并将类似车辆的市场价格进行调整,从而确定被评估车辆价值的一种评估方法。其基本思路是,通过市场调查,选择一个或几个与评估车辆相同或类似的车辆作参照车辆,分析参照车辆的构造、功能、性能、新旧程度、地区差别、交易条件及成交价格等,并与被评估车辆进行比较,找出两者的差别及其在价格上所反映的差额,经过适当调整,最终计算出被评估车辆的价格。

现行市价法是采用比较和类比的方法,根据替代原则,从二手车可能进行交易角度来判断二手车价值的。

2. 现行市价法的基本原理

现行市价法是基于这样的原理:任何一个正常的投资者在购置某项资产时,他所愿意支付的价格不会高于市场上具有相同用途的替代品的现行市价。

运用现行市价法要求充分利用类似二手车成交价格信息,并以此为基础判断和估测被评估二手车的份值。运用已被市场检验了的结论来评估被评估二手车,显然是容易被买卖双方当事人接受的。因此,现行市价法是二手车评估中最为直接、最具说服力的评估途径之一。

用现行市价法评估二手车包含了被评估二手车的各种贬值因素,如有形损耗的贬值、功能性贬值和经济性贬值。因为市场价格是综合反映车辆的各种因素的体现,由于车辆的有形损耗及功能陈旧而造成的贬值,自然会在市场价格中有所体现。经济性贬值则是反映社会上对各类产品综合的经济性贬值的大小,突出表现为供求关系的变化对市场价格的影响,因而,用现行市价法评估不再专门计算功能性贬值和经济性贬值。

4.4.1.2 现行市价法的应用前提和适用范围

1. 现行市价法的应用前提

由于现行市价法是以同类二手车销售价格相比较的方式来确定被评估二手车价值的,因此,运用这一方法时一般应具备以下两个基本的前提条件:

(1)要有一个市场发育成熟、交易活跃的二手车交易公开市场,经常有相同或类似二手车的交易,有充分的参照车辆可取,市场成交的二手车价格反映市场行情,这是应用现行市价法评估二手车的关键。在二手车交易市场上二手车交易越频繁,与被评估相类似的二手车价格越容易获得。

(2)市场上参照的二手车与被评估二手车有可比较的指标,并且这些指标的技术参数等资料是可收集到的,并且价值影响因素明确,可以量化。

运用现行市价法,重要的是要在交易市场上能够找到与被评估二手车相同或相类似的已成交过的参照车辆,并且参照车辆是近期的、可比较的。所谓近期,是指参照车辆交易时间与被评估二手车评估基准日相差时间相近,一般在一个季度之内;所谓可比较,是指参照车辆在规格、型号、功能、性能、配置、内部结构、新旧程度及交易条件等方面与被评估二手车不相上下。

现行市价法要求二手车交易市场发育比较健全,并以能够相互比较的二手车交易在同一市场或地区经常出现为前提,而目前我国各地二手车交易市场完善程度、交易规模差异很大,有些地区的汽车保有量少、车型数少,二手车交易量少,寻找参照车辆较为困难,因此,现行市价法的实际运用在我国目前的二手车交易市场条件下将受到一定的限制。

2. 现行市价法的适用范围

现行市价法是从卖者的角度来考虑被评估二手车的变现值的,二手车评估价值的大小直接受市场的制约,因此,它特别适用于产权转让的畅销车型的评估,如二手车收购(尤其是成批收购)和典当等业务。畅销车型的数据充分可靠,市场交易活跃,评估人员熟悉其市场交易情况,采用现行市价法评估二手车时间会很短。

4.4.1.3   现行市价法的优缺点

1. 现行市价法的优点

(1) 能够客观反映二手车目前的市场情况,其评估的参数、指标,直接从市场获得,评估值能反映二手车市场现实价格。

(2) 结果易于被交易双方理解和接受。

2. 现行市价法的缺点

(1) 需要公开及活跃的二手车市场作为基础,然而在我国很多地方二手车市场建立时间短,发育不完全、不完善,寻找参照车辆有一定的困难。

(2) 可比因素多而复杂,即使是同一个生产厂家生产的同一型号的产品,晚一天登记,但可能由于由不同的车主使用,其使用强度、使用条件、维护水平的不同而带来车辆技术状况不同,造成二手车评估价值差异。

4.4.2   现行市价评估方法的选择

现行市价法要求评估方在当地或周边地区能找到一个二手车交易市场发育成熟、活跃,交易量大,车型丰富,容易找到可类比的参照车辆,并且参照车辆是近期的、可比较的。因此,它特别适用于产权转让的畅销车型的评估,如二手车收购(尤其是成批收购)和典当等业务。

评估方法的多样性,为鉴定评估人员提供了选择评估的途径。选择评估方法时应考虑以下因素:

(1) 必须严格与二手车评估的计价标准相适应。

(2) 要受收集数据和信息资料的制约。

(3) 要充分考虑二手车鉴定评估工作的效率,选择简单易行的方法。

采用现行市价法评估时,由于目前我国二手车交易市场发育不完全,很难寻找到与被评估车辆相同的车辆、相同的使用日期、使用强度、使用条件等。

4.4.3 应用现行市价法评估的具体方法

运用现行市价法评估二手车价值通常采用直接市价法和类比调整市价法。

1. 直接市价法

直接市价法是指在市场上能找到与被评估二手车完全相同的车辆的现行市价,并依其价格直接作为被评估二手车评估价格的一种方法。直接市价法应用有以下两种情况:

(1) 参照车辆与被评估二手车完全相同。所谓完全相同是指车辆型号、使用条件和技术状况相同,生产和交易时间相近。这样的参照车辆常见于市场保有量大、交易比较频繁的畅销车型,如普通桑塔纳、捷达和夏利等。

(2) 参照车辆与被评估二手车相近。这种情况是参照车辆与被评估车辆类别相同、主参数相同、结构性能相同,只是生产序号不同并只作局部改动,交易时间相近的车辆,也可近似等同作为评估过程中的参照车辆。这种情况在我国汽车市场上是非带常见的,很多汽车厂商为了追求车型的变化,给消费者一个新的感受,每年都在原车型的基础上做一些小的改动,如车身的小变化、内饰配置的变化等。

直接市价法评估公式为

$$P = P'$$

式中:P 为评估值,元;P' 为参照车辆的市场成交价格,元。

2. 类比调整市价法

1) 计算模型

类比调整市价法是指评估二手车时,在公开市场上找不到与之完全相同的车辆,但能找到与之相类似的车辆,以此为参照车辆,并根据车辆技术状况和交易条件的差异对参照车辆的价格作出相应调整,进而确定被评估二手车价格的一种评估方法。其基本计算公式为

$$P = P'K$$

式中:P 为评估值,元;P' 为参照车辆的市场成交价格,元;K 为差异调整系数。

类比调整市价法不像直接市价法对参照车辆的条件要求那么严,只要求参照车辆与被评估二手车大的方面相同即可。

2) 评估步骤

现行市价法评估二手车的步骤如下:

(1) 收集被评估二手车资料。收集被评估二手车的相关资料,内容包括车辆的类别名称、车辆型号和技术性能参数、生产厂家和出厂年月、车辆用途、目前使用情况和实际技术状况、尚可使用的年限等,为市场数据资料的搜集及参照物的选择提供依据。

(2) 选取参照车辆。根据了解到的被评估二手车资料,按照可比性原则,从二手车交易市场上寻找可类比的参照车辆,参照车辆的选择应在两辆以上。车辆的可比因素主要包括以下几个方面:

① 车辆型号和生产厂家。

② 车辆用途。指的是私家车还是公务车,是乘用车还是商用车等。

③ 车辆使用年限和行驶里程。

④ 车辆实际技术性能和技术状况。

⑤ 车辆所处地区。由于地区经济发展的不平衡,收入水平存在差别,在不同地区的二手

车交易市场,同样车辆的价格会有较大的差别。

⑥ 市场状况。指的是二手车交易市场处于低迷还是复苏、繁荣,车源丰富还是匮乏,车型涵盖面如何,交易量如何,新车价格趋势如何等。

⑦ 交易动机和目的。指车辆出售是以清偿还是以淘汰转让为目的,买方是获利转手倒卖或是购买自用。不同情况下的交易作价往往有较大的差别。

⑧ 成交数量。单辆与成批车辆交易的价格会有一定差别。

⑨ 成交时间。应采用近期成交的车辆作类比对象。由于国家经济、金融和交通政策以及市场供求关系会随时发生一些变化,市场行情也会随之变化,引起二手车价格的波动。

(3) 类比和调整。对被评估二手车和参照车辆之间的差异进行分析、比较,并进行适当的量化后调整为可比因素。主要差异及量化方法体现在以下方面:

① 结构性能的差异及量化。汽车型号、结构上的差别都会集中反映到汽车的功能和性能的差别上,功能和性能的差异可通过功能、性能对汽车价格的影响进行估算(量化调整值＝结构性能差异值×成新率)。例如,同类型的汽油车,电喷发动机相对于化油器发动机要贵3 000～5 000元;对营运汽车而言,主要表现为生产能力、生产效率和运营成本等方面的差异,可利用收益现值法对其进行量化调整。

② 销售时间的差异与量化。在选择参照车辆时,应尽可能选择评估基准日的成交案例,以免去销售时间差异的量化;若参照车辆的交易时间在评估基准日之前,可采用价格指数法将销售时间差异量化并调整。

③ 新旧程度的差异及量化。被评估二手车与参照车辆在新旧程度上存在一定的差异,要求评估人员能够对两者作出基本判断,取得被评估二手车和参照车辆成新率后,以参照车辆的价格乘以被评估二手车与参照车辆成新率之差,即可得到两者新旧程度的差异量[新旧程度差异量＝参照车辆价格×(被评估二手车成新率－参照车辆成新率)]。

④ 销售数量的差异及量化。销售数量的大小、采用何种付款方式均会对二手车成交单价产生影响,对这两个因素在被评估二手车与参照车辆之间的差别,应首先了解清楚,然后根据具体情况作出必要的调整。一般来讲,卖主充分考虑货币的时间价值,会以较低的单价吸引购买者(常为经纪人)多买,尽管价格比零售价格低,但可提前收到货款。当被评估二手车是成批量交易时,以单辆汽车作为参照车辆是不合适的;而当被评估二手车只有一辆时,以成批汽车作为参照车辆也不合适。销售数量的不同会造成成交价格的差异,必须对此差异进行分析,适当调整被评估二手车的价值。

⑤ 付款方式的差异及量化。在二手车交易中,绝大多数为现款交易,在一些经济较活跃的地区已出现二手车的银行按揭销售。银行按揭的二手车与一次性付款的二手车价格差异由两部分组成:一是银行的贷款利息,贷款利息按贷款年限确定;二是汽车按揭保险费,各保险公司的汽车按揭保险费率不完全相同,会有一些差异。

(4) 计算评估值。将各可比因素差异的调整值以适当的方式加以汇总,并据此对参照车辆的成交市价进行调整,从而确定被评估二手车的评估价格。

任务回顾

(1) 现行市价法的相关理论。

（2）运用现行市价法评估二手车。

任务实施步骤

（一）任务要求

运用现行市价法对二手车的价格进行评估。

（二）任务实施的步骤

1. 实例一

2010 年 2 月在沈阳二手车市场预购一台宝来 1.6 自动档轿车，评估人员收集了两辆参照车辆的技术经济参数。该车及参照车辆的技术经济参数见表 4-12。

表 4-12　被评估车辆与参照车辆的有关技术经济参数

序号	技术经济参数	参照车辆 A	参照车辆 B	标的车
1	车型	宝来 1.8 手动档(豪华型)	宝来 1.6 手动档(基本型)	宝来 1.6 自动档(基本型)
2	销售条件	公开市场	公开市场	公开市场
3	行驶里程	12 万 km	15 万 km	13 万 km
4	上牌时间	2004 年 6 月	2004 年 2 月	2005 年 3 月
5	技术状况	良好	良好	良好
6	交易地点	沈阳	沈阳	沈阳
7	付款方式	现金	现金	现金
8	交易时间	2008 年 4 月	2009 年 10 月	2010 年 2 月
9	成新率	74％	60％	待确定
10	规定使用年限	15 年	15 年	15 年
11	物价指数	1	1.03	1.03
12	交易价格	10.8 万元	8.8 万元	待评估

评估步骤如下。

1）技术检测

通过静态检测起动发动机运转平稳，无明显异响。表面无明显划痕，车内设备齐全并且功能良好，车辆内部干净整洁。通过动态检查经过试驾，车辆动力性能良好，爬坡有力，综合性能良好。

2）确定标的车成新率

根据以上检测结果，分析认为，该车整体技术状况良好，其使用年限与车辆的技术状况相吻合，故可采用使用年限法计算成新率。

$$C_Y = (1 - Y/Y_g) \times 100\% = (1 - 5/15) \times 100\% = 67\%$$

3）以参照车辆 A 为参照车辆作各项差异量化和调整

（1）结构性能差异量化及调整。参照车辆 A 为豪华型，被评估二手车为标准型，评估基准点时该项结构价格差异为 8 000 元。该项量化调整值为

$$-8\ 000\times67\%=-5\ 360(元)$$

(2) 销售时间差异量化与调整。参照车辆 A 成交时物价指数为 $I_0=1$,被评估二手车评估时物价指数为 $I_1=1.03$,该项物价指数调整值为

$$I=I_1/I_0=1.03/1=1.03$$

(3) 新旧程度差异量化与调整。该项调整值为

$$108\ 000\times(67\%-74\%)=-7\ 560$$

(4) 销售数量和付款方式无差异,不用量化和调整。

(5) 以参照车辆 A 为参照车辆时,被评估二手车的评估值 P_1 为

$$P_1=(108\ 000-5\ 360-7\ 560)\times1.03=95\ 080(元)$$

4) 以参照车辆 B 为参照车辆作各项差异量化和调整

(1) 结构性能差异量化及调整。参照车辆 B 与标的车酌车型相同。该项调整值为 0 元。

(2) 新旧程度差异量化与调整。该项调整值为

$$88\ 000\times(67\%-60\%)=6\ 160(元)$$

(3) 销售时间、数量和付款方式无差异,不用量化和调整。

(4) 计算以参照车辆 B 为参照车辆时,被评估二手车的评估值 P_2 为

$$P_2=88\ 000+6\ 160=94\ 160(元)$$

由于两辆参照车辆与被评估二手车的交易地点相同,且成新率、已使用年限、交易时间等参数均相接近,故可采用算术平均法计算被评估二手车评估值 P,即

$$P=(P_1+P_2)/2=(95\ 080+94\ 160)/2=94\ 620(元)$$

2. 实例二

在对某辆二手车进行评估时,评估人员选择了三个近期成交的与被评估二手车类别、结构基本相同,技术经济参数相近的车辆作参照车辆。参照车辆与被评估二手车的一些具体技术经济参数如表 4-13 所示,试采用现行市价法对该车进行价值评估。

表 4-13　被评估车辆及参照车辆的有关技术经济参数

序号	技术经济参数	参照车辆 A	参照车辆 B	参照车辆 C	被评估二手车
1	车辆交易价格/元	50 000	65 000	40 000	—
2	销售条件	公开市场	公开市场	公开市场	公开市场
3	交易时间	6 个月前	2 个月前	10 个月前	—
4	已使用年限/年	5	5	6	5
5	尚可使用年限/年	5	5	4	5
6	成新率/%	60	75	55	70
7	年平均维修费用/元	20 000	18 000	25 000	20 000
8	每百千米耗油量/L	25	22	28	24

评估步骤如下。

1)对被评估二手车与参照车辆之间的差异进行比较和量化

(1) 销售时间的差异。根据搜集到的资料表明,在评估之前到评估基准日之间的 1 年内,物价指数大约每月上升 0.5% 左右。各参照车辆与被评估二手车由于时间差异所产生的差

额为

① 被评估二手车与参照车辆 A 相比较晚 6 个月,价格指数上升 3%,其差额为
$$50\ 000 \times 3\% = 1\ 500(元)$$

② 被评估二手车与参照车辆 B 相比较晚 2 个月,价格指数上升 1%,其差额为
$$65\ 000 \times 1\% = 650(元)$$

③ 被评估二手车与参照车辆 C 相比较晚 10 个月,价格指数上升 5%,其差额为
$$40\ 000 \times 5\% = 2\ 000(元)$$

(2) 车辆性能的差异。

① 各参照车辆与被评估二手车每年由于燃油消耗的差异所产生的差额。按每日营运 150 km、每年平均出车 250 天,燃油价格按每升 2.2 元计算。

参照车辆 A 每年比被评估二手车多消耗燃料的费用为
$$(25-24) \times 2.2 \times 150/100 \times 250 = 825(元)$$

参照车辆 B 每年比被评估二手车少消耗燃料的费用为
$$(24-22) \times 2.2 \times 150/100 \times 250 = 1\ 650(元)$$

参照车辆 C 每年比被评估二手车多消耗燃料的费用为
$$(28-24) \times 2.2 \times 150/100 \times 250 = 3\ 300(元)$$

② 各参照车辆与被评估二手车每年由于维修费用的差异所产生的差额。

参照车辆 A 每年比被评估二手车多花费的维修费用为
$$20\ 000-20\ 000 = 0(元)$$

参照车辆 B 每年比被评估二手车少花费的维修费用为
$$20\ 000-18\ 000 = 2\ 000(元)$$

参照车辆 C 每年比被评估二手车多花费的维修费用为
$$25\ 000-20\ 000 = 5\ 000(元)$$

③ 各参照车辆与被评估二手车每年由于营运成本的差异所产生的差额。

参照车辆 A 比被评估二手车每年多花费的营运成本为
$$825+0 = 825(元)$$

参照车辆 B 比被评估二手车每年少花费的营运成本为
$$1650+2\ 000 = 3\ 650(元)$$

参照车辆 C 比被评估二手车每年多花费的营运成本为
$$3\ 300+5\ 000 = 8\ 300(元)$$

④ 取所得税率为 33%,则税后各参照车辆每年比被评估二手车多(或少)花费的营运成本如下:

税后参照车辆 A 比被评估二手车每年多花费的营运成本为
$$825 \times (1-33\%) = 552.75(元)$$

税后参照车辆 B 比被评估二手车每年少花费的营运成本为
$$3\ 650 \times (1-33\%) = 2\ 445.5(元)$$

税后参照车辆 C 比被评估二手车每年多花费的营运成本为
$$8\ 300 \times (1-33\%) = 5\ 561(元)$$

⑤ 适用的折现率为 $i=10\%$,则在剩余的使用年限内,各参照车辆比被评估二手车多(或

笔记

少)花费的营运成本为

参照车辆 A 比被评估二手车多花费的营运成本折现累加为

$$552.75 \times \frac{(1+10\%)^5-1}{10\% \times (1+10\%)^5} = 2\,095(元)$$

参照车辆 B 比被评估二手车少花费的营运成本折现累加为

$$2\,445.5 \times \frac{(1+10\%)^5-1}{10\% \times (1+10\%)^5} = 9\,270(元)$$

参照车辆 C 比被评估二手车多花费的营运成本折现累加为

$$5\,561 \times \frac{(1+10\%)^4-1}{10\% \times (1+10\%)^4} = 17\,628(元)$$

(3) 成新率的差异。

参照车辆 A 比被评估二手车由于成新率的差异所产生的差额为

$$50\,000 \times (70\%-60\%) = 5\,000(元)$$

参照车辆 B 比被评估二手车由于成新率的差异所产生的差额为

$$65\,000 \times (70\%-75\%) = -3\,250(元)$$

参照车辆 C 比被评估二手车由于成新率的差异所产生的差额为

$$40\,000 \times (70\%-55\%) = 6\,000(元)$$

2) 根据被评估二手车与参照车辆之间差异的量化结果,确定车辆的评估值

(1) 初步确定被评估二手车的评估值。

与参照车辆 A 相比分析调整差额,初步评估的结果为

$$车辆评估值 = 50\,000+1500+2\,095+5\,000 = 58\,595(元)$$

与参照车辆 B 相比分析调整差额,初步评估的结果为

$$车辆评估值 = 65\,000+650-9\,270-3\,250 = 53\,130(元)$$

与参照车辆 C 相比分析调整差额,初步评估的结果为

$$车辆评估值 = 40\,000+2\,000+17\,628+6\,000 = 65\,628(元)$$

(2) 综合定性分析,确定被评估二手车的评估值。

从上述初步估算的结果可知,按三个不同的参照车辆进行比较测算,初步评估的结果最多相差 12\,498 元(65\,628 元－53\,130 元＝12\,498 元)。其主要原因是三个参照车辆的成新率不同(参照车辆 A 为 60\%、参照车辆 B 为 75\%、参照车辆 C 为 55\%);另外,在选取有关的技术经济参数时也可能存在误差。为减少误差,结合考虑被评估二手车与参照车辆的相似程度,决定采用加权平均法确定评估值。参照车辆 B 的交易时间离评估基准日较接近(仅隔 2 个月),且已使用年限、尚可使用年限、成新率等都与被评估二手车最相近,由于它的相似程度比参照车辆 A、C 更大,故决定取参照车辆 B 的加权系数为 60\%;参照车辆 A 的交易时间、已使用年限、尚可使用年限、成新率等比参照车辆 C 的相似程度更大,故决定取参照车辆 A 的加权系数为 30\%;取参照车辆 C 的加权系数为 10\%。加权平均后,被评估二手车的评估值为

$$车辆评估值 = 53\,130 \times 60\%+58\,595 \times 30\%+65\,628 \times 10\% \approx 56\,019.3(元)$$

任务五　运用清算价格法评估二手车

知识目标
- 掌握清算价格法等相关概念的含义。
- 掌握清算价格法的计算。

能力目标
- 能够运用清算价格法对二手车价格进行评估计算。

任务剖析

二手车价格估算方法有重置成本法、收益现值法、现行市价法、清算价格法等。二手车评估师必须根据二手车评估的目的正确选择合适的方法,才能正确估算二手车的价格。

二手车评估师根据评估目的,选择了相应的计价标准和评估方法,并依据现场车辆查勘的结果确定了二手车成新率之后,即可根据不同评估方法的数学模型计算被评估二手车的评估值。评定估算工作就是对被评估车辆所收集的数据资料、技术鉴定资料进行整理,根据评估目的选择适用的评估标准和评估方法,本着客观、公正的原则对车辆进行评定估算,确定评估结果。

任务载体

清算价格法是从车辆资产债权人的角度出发,以车辆快速变现为目的进行评估的,因此,适用于企业破产、资产抵押、停业清理等急于出售变现的车辆评估,如法院、海关委托评估的涉案车辆。

相关知识

4.5.1　清算价格法的相关理论

4.5.1.1　清算价格法的基本原理

1. 清算价格法的概念

清算价格法是以清算价格为依据来估算二手车价格的一种方法。所谓清算价格,指企业在停业或破产后,在一定的期限内拍卖资产(如车辆)时可得到的变现价格。

清算价格法的理论基础是清算价格标准。

2. 清算价格法的基本原理

清算价格法在原理上基本与现行市价法相同,所不同的是迫于停业或破产,清算价格往往大大低于现行市场价格。这是由于企业被迫停业或破产,急于将车辆拍卖、出售。

4.5.1.2　清算价格法的应用前提和适用范围

1. 清算价格法的应用前提

以清算价格法评估车辆价格的前提条件有以下三点：

(1) 以具有法律效力的破产处理文件或抵押合同及其他有效文件为依据。

(2) 车辆在市场上可以快速出售变现。

(3) 所卖收入足以补偿因出售车辆的附加支出总额。

2. 清算价格法的适用范围

清算价格法适用于企业破产、资产抵押和停业清理时要出售的车辆。

(1) 企业破产。当企业或个人因经营不善造成的亏损严重，到期不能清偿债务时，企业应依法宣告破产，法院以其全部财产依法清偿其所欠的债务，不足部分不再清偿。

(2) 资产抵押。资产抵押是以所有者资产作抵押物进行融资的一种经济行为，是合同当事人一方用自己特定的财产(如机动车辆)向对方保证履行合同义务的担保形式。提供财产的一方为抵押人，接受抵押财产的一方为抵押权人。抵押人不履行合同时，抵押权人有权利将抵押财产在法律允许的范围内变卖，从变卖抵押物价款中优先受偿。

(3) 停业清理。停业清理是指企业由于经营不善导致严重亏损，已临近破产的边缘或因其他原因将无法继续经营下去，为弄清企业财物现状，对全部财产进行清点、整理和查核，为经营决策(破产清算或继续经营)提供依据，以及因资产损毁、报废而进行清理、拆除等的经济行为。

4.5.1.3　影响清算价格的主要因素

在二手车评估中，影响清算价格的主要因素包括破产形式、债权人处置车辆的方式、车辆清理费用、拍卖时限、公平市价和参照车辆价格等。

(1) 破产形式。如果企业丧失车辆处置权，出售的一方无讨价还价的可能，则以买方出价决定车辆售价；如果企业未丧失处置权，出售车辆一方尚有讨价还价余地，则以双方议价决定售价。

(2) 债权人处置车辆的方式。按抵押时的合同契约规定执行，如公开拍卖或收回。

(3) 车辆清理费用。在企业破产等情况下评估车辆价格时，应对车辆清理费用及其他费用给予充分的考虑。如果这些费用太高拍卖变现后所剩无几，则失去了拍卖还债的意义。

(4) 拍卖时限。一般来说，规定的拍卖时限长，售价会高些；时限短，则售价会低些。这是由资产快速变现原则产生的特定买方市场所决定的。

(5) 公平市价。公平市价是指车辆交易成交时，使交易双方都满意的价格。在清算价格中卖方满意的价格一般不易求得。

(6) 参照车辆价格。参照车辆价格是指在市场上出售相同或类似车辆的价格。一般来说，市场参照车辆价格高，车辆出售的价格就会高，反之，则低。

4.5.2　清算价格评估方法的选择

清算价格法是从车辆资产债权人的角度出发，以车辆快速变现为目的进行评估的，因此，适用于企业破产、资产抵押、停业清理等急于出售变现的车辆评估,如法院、海关委托评估的涉案车辆。

评估方法的多样性,为鉴定评估人员提供了选择评估的途径。选择评估方法时应考虑以下因素:

(1) 必须严格与二手车评估的计价标准相适应。

(2) 要受收集数据和信息资料的制约。

(3) 要充分考虑二手车鉴定评估工作的效率,选择简单易行的方法。

鉴于上述因素的考虑,采用清算价格法评估车辆时,又受其适用条件的局限。

4.5.3　应用清算价格法评估的具体方法

目前,对于清算价格的确定方法,从理论上还难以找到十分有效的依据,但在实践上仍有一些方法可以采用,主要方法有如下三种。

1. 评估价格折扣法

首先,根据被评估二手车的具体情况及所获得的资料,选择重置成本法、收益现值法及现行市价法中的一种方法确定被评估二手车的价格;然后,根据市场调查和快速变现原则,确定一个合适的折扣率。用评估价格乘以折扣率,所得结果即为被评估二手车的清算价格。例如,一辆二手桑塔纳轿车,经调查在二手车交易市场上成交价为 4 万元,根据销售情况调查,折价 20% 可以当即出售,则该车辆清算价格为 $4×(1-20\%)=3.2$(万元)。

2. 模拟拍卖法

模拟拍卖法,也称意向询价法。这种方法是根据向被评估二手车的潜在购买者询价的办法取得市场信息,最后经评估人员分析确定其清算价格的一种方法。用这种方法确定的清算价格受供需关系影响很大,要充分考虑其影响的程度。

例如,有 8t 自卸车 1 台,拟评估其拍卖清算价格,评估人员经过对两家运输公司、三个个体运输户征询意向价格,其报价分别为 7 万元、8.3 万元、7.8 万元、8 万元和 7.5 万元,平均价为 7.72 万元。考虑目前各种因素,评估人员确定清算价格为 7.5 万元。

3. 竞价法

竞价法是由法院按照破产清算的法定程序或由卖方根据评估结果提出一个拍卖的底价,在公开市场上由买方竞争出价,谁出的价格高就卖给谁。

任务回顾

(1) 清算价格法的相关理论。

(2) 运用清算价格法评估二手车。

任务实施步骤

(一) 任务要求

运用清算价格法对二手车的价格进行评估。

(二) 任务实施的步骤

1. 用清算价格法来评估二手车

某法院欲在近期内将其扣押的一辆轻型载货汽车拍卖出售。至评估基准日止,该汽车已使用了 1 年 6 个月,车况与其新旧程度相符,试评估该车的清算价格。

分析:据了解,本次评估的目的属债务清偿,应采用的评估方法为清算价格法。根据被评估车辆的实际情况和所掌握的资料,决定首先利用重置成本法确定车辆在公平市场条件下的评估价格;然后,根据市场调查,按一定的折现率确定汽车的清算价格。

评估步骤如下:

(1) 根据题目已知条件,采用重置成本法确定清算价格。

(2) 求已使用年限和规定使用年限。该车已使用年限为 1 年 6 个月,折合为 18 个月;根据国家规定,被评估车辆的使用年限为 10 年,折合为 120 个月。

(3) 确定车辆的成新率。被评估车辆的价值不高,且车辆的技术状况与其新旧程度相符,决定采用使用年限法确定其成新率,被评估车辆的成新率 C_Y 为

$$C_Y = \left(1 - \frac{Y}{Y_g}\right) \times 100\% = \left(1 - \frac{180}{120}\right) \times 100\% = 85\%$$

(4) 确定车辆的重置成本全价。据市场调查,全新的同型车目前的售价为 5.5 万元。根据相关规定,购置此型车时,要缴纳 10% 的车辆购置税,3% 的货运附加费,故被评估车辆的重置成本全价 B 为

$$B = 55\,000 \times (1 + 10\% + 3\%) = 62\,150(元)$$

(5) 确定被评估车辆在公平市场条件下的评估值。根据调查了解,被评估车辆的功能性损耗及经济性损耗均很小,可忽略不计.故在公平市场条件下,该车的评估值为

$$P = BC = 62\,150 \times 85\% \approx 52\,828(元)$$

(6) 确定折扣率。根据市场调查,折扣率取 75% 时,可在清算日内出售车辆,故确定折扣率为 75%。

(7) 确定被评估车辆的清算价格为

$$车辆的清算价格 = 52\,828 \times 75\% = 39\,621(元)$$

思考与训练

一、思考题

1. 什么是现行市价法?应用现行市价法有什么样的前提条件?

2. 什么是收益现值法,它适用于哪类二手车价格评估?

3. 说明清算价格评估的三种方法。

4. 什么是物价指数法,它适用于哪类二手车价格评估?

二、选择题

1. 车辆不能继续使用,只能按拆件处理时,应用(   )方法评估其价值。

A. 重置成本　　　　B. 收益现值　　　　　C. 现行市价　　　　　D. 清算价格

2. 对于现行市价法中,关于二手车交易的可比性叙述,(   )不正确。

A. 参照的二手车在近期市场上交易过

B. 参照的二手车型号及使用年限相同

C. 与参照的二手车比较的指标、技术参数资料可收集

D. 价值影响因素明确,可以量化

3. 下列(　　)不是现行市价法的特点。

A. 能够较为准确地反映二手车的市场情况

B. 评估结果易于被各方面接受

C. 必须要有成熟、公开、活跃的二手车交易市场为基础

D. 一般情况下,同一厂家、同一型号、同一天登记的车辆,其评估价格应是一样的

4. 下列(　　)不是收益现值法的依据三要素。

A. 被评估二手车的预期收益

B. 折现率或资本化率

C. 被评估二手车的预期收益持续时间

D. 具有可比性的二手车市场价格

5. 在二手车原始成本的基础上,通过现行物价指数确定其重置成本的方法称为(　　)。

A. 重置核算法　　　B. 物价指数法　　　C. 综合分析法　　　D. 技术分析法

6. 下列(　　)不是物价指数法的特点。

A. 适用于被评估车辆无法找到现时市场价格时

B. 必须要有被评估车辆的账面购买原价

C. 其确定的是复原重置成本

D. 在汽车价格变动较快的时期采用此法评估较为准确

7. 用重置成本与有形损耗率来计算车辆实体性贬值的方法称为(　　)。

A. 有形损耗法　　　B. 成新率法　　　C. 使用年限法　　　D. 修复费用法

8. 下列对二手车评估方法选择的叙述(　　)不正确。

A. 同一种评估标准,可以采用不同的评估方法

B. 数据与信息收集制约评估方法

C. 尽量选择简单的方法

D. 尽量选择重置成本法

9. 通过评估得出二手车评估价值的过程中,下列(　　)基本不予考虑。

A. 二手车的原值　　　　　　　　　B. 二手车的净值

C. 二手车的残值　　　　　　　　　D. 二手车的重置完全价值

10. 对于运用重置成本法进行二手车评估时,其成新率确定方法选择的叙述,(　　)不正确。

A. 对于重置成本不高的车辆,采用使用年限法

B. 对于重置成本中等的车辆,采用综合分析法

C. 对于重置成本较高的车辆,采用部件鉴定法

D. 以上叙述均不正确

三、判断题

(　　)1. 现行市价法就是用曾经交易过的参照二手车价格作为被评估车辆的评估价格。

（　　）2. 收益现值法一般适合于有特定经营权的二手车。

（　　）3. 无风险利率一般指同期国库券利率。

（　　）4. 在运用收益现值法进行二手车评估时,可以认为二手车的未来收益是逐年减少的。

（　　）5. 收益率越高,则评估价格就越低。

（　　）6. 重置成本法就是在以评估基准日的当前条件下重新购置一辆全新状态的被评估车辆所需的全部成本。

（　　）7. 清算价格一般由买方决定。

（　　）8. 二手车的重置成本是其价格的最大可能值。

（　　）9. 属于所有权转让的经济行为,可将被评估车辆的现行市场成交价格作为被评估车辆的重置全价。

（　　）10. 对于咨询类服务,由于其要求并不严格,所以二手车鉴定时只提供鉴定评估作业表供存档即可。

（　　）11. 对于低档车,对车辆进行技术状况鉴定时,一般采用整车观测法即可。

（　　）12. 在采用重置成本法时,若车辆档次较高,一般用部件鉴定法确定成新率。

▶ 项目五

撰写评估报告

任务一　二手车鉴定评估报告书的撰写

❓ 学习目标

通过本单元任务的学习,掌握如何撰写二手车鉴定评估报告书。如何填写二手车评估鉴定登记表和二手车鉴定评估作业表。

☆ 期待效果

学会对实践当中的二手车评估撰写二手车鉴定评估报告书及其附件。

📖 项目理解

任务一:二手车鉴定评估报告是指二手车鉴定评估机构按照评估工作制度有关规定,在完成鉴定评估工作后向委托方和有关方面提交的说明二手车鉴定评估过程和结果的书面报告。它是按照一定格式和内容来反映评估目的、程序、依据、方法、结果等基本情况的报告书。

任务一　二手车鉴定评估报告书的撰写

知识目标
- 掌握二手车鉴定评估报告的格式。
- 掌握二手车鉴定评估报告的内容要求。

能力目标
- 能够撰写二手车鉴定评估报告书。

📖 任务剖析

二手车鉴定评估报告是一种工作制度。它规定评估机构在完成二手车鉴定评估工作之后必须按照一定的程序和要求,用书面形式向委托方报告鉴定评估过程和结果。

二手车鉴定评估报告书是二手车鉴定评估机构完成对二手车作价意见,提交给委托方的公正性的报告,也是二手车鉴定评估机构履行评估合同情况的总结,还是二手车鉴定评估机构为其所完成的鉴定评估结论承担相应法律责任的证明文件。

笔记

任务载体

二手车鉴定评估报告书是按照一定格式和内容来反映评估目的、程序、依据、方法、结果等基本情况的报告书。二手车鉴定评估报告是二手车鉴定评估的结论，是最关键的、具有法律效力的文件，它体现了汽车评估的严谨性。

相关知识

5.1.1　二手车鉴定评估报告书的作用

二手车鉴定评估报告书不仅是一份评估工作的总结，而且是其价格的公正性文件和二手车交易双方认定二手车价格的依据。

5.1.1.1　二手车鉴定评估报告书对委托方的作用

(1) 作为产权交易变动的作价依据。二手车鉴定评估报告书是经具有机动车鉴定评估资格的机构根据被委托鉴定评估车辆的状况，由专业的二手车鉴定评估师，遵循评估的原则和标准，按照法定的程序，运用科学的方法对被委托评估的车辆价值进行评定和估算后，通过报告书的形式提出的作价意见。该作价意见不代表任何当事人一方的利益，是一种专家评估的意见，因而具有较强的公正性和科学性，可以作为二手车买卖交易谈判底价的参考依据，或作为投资比例出资价格的证明材料，特别是对涉及国有资产的二手车给出客观公正的作价，可以有效地防止国有资产的流失，确保国有资产价格的客观、公正、真实。

(2) 作为法庭辩论和裁决时确认财产价格的举证材料。

(3) 作为支付评估费用的依据。当委托方(客户)收到评估资料及报告后没有提出异议，也就是说评估的资料及结果符合委托书的条款，委托方应以此为前提和依据向受托方(评估机构)付费。

(4) 二手车鉴定评估报告书是反映和体现评估工作情况，明确委托方、受托方及有关方面责任的根据。二手车鉴定评估报告书采用文字的形式，对受托方进行二手车评估的目的、背景、产权、依据、程序、方法等过程和评定的结果进行说明和总结，体现了评估机构的工作成果；同时，也反映和体现了二手车鉴定评估机构与鉴定评估人员的权利和义务，并以此来明确委托方和受托方的法律责任。撰写评估结果报告书还行使了二手车鉴定评估人员在评估报告书上签字的权利。

5.1.1.2　二手车鉴定评估报告书对鉴定评估机构的作用

(1) 二手车鉴定评估报告书是评估机构评估成果的体现，是一种动态管理的信息资料，体现了评估机构的工作情况和工作质量。

(2) 二手车鉴定评估报告书是建立评估档案，归集评估档案资料的重要信息来源。

5.1.2　撰写二手车鉴定评估报告的基本要求

国家国有资产管理局以国资办发[1993]55 号文发布了《关于资产评估报告书的规范意见》,对资产评估报告书的撰写提出了比较系统的规范要求,结合二手车鉴定评估的实际情况,主要要求如下:

(1) 鉴定评估报告必须依照客观、公正、实事求是的原则由二手车鉴定评估机构独立撰写,如实反映鉴定评估的工作情况。

(2) 鉴定评估报告应有委托单位(或个人)的名称、二手车鉴定评估机构的名称和印章,二手车鉴定评估机构法人代表或其委托人和二手车鉴定评估师的签字,以及提供报告的日期。

(3) 鉴定评估报告要写明评估基准日,并且不得随意更改。所有在评估中采用的税率、费率、利率和其他价格标准,均应采用基准日的标准。

(4) 鉴定评估报告中应写明评估的目的、范围、二手车的状态和产权归属。

(5) 鉴定评估报告应说明评估工作遵循的原则和依据的法律、法规,简述鉴定评估过程,写明评估的方法。

(6) 鉴定评估报告应有明确的鉴定估算价值的结果,鉴定结果应有二手车的成新率,应有二手车原值、重置价值、评估价值等。

(7) 鉴定评估报告还应有齐全的附件。

5.1.3　撰二手车鉴定评估报告书的基本内容

二手车鉴定评估报告书主要包括以下内容。

1. 封面

二手车鉴定评估报告书的封面须包含下列内容:二手车鉴定评估报告书名称、鉴定评估机构出具鉴定评估报告的编号、二手车鉴定评估机构全称和鉴定评估报告提交日期等。有服务商标的,评估机构可以在报告封面载明其图形标志。

2. 首部

鉴定评估报告书正文的首部应包括标题和报告书序号。

1) 标题

标题应简练清晰,含有"××××(评估项目名称)鉴定评估报告书"字样,位置居中偏上。

2) 报告书序号

报告书序号应符合公文的要求,包括评估机构特征字、公文种类特征字(例如:评报、评咨和评函,评估报告书正式报告应用"评报",评估报告书预报告应用"评预报")、年份、文件序号,例如:××评报字(2010)第 10 号。

3. 绪言

写明该评估报告委托方全称、受委托评估事项及评估工作整体情况,一般应采用包含下列内容的表达格式。

"××(鉴定评估机构)接受××××的委托,根据国家有关资产评估的规定,本着客观、独立、公正、科学的原则,按照公认的资产评估方法,对××××(车辆)进行了鉴定评估。本机构鉴定评估人员按照必要的程序,对委托鉴定评估车辆进行了实地查勘与市场调查,对其在×××× 年××月××日所表现的市场价值作出了公允反映。现将车辆评估情况及鉴定评估结果

笔记

报告如下。"

4. 委托方与车辆所有方简介

(1) 应写明委托方、委托方联系人的名称、联系电话及住址。

(2) 应写明车主的名称。

5. 鉴定评估目的

应写明本次鉴定评估是为了满足委托方的何种需要,及其所对应的经济行为类型。例如,根据委托方的要求,本项目评估目的(在□处填√):

□交易 □转籍 □拍卖 □置换 □抵押 □担保 □咨询 □司法裁决

6. 鉴定评估对象

须简要写明纳入评估范围车辆的厂牌型号、车牌号码、发动机号、车辆识别代号/车架号、注册登记日期、年审检验合格有效日期、车辆购置税证号码、车船使用税缴纳有效期。

7. 鉴定评估基准日

写明车辆鉴定评估基准日的具体日期,式样如下:

鉴定评估基准日:××××年××月××日。

8. 评估原则

严格遵循"客观性、独立性、公正性、科学性"原则。

9. 评估依据

评估依据一般包括行为依据、法律法规依据、产权依据和评定及取价依据等。对评估中所采用的特殊依据也应在本节内容中披露。

1) 行为依据

行为依据主要是指二手车鉴定评估委托书、法院的委托书等经济行为文件,如"二手车鉴定评估委托书第 10 号"。

2) 法律、法规依据

法律、法规依据应包括车辆鉴定评估的有关条款、文件及涉及车辆评估的有关法律、法规等。

3) 产权依据

产权依据是指被评估车辆的机动车登记证书或其他能够证明车辆产权的文件等。

4) 评定及取价依据

评定及取价依据应为鉴定评估机构收集的国家有关部门发布的统计资料和技术标准资料,以及评估机构收集的有关询价资料和参数资料等,例如,以下一些资料:

(1) 技术标准资料:《最新资产评估常用数据与参数手册》。

(2) 技术参数资料:被评估二手车的技术参数表。

(3) 技术鉴定资料:车辆检测报告单。

(4) 其他资料:现场工作底稿、市场询价资料等。

10. 评估方法及计算过程

简要说明评估人员在评估过程中所选择并使用的评估方法;简要说明选择评估方法的依据或原因;如评估时采用一种以上的评估方法,应适当说明原因并说明该资产评估价值确定方法;对于所选择的特殊评估方法,应适当介绍其原理与适用范围;简单说明各种评估方法计算的主要步骤等。

11. 评估过程

评估过程应反映二手车鉴定评估机构自接受评估委托起至提交评估报告的工作过程,包括接受委托、验证、现场查勘、市场调查与询证、评定估算和提交报告等过程。

12. 评估结论

给出被评估车辆的评估价格、金额(小写、大写)。

13. 特别事项说明

评估报告中陈述的特别事项是指在已确定评估结果的前提下,评估人员揭示在评估过程中已发现可能影响评估结论,但非评估人员执业水平和能力所能评定估算的有关事项;提示评估报告使用者应注意特别事项对评估结论的影响;揭示鉴定评估人员认为需要说明的其他问题。

14. 评估报告法律效力

揭示评估报告的有效日期;特别提示评估基准日期后的事项对评估结论的影响以及评估报告的使用范围等。常见写法如下:

(1) 本项评估结论有效期为 90 天,自评估基准日至××××年××月××日止。

(2) 当评估目的在有效期内实现时,本评估结果可以作为作价参考依据;超过 90 天,需重新评估。另外,在评估有效期内若被评估车辆的市场价格或因交通事故等原因导致车辆的价值发生变化,对车辆评估结果产生明显影响时,委托方也需重新委托评估机构重新评估。

(3) 鉴定评估报告书的使用权归委托方所有,其评估结论仅供委托方为本项目评估目的使用和送交二手车鉴定评估主管机关审查使用,不适用于其他目的;因使用本报告书不当而产生的任何后果与签署本报告书的鉴定评估师无关;未经委托方许可,本鉴定评估机构承诺不将本报告书的内容向他人提供或公开。

15. 鉴定评估报告提出日期

写明评估报告提交委托方的具体时间。评估报告原则上应在确定的评估基准日后1周内提出。

16. 附件

附件应包括:二手车鉴定评估委托书、二手车鉴定评估作业表、车辆行驶证、车辆购置税、车辆登记证书复印件、二手车鉴定评估师资格证书影印件、鉴定评估机构营业执照影印件、鉴定评估机构资质影印件和二手车照片等。

17. 尾部

写明出具评估报告的评估机构名称,并盖章;写明评估机构法定代表人姓名并签名;注册二手车鉴定评估师盖章并签名;高级注册二手车鉴定评估师审核签章以及报告日期。

5.1.4 编制二手车鉴定评估报告书的步骤及注意事项

5.1.4.1 编制二手车鉴定评估报告书的步骤

编制二手车鉴定评估报告书是完成评估工作的最后一道工序,也是评估工作中的一个很重要的环节。评估人员通过评估报告不仅要真实准确地反映评估工作情况,而且表明评估者在今后一段时期里对评估的结果和有关的全部附件资料承担相应的法律责任。二手车鉴定评估报告是记述鉴定评估成果的文件,是鉴定评估机构向委托方和二手车鉴定评估管理部门提

笔记

交的主要成果。鉴定评估报告的质量高低,不仅反映鉴定评估人员的水平,而且直接关系到有关各方的利益。这就要求评估人员编制的报告要思路清晰、文字简练准确、格式规范、有关的取证与调查材料和数据真实可靠。为了达到这些要求,评估人员应按下列步骤进行评估报告的编制。

1) 评估资料的分类整理

被评估二手车的有关背景资料、技术鉴定情况资料及其他可供参考的数据记录等评估资料是编制二手车鉴定评估报告的基础。一个较复杂的评估项目是由两个或两个以上评估人员合作完成的,将评估资料进行分类整理,包括评估鉴定作业表的审核、评估依据的说明和最后形成评估的文字材料。

2) 鉴定评估资料的分析讨论

在整理资料工作完成后,应召集参与评估工作过程的有关人员,对评估的情况和初步结论进行分析讨论。如果发现其中提法不妥、计算错误、作价不合理等方面的问题,要求进行必要的调整。若采用两种不同方法评估并得出两个不同结论的,需要在充分讨论的基础上得出一个正确的结论。

3) 鉴定评估报告书的撰写

评估报告的负责人应根据评估资料讨论后的修正意见,进行资料的汇总编排和评估报告书的撰写工作;然后将二手车鉴定评估的基本情况和评估报告书初稿得到的初步结论与委托方交换意见,听取委托方的反馈意见后,在坚持客观、公正、科学、可行的前提下,认真分析委托方提出的问题和意见,考虑是否应该修改评估报告书,对报告书中存在的疏忽、遗漏和错误之处进行修正,待修正完毕即可撰写出正式的二手车鉴定评估报告书。

4) 评估报告的审核

评估报告先由项目负责人审核,再报评估机构经理审核签发,同时要求二手车鉴定评估人员签字并加盖评估机构公章。送达客户签收,必须要求客户在收到评估书后,按送达回证上的要求认真填写并要求收件人签字确认。

5.1.4.2　编制二手车鉴定评估报告书时应注意的事项

编制二手车鉴定评估报告书时应注意以下事项。

(1) 实事求是,切忌出具虚假报告。报告书必须建立在真实、客观的基础上,不能脱离实际情况,更不能无中生有。报告拟定人应是参与鉴定评估并全面了解被评估车辆的主要鉴定评估人员。

(2) 坚持一致性做法,切忌出现表里不一。报告书文字、内容要前后一致,正文、评估说明、作业表、鉴定工作底稿、格式甚至数据要相互一致,不能出现相互矛盾的不一致情况。

(3) 提交报告书要及时、齐全和保密。在正式完成二手车鉴定评估报告工作后,应按业务约定书的约定时间及时将报告书送交委托方。送交报告书时,报告书及有关文件要送交齐全。

🔍 任务回顾

(1) 二手车鉴定评估报告书及附件的撰写;

(2) 致二手车鉴定评估的委托评估方函及附件的撰写。

任务实施步骤

（一）任务要求

撰写二手车鉴定评估报告书及附件；撰写致二手车鉴定评估的委托评估方函及附件。

（二）任务实施的步骤

1. 案例一

二手车鉴定评估报告书

×××市×××二手车评估中心鉴定评估机构评报字（2011年）第006号

一、绪言

×××市二手交易市场接受×××市人民法院的委托，根据国家有关资产评估的规定，本着客观、独立、公正、科学的原则，按照公认的资产评估方法，对豫A12 345（车辆）进行了鉴定评估。本机构鉴定评估人员按照必要的程序，对委托鉴定评估车辆进行了实地查勘与市场调查，并对其在2011年2月9日所表现的市场价值作出了公允反映。现将车辆评估情况及鉴定评估结果报告如下。

二、委托方与车辆所有方简介

（一）委托方×××市人民法院

委托方联系人李××，联系电话138×××××××××。

（二）根据《机动车行驶证》所示，委托车辆车主王××。

三、评估目的

根据委托方的要求，本项目评估目的（在□处填√）：

□交易　□转籍　□拍卖　□置换　□抵押　□担保　□咨询　□司法裁决

四、评估对象

评估车辆的厂牌型号（5601-2.O-A/MT）；车牌号码（豫A12 345）；发动机号（563723）；车辆识别代号/车架号（0952046）；登记日期（2007年5月）；年审检验合格至2011年4月；车辆购置税（已交，5230432314）；车船使用税（2011年已交，343127）。

五、鉴定评估基准日

鉴定评估基准日：2011年2月9日。

六、评估原则

严格遵循"客观性、独立性、公正性、科学性"原则。

七、评估依据

（一）行为依据

二手车评估委托书第［20111006号］。

（二）法律、法规依据

1.《国有资产评估管理办法》（国务院令第91号）；

2. 原国家国有资产管理局《关于印发〈国有资产评估管理办法施行细则〉的通知》（国资办发［1992］36号）；

3. 原国家国有资产管理局《关于转发〈资产评估操作规范意见（试行）〉的通知》（国资办发

笔记

[1996]23 号);

4. 国家经贸委等部门《汽车报废标准》(国经贸经[1997]456 号)、《关于调整轻型载货汽车及其补充规定》(国经贸经[1998]407 号)、《关于调整汽车报废标准若干规定的通知》(国经贸资源[2000]1202 号)等;

5. 其他相关的法律、法规等。

(三) 产权依据

委托鉴定评估车辆的机动车登记证书编号 861753。

(四) 评定及取价依据

技术标准资料:《汽车标准汇编》;

技术参数资料:随车说明书;

技术鉴定资料:《汽车质检技术》和《汽车维修手册》。

八、评估方法(在□处填√)

□重置成本法　　□现行市价法　　□收益现值法　　□其他[1]

计算过程如下:因该车鉴定评估目的为司法裁决,故采用清算价格法(按重置成本法估算成新率),重置成本全价为现时新车价加上车辆购置附加税。本车的重置成新率为 77.72%(见附件二成新率估算明细表),清算折扣率为 80%。

计算公式为:评估＝重置成本全价×成新率×清算折扣率
$$= 870\,000 \times 77.72\% \times 80\% = 540\,931 \text{ 元}$$

九、评估过程

按照接受委托、验证、现场查勘、评定估算和提交报告的程序进行。

十、评估结论

车辆评估价格 540 931 元,金额大写伍拾肆万零玖佰叁拾壹元整。

十一、特别事项说明[2]

该车轮胎有缺口起动不平衡,但不影响汽车平稳性。

十二、评估报告法律效力

(一) 本项评估结论有效期为 90 天,自评估基准日至 2011 年 5 月 9 日止。

(二) 当评估目的在有效期内实现时,本评估结果可以作为作价参考依据;超过 90 天,需重新评估。另外在评估有效期内若被评估车辆的市场价格或因交通事故等原因导致车辆的价值发生变化,对车辆评估结果产生明显影响时,委托方也需重新委托评估机构重新评估。

(三) 鉴定评估报告书的使用权归委托方所有,其评估结论仅供委托方为本项目评估目的使用和送交二手车鉴定评估主管机关审查使用,不适用于其他目的;因使用本报告书不当而产生的任何后果与签署本报告书的鉴定评估师无关;未经委托方许可,本鉴定评估机构承诺不将本报告书的内容向他人提供或公开。

附件:

附件一　二手车鉴定评估委托书(略)

附件二　二手车评估鉴定表和成新率估算明细表

附件三　车辆行驶证、购置附加税(费)证复印件(略)

附件四　鉴定评估师职业资格证书复印件(略)

附件五　鉴定评估机构营业执照复印件(略)

笔记

附件六 二手车照片(要求外观清晰,车辆牌照能够辨认)(略)

注册二手车鉴定评估师(签字、盖章): 复核人[3](签字、盖章):

(二手车鉴定评估机构盖章)

×××市×××二手车评估中心

2011 年 2 月 9 日

注:[1] 指利用两种或两种以上的评估方法对车辆进行鉴定评估,并以它们评估结果的加权值为最终评估结果的方法。

[2] 特别事项是指在已确定评估结果的前提下,评估人员认为需要说明在评估过程中已发现可能影响评估结论,但非评估人员执业水平和能力所能评定估算的有关事项以及其他问题。

[3] 复核人应具有高级鉴定评估师资格。

本报告书和作业表一式三份,委托方两份,受托方一份。

附件二 二手车评估鉴定表和成新率估算明细表

二手车评估鉴定表

车主		王××		所有权性质	□公 □私	联系电话	×××××
住址		铁岭市昌图县			经办人	李××	
车辆技术参数与使用情况	厂牌型号	560i-2.0-A/MT		机动车号牌	辽 M13845	车辆类型	轿车
	车辆识别代号(VIN)		×××××××			颜色	黑色
	发动机号	563723		车架号		0952046	
	载质量/座位/排量		2.0 L			燃料种类	汽油
	初次登记日期	2007 年 3 月		车辆出厂日期		2006 年 9 月	
	已使用年限	35 个月	累计行驶里	6.5 万 km	使用用途	私人使用	
检查核对交易证件	证件	□原始发票 □登记证 □行驶证 □法人代码或身份证 □其他					
	税费	□购置附加税 □其他					
结构特点		发动机前置前驱					
现时技术状况		在车速较高的情况下,车内没有噪声。制动反应灵敏,制动无跑偏现象。各项性能均完好					
维护情况		良好		现时状态		整车如新	

（续表）

笔记

价值反映	账面原值/元	87 万		车主报价/元		55 万	
	重置成本/元	87 万	成新率	77.72%	评估价格		540 931

鉴定评估目的：为法院司法裁定提供价值依据

注：因该车鉴定评估目的为司法裁决，故采用清算价格法（按重置成本法估算成新率），重置成本全价为现时新车价加上车辆购置附加税。本车的重置成新率为 77.72%（因车辆价值较高，采用总成部件法估算成新率，见附件二成新率估算明细表），清算折扣率为 80%。

计算公式为：评估价＝重置成本全价×成新率×清算折扣率

$$= 870\,000 \times 77.72\% \times 80\% = 540\,931 \text{ 元}$$

注册二手车鉴定评估师（签名）：　　　　　复核人（签名）：

2010 年 2 月 9 日　　　　　　　　　　　2010 年 2 月 9 日

填表说明：

(1) 现时技术状况：必须如实填写对车辆进行技术鉴定的结果，客观真实地反映出二手车主要部分（含车身、底盘、发动机、电气、内饰等）以及整车的现时技术状况。

(2) 鉴定评估说明：应详细说明重置成本的计算方法、成新率的计算方法以及评估价格的计算方法。

成新率估算明细表

汽车部件	权分/%	成新率/%	加权成新率/%
发动机及离合器	26	79	20.54
变速器及传动轴总成	11	78	8.58
前桥及转向器	10	79	7.9
后桥及后悬架总成	8	76	6.08
制动系统	6	76	4.56
车架总成	2	79	1.58
车身总成	26	78	20.28
电气设备及仪表	7	80	5.6
轮胎	4	65	2.6
合计	100		77.72

2. 案例二

致委托评估方函

×××：

受您委托，我公司对您的一辆德国奔驰 S500L 轿车，进行了客观、公正的评估。经评估人

员认真、周密地测算,确定该车辆在 2010 年 4 月 23 日的汽车市场价格为:

品　　牌	车牌号	登记日期	评估价格/元
德国奔驰 S500L	辽 A××××	2003 年 3 月	450 000

评估过程、结果及有关说明详见《机动车评估报告书》。

沈阳×××机动车鉴定评估有限公司

2010 年 4 月 23 日

沈阳×××机动车鉴定评估有限公司

机动车评估报告书

沈×××评报字[2010]第 010 号

一、绪言

沈阳×××机动车鉴定评估有限公司接受×××的委托,根据国家有关资产评估的规定,本着客观、独立、公正、科学的原则,按照公认的资产评估方法,对您的一辆德国奔驰 S500L 轿车进行了鉴定评估。本机构鉴定评估人员按照必要的程序,对委托鉴定评估车辆进行了实地查勘与市场调查,并对其在 2010 年 4 月 23 日所表现的市场价值作出了公允反映。现将车辆评估情况及鉴定评估结果报告如下。

二、委托方与车辆所有方简介

(1) 委托方:×××;联系人:×××;联系电话:(024) ×××××××

(2) 根据《机动车行驶证》所示,委托车辆原车主:×××

三、评估目的

根据委托方的要求,本项目评估目的:(在□处填√)

　　□交易　　□转籍　　□拍卖　　□置换　　□抵押　　□担保　　□咨询　　□司法裁决

四、评估对象

评估车辆的品牌型号(德国奔驰 S500L);车牌号码(辽 A××××);发动机号码(×××××);车辆识别代号/车架号(×××××××);注册登记日期(2003 年 3 月);车辆类型(轿车);所有人(×××);年审检验合格至 2010 年 9 月;车辆购置税完税证明(有)。

五、鉴定评估基准日

鉴定评估基准日:2010 年 4 月 23 日。

六、评估原则

严格遵循"客观性、独立性、公正性、科学性"原则。

七、评估依据

1. 行为依据

二手车评估委托书[2010]第 010 号。

2. 法律、法规依据

(1)《国有资产评估管理办法》(国务院令第 91 号);

(2)《国有资产评估管理办法施行纲则》(国资办发[1992]36 号);

(3)《关于转发〈资产评估操作规范意见(试行)〉的通知》(国资办发[1996]23 号);

(4)《汽车报废标准》(国经贸经[1997]456 号)、《关于调整轻型载货汽车及其补充规定》

（国经贸经[1998]407 号）、《关于调整汽车报废标准若干规定的通知》（国经贸资源[2000]1202 号）、《农用运输车报废标准》（国经贸资源[2001]234 号）等；

（5）其他相关的法律、法规等。

3. 产权依据

委托鉴定评估车辆的机动车登记证书编号：

品　牌	车牌号	登记编号
德国奔驰 S500L	辽 A××××	×××

4. 评定及取价依据

（1）《资产评估常用数据与参数手册》；

（2）2010 年第 2 季度新车和二手车市场行情。

八、评估方法（在□处填✓）

□重置成本法　　□现行市价法　　□收益现值法　　□其他

采用重置成本法计算评估值，采用现行市价法确定重置成本，采用综合分析法确定成新率。重置成本确定为 45 万元。

评估值＝18 73 300×32.4％×74％＝449 142.408 元（取整 450 000 元）

九、评估过程

按照接受委托、验证、现场查勘、评定估算和提交报告的程序进行。

十、评估结论

车辆评估价格：450 000 元，金额大写：肆拾伍万元整。

十一、特别事项说明

在评估基准日委托评估对象未设定抵押权、租赁权、担保权，无欠购置税、车船使用税情况，无交通违章、执法机关查封，车辆在检验有效期内检验合格。

本报告之评估结果不合可能发生的交易税费、手续费。

十二、评估报告法律效力

（1）本项评估结论有效期为 90 天，自评估基准日至 2010 年 7 月 23 日止。

（2）当评估目的在有效期内实现时，本评估结果可以作为作价参考依据；超过 90 天，需重新评估。另外在评估有效期内若被评估车辆的市场价格或因交通事故等原因导致车辆的价值发生变化，对车辆评估结果产生明显影响时，委托方也需重新委托评估机构重新评估。

（3）鉴定评估报告书的使用权归委托方所有，其评估结论仅供委托方为本项目评估目的使用和送交二手车鉴定评估主管机关审查使用，不适用于其他目的；因使用本报告书不当而产生的任何后果与签署本报告书的鉴定评估师无关；未经委托方许可，本鉴定评估机构承诺不将本报告书的内容向他人提供或公开。

附件：

附件一　二手车鉴定评估作业表

附件二　机动车辆保险权益转让书（略）

附件三　二手车照片（略）

附件四　机动车鉴定评估师执业证书复印件（略）

附件五　鉴定评估机构营业执照复印件（略）

注册二手车鉴定评估师(签字、盖章)

×××:国家注册二手车鉴定评估师

×××:国家注册二手车鉴定评估师

复核人(签字、盖章)

×××:国家注册二手车高级鉴定评估师

沈阳×××机动车鉴定评估有限公司

2010 年 4 月 23 日

备注:本报告书和作业表一式四份,委托方两份,受托方两份。

附件一　二手车鉴定评估作业表

沈阳×××机动车鉴定评估有限公司

二手车鉴定评估作业表

评估基准日:2010 年 4 月 23 日

车主			×××		联系电话	×××××	
住址			×××××××××				
鉴定评估目的:□交易　□转籍　□拍卖　□置换　□抵押　□担保　□咨询　□司法裁决							
原始情况	品牌型号			德国奔驰 S500L		车牌号码	辽 A××××
	车辆识别代号/车架号			××××××××××			
	发动机号			××××××××××	车身颜色		黑
	总质量/核定载质量/准牵引总质量			2 199 kg	核定载客/排量功率/燃料种类		5 人/汽油
	注册登记日期	2003 年 3 月	已使用年限	85 个月	规定使用年限		180 个月
	累计行驶里程	21 万	车辆类	小型客	现实状态		在用/闲置　个月
检查核对交易证件	证件	□原始发票　□机动车登记证书　□机动车行驶证　□法人代表证或身份证　□其他					
	税费	□购置附加税　□养路费　□车船使用税　□其他					
车况说明	起动发动机,感觉声音沉稳,没有杂音,悬挂正常,坐在车上整台车如同一座小山般,安全且平稳。制动系统灵敏度较高,四个轮胎磨损程度显得一般。该车的车漆光亮如新,可以看出车主保养比较到位。进入车内观察内饰,座椅及转向盘都保养得较佳,天花、地毯都维持着崭新感。门把手没有任何损坏的痕迹。由于原车底盘较高,观察后发现车况保持得很好,没有任何刮花的现象						
调整系数(取值)0.74	技术状况:□好 0.8　　□一般 0.7　　□差 0.6　　　　　　　　　×权重 30%						
	维修保养:□好 0.8　　□一般 0.7　　□差 0.6　　　　　　　　　×权重 25%						
	制造质量:□进口 0.8　□国产名牌 0.7　□国产非名牌 0.6　　　×权重 20%						
	工作性质:□私用 0.8　□公务用车 0.7　□营运 0.6　□盗抢 0.5　×权重 15%						
	工作条件:□好 0.8　　□一般 0.7　　□差 0.6　　　　　　　　　×权重 10%						

笔记

（续表）

价值反映	账面原值/元			车主报价/元		
	重置成本/元	1 873 300	成新率	32.4%	评估价格/元	450 000

鉴定评估说明：

采用重置成本法计算评估值,采用现行市价法确定重置成本,采用综合分析法确定成新率。重置成本确定为 45 万元。

评估值＝1 873 300×32.4％×74％＝ 449 142.408 元(取整 450 000 元)

注册机动车鉴定评估师(签单)　　　　　　复核人(签单)

2010 年 4 月 23 日　　　　　　　　　　2010 年 4 月 23 日

思考与训练

一、思考题

1. 说明二手车鉴定评估报告书的作用。

2. 请正确描述二手车鉴定评估报告书的法律效力。

二、选择题

1. 下列对二手车鉴定评估报告的描述,(　　)不正确。

A. 是提交给委托方的法定性文件

B. 是二手车鉴定评估机构对二手车的作价意见

C. 是二手车鉴定评估机构履行评估合同情况的总结

D. 是二手车鉴定评估机构为其所完成的鉴定评估结论承担相应法律责任的证明文件

2. 二手车鉴定评估报告书对于委托方来说的作用的描述,下列(　　)不正确。

A. 作为产权交易变动的作价依据

B. 作为法庭辩论和裁决时确认财产价格的举证材料

C. 作为统计评估业务的基础材料

D. 作为支付评估费用的依据

3. 二手车鉴定评估报告的法律效力一般为(　　)天。

A. 30　　　　　　B. 60　　　　　　C. 90　　　　　　D. 180

4. 评估报告提交给委托方的最迟时间为:确定评估基准日后(　　)天。

A. 1　　　　　　B. 3　　　　　　C. 5　　　　　　D. 7

5. 下列(　　)不属于二手车鉴定评估报告书的附件。

A. 二手车鉴定评估委托书　　　　　　B. 车辆照片

C. 二手车鉴定评估师资格证书复印件　　D. 依据的法律文件

三、判断题

(　　)1. 二手车鉴定评估报告书具有公证书的作用。

(　　)2. 二手车鉴定评估报告书必须有评估机构法人代表的签字。

(　　)3. 如果因客观原因,使评估时间延长,则应更改评估报告的评估基准日期。

（　　）4. 在选择评估目的时,可以同时选择两个。

（　　）5. 在确定评估方法时,可以同时选择两个。

（　　）6. 若在二手车鉴定评估报告书有效期内,即使二手车市场价格发生变化,也不需要再做重新评估。

项目六

二手车交易

任务一 二手车收购估价
任务二 二手车销售定价
任务三 二手车交易实务
任务四 二手车收购风险与汽车置换

学习目标

通过本单元任务的学习,要掌握二手车收购估价和销售定价的方法,掌握二手车交易的具体实施步骤。

☆ 期待效果

通过二手车收购估价和销售定价的学习,学会在实践当中完成二手车置换和交易实务。

项目理解

任务一:二手车收购估价和销售定价的决策不是凭空做出的,它是在交易市场中发生的一种经营行为。在市场经济体制下,价格是一个非常重要的因素,它直接影响到企业产品的销售和利润,同时也是实现企业经营目标的主要手段和策略。为了扩大市场占有率和追求长期利润的增长,必须切实加强定价决策工作。

任务二:二手车的销售价格是决定二手车流通企业收入和利润的唯一因素。因此,企业必须根据成本、需求、竞争及国家方针、政策、法规并运用一定的定价方法和技巧来对其产品制定切实可行的价格政策。

任务三:二手车交易是一种产权交易,实现二手车所有权从卖方到买方的转移过程。二手车必须完成所有权转移登记(即过户)才算是合法、完整的交易。二手车交易必须符合《二手车交易规范》的相关规定,并按照规定的程序进行。

任务一 二手车收购估价

知识目标
● 掌握机动车折旧和二手车收购估价等相关概念的含义。
● 掌握二手车收购估价的方法及其影响因素的分析。

能力目标
● 能够运用机动车折旧和二手车收购估价的理论,进行二手车收购价格的计算。

任务剖析

二手车流通企业收购和出售车辆的价格要结合新车市场价格,充分考虑影响二手车收购与销售定价的诸多因素,科学、公正地确定二手车收购与销售价格,才能兼顾企业利润、顾客需求和社会利益,把主动权掌握在自己的手里。

本任务详细阐述了二手车收购估价的影响因素和估价方法。二手车收购估价有其特定的目的,其估价的方法是用快速折旧的方法或在二手车鉴定估价的基础上充分考虑市场的供求关系,对评估的价格做快速变现的特殊处理。

任务载体

二手车收购即对社会上的二手车进行统一的收购,以避免二手车的浪费。二手车收购估价和销售定价的决策不是凭空做出的,作为二手车鉴定估价人员,不可避免地需要参与二手车收购估价与销售定价的价值评定工作。因此,我们有必要对影响收购和销售定价的二手车交易市场的工作内容、微观环境、宏观环境、顾客需要和动机等因素有一个全面、正确的认识和了解,从而做好二手车的收购估价和销售定价工作。

相关知识

6.1.1 机动车折旧

在进行资金时间价值在车辆营运过程中产生的费用和收入等相关项目的评价的时候,必须要学习收益、现值、终值、年金、折现率和时间等概念。

6.1.1.1 机动车折旧的一般概念

所谓机动车的折旧,是指机动车随着时间的推移或在使用过程中,由于损耗而转移到产品中去的那部分价值。当这部分价值随着车辆产生收益的回收、积累,则形成机动车的折旧基金。折旧基金是为了补偿机动车的磨损而逐年提取的专用基金,其主要目的是在二手车不能使用或不再使用时,用折旧基金购置新车辆,实现机动车更新。

机动车的损耗分为有形损耗和无形损耗。有形损耗是固定资产在使用中的磨损和自然力影响其物理性能而发生的实物磨损。无形损耗是由于技术进步、劳动生产率提高等原因使机动车变得陈旧成不适用而提前报废所发生的价值损失。

6.1.1.2 机动车的折旧算法

二手车作为固定资产,按现行财务制度规定应计提固定资产折旧。固定资产折旧计算方法很多,《金融保险企业财务制度》规定,银行固定资产折旧的计算一般采用平均年限法和工作量法。对于技术进步较快或使用寿命受工作环境影响较大的固定资产,经财政部批准,可采用双倍余额递减法或年数总和法。车辆的折旧根据车辆的价值、使用年限,采用规定的折旧方法计算,对于允许使用的折旧方法,不同的国家有不同的规定,一般有直线折旧法、快速折旧法等多种方法,我国大多数采用直线折旧法。

1. 直线折旧法

直线折旧法又称使用年限法或平均折旧法,是指用车辆的原值减去残值,再除以车辆使用年限,以求得每年平均折旧额的方法。计算公式为

$$D_t = (K_0 - S_v)/N$$

式中:D_t 为平均折旧额;K_0 为机动车原值;S_v 为机动车残值;N 为机动车规定的折旧年限。

2. 快速折旧法

在所有折旧方法中,直线折旧法是应用最广泛的方法。除此而外我国有条件的企业也采用了快速折旧法。快速折旧法常用的算法有两种:年份数求和法以及余额递减折旧法。

(1) 年份数求和法。年份数求和法是指每年的折旧额可用车辆原值减去残值的差额乘一个逐年变化的递减系数来确定的一种方法。此递减系数的分母为车辆使用年限历年数字的累计之和,即对每年递减系数的分母均相等;分子的大小等于当年时止还余有的使用年数,例如:当 $N=5$ 时,则分母为 $1+2+3+4+5=15$;分子在第 3 年时,还余有使用年限 2 年,则分子为 2,此年的递减系数等于 2/15。一般来说,车辆使用年限为 N 时,递减系数的分母等于 $N(N+1)/2$,分子等于 $N+1-t$。年份数求和的计算公式为

$$D_t = (K_0 - S_v) \cdot \frac{N+1-t}{N(N+1)/2}$$

式中:$\frac{N+1-t}{N(N+1)/2}$ 为递减系数(或年折旧率);t 为机动车在使用期限内某一确定年度。

(2) 余额递减折旧法。余额递减折旧法是指任何年的折旧额用现有车辆原值乘以在车辆整个寿命期内恒定的折旧率,接着用车辆原值减去该年折旧额作新的原值,下一年重复这一作法,直到折旧总额分摊完毕。在余额递减中所使用的折旧率,通常大于直线折旧率,当使用的折旧率为直线折旧率的 2 倍时,称为双倍余额递减法,具体计算公式为

$$D_t = K_0 a(1-a)^{t-1}$$

式中:K_0 为机动车原值;a 为折旧率,直线法的折旧率为 $a=1/N$;t 为机动车在使用期限内某一确定年度。

应用该公式计算时,在使用期终仍有余额,为了使折旧总额到使用期终分摊完毕,到一定年度后,要改用直线折旧法。通常,在连续计算各年折旧额时,如果发现使用双倍余额递减法计算的折旧额小于采用直线折旧法计算的折旧额时,就应改用直线折旧法计算折旧。

案例:某机动车的原值为 10 万元,规定使用年限为 10 年,残值忽略不计,试用上述两种快速折旧法分别计算其折旧额。

解:计算过程见表 6-1 和表 6-2。

表 6-1　用年份数求和法计算折旧

年　数	基数/元	递减系数	年折旧额/元	累计折旧额/元
1		10/55	18 181	18 181
2	100 000	9/55	16 363	34 544
3		8/55	14 545	49 089

（续表）

年 数	基数/元	递减系数	年折旧额/元	累计折旧额/元
4		7/55	12 727	61 816
5		6/55	10 909	72 725
6		5/55	9 090	81 815
7	100 000	4/55	7 272	89 087
8		3/55	5 454	94 541
9		2/55	3 636	98 177
10		1/55	1 818	99 995

表 6-2　用双倍余额递减法计算折旧

年 数	基数/元	折旧率/%	年折旧额/元	累计折旧额/元
1	100 000	20	20 000	20 000
2	80 000	20	16 000	36 000
3	64 000	20	12 800	48 800
4	51 200	20	10 240	59 040
5	40 960	20	8 192	67 232
6	32 768	20	6 553.6	73 785.6
7	26 214.4	20	6 553.6	80 339.2
8	26 214.4	20	6 553.6	86 892.8
9	26 214.4	20	6 553.6	93 446.4
10	26 214.4	20	6 553.6	100 000

说明：为使累计折旧额在第 10 年期终分摊完毕，表 6-2 从第 7 年起使用了直线折旧法。

6.1.1.3　机动车折旧与评估的异同

1. 实体性贬值与折旧额的区别

实体性贬值不同于折旧额，不能用账面上累计折旧额代替实体性贬值。折旧是由损耗决定的，但折旧并不就是损耗。折旧是高度政策化了的损耗。在车辆使用过程中，价值的运动依次经过价值损耗、价值转移和价值补偿，折旧作为转移价值，是在损耗的基础上确定的。

2. 使用年限与折旧年限的区别

规定使用年限不同于规定折旧年限。折旧年限是对某一类资产做出的会计处理的统一标准,是一种高度集中的理论系数和常数,对于该类资产中的每一项资产虽然具有普通性、同一性和法定性,但不具有实际磨损意义上的个别性或特殊性。实际上,它的特征表现在以下几个方面:

(1) 折旧年限是一个平均年限,对于同一类型中的任何一项资产均适用。

(2) 它是在考虑损耗的同时,又考虑社会技术经济政策和生产力发展水平,有时甚至以之为经济杠杆,体现对某类资产的鼓励或限制生产政策。

(3) 它是以同类资产中各项资产运转条件均相同的假定条件为前提的。这种情况下,同类型的资产,无论其所在地如何,维护情况、运行状况如何,均适用同一的折旧年限。因此评估工作中,鉴定评估人员不能直接按照会计学中的折旧年限来取代使用年限。

3. 评估中成新率的确定与折旧年限确定的基础损耗本身具有差异性

确定折旧年限的损耗包括有形损耗(实体性损耗)和无形损耗;而评估中确定成新率的损耗,包括实体性损耗、功能性损耗和经济性损耗。其中,功能性损耗只是无形损耗的一种形式,而不是无形损耗的全部。

6.1.2　二手车收购定价的影响因素

6.1.2.1　车辆的总体价值

二手车收购要充分考虑车辆的总体价值,它包括车辆实体的产品价值和各项手续的价值。

1. 车辆实体的产品价值

除了用鉴定评估的方法评估车辆实体的产品价值外,还应根据经验结合目前市场行情综合评定。主要评定的项目包括:车身外观整齐程度、漆面质量如何等静态检查项目和发动机怠速声音、尾气排放情况等动态检查项目。另外,配置、装饰、改装等项目也很重要,包括有无ABS、助力装置、真皮座椅、电动门窗、中控防盗锁、CD音响等;有效的改装包括动力改装、悬架系统改装、音响改装、座椅及车内装饰改装等。

2. 各项手续的价值

主要包括:登记证、原始购车发票或交易过户票、行驶证、购置税本、车船使用费证明、车辆保险合同等。如果收购车辆的证件和税费凭证不全,就会影响收购价格,因为代办手续不但要耗费人工成本,而且可能造成转籍过户中意想不到的麻烦和带来许多难以解决的后续问题。

6.1.2.2　二手车收购后应支出的费用

二手车收购除了支付车辆产品的货币以外,从收购到售出时限内,还要支出的费用有:保险费、日常维护费、停车费、收购支出的货币利息和其他管理费等。

6.1.2.3　市场宏观环境的变化

二手车收购要注意国家宏观政策、国家和地方法规的变化因素以及这些影响导致的车辆经济性贬值。如某车辆燃油消耗量较高,在实行公路养路费的环境中收购该车辆不会引起足够的注意。如果该车刚刚收购后不久,国家实施以公路养路费改征燃油附加税,则这辆车因为油耗量高、附加费用高而难以销售出手。很明显,收购这辆车不仅不能带来经济效益,反而可能带来损失。

6.1.2.4 市场微观环境的变化

这里所说的市场微观环境,主要指新车价格的变动以及新车型的上市对收购价格的影响。例如,"千里马"轿车降价后,旧车的保值率就降低了,贬值后收购价格自然也会降低。另外,新款车型问世挤压旧车型,"老面孔"们身价自然受影响。

6.1.2.5 经营的需要

二手车经营者应根据库存车辆的多少提高或降低收购价格。例如,本期库存车辆减少、货源紧张时,应适当提高车辆收购价格,以补充货源保证库存的稳定。反之,库存车辆多时,则应降低收购价格。另外一种情况是,某一车型出现断档情况,该车型的收购价格会提高。如某公司本期二手桑塔纳轿车销售一空,该公司会马上提高桑塔纳车型的收购价格。反之,如果某公司本期二手桑塔纳轿车销路不畅,库存积压显著,那么应降低桑塔纳轿车的收购价格,同时库存桑塔纳轿车的销售价格也会降低。

6.1.2.6 品牌知名度和维修服务条件

对不同品牌的二手车,由于其品牌知名度和售后服务的质量不同,也会影响到收购价格的制订。像一汽、上汽、东风、广本等,都是国内颇具实力的企业,其产品具有很高的品牌知名度,技术相对成熟,维修服务体系也很健全,二手车收购定价可以适当提高。

6.1.3 二手车收购定价的方法

二手车收购价格的确定是根据其特定的目的,在二手车鉴定评估的基础上,充分考虑市场的供求关系,对评估的价格做快速变现的特殊处理。按不同的原则,一般有以下几种定价方法。

6.1.3.1 以现行市价法、重置成本法的思想方法确定收购价格

由现行市价法、重置成本法对二手车进行鉴定估算产生的客观价格,再根据快速变现原则,估算一个折扣率并以此确定二手车收购价格。如运用重置成本法估算某机动车辆价值为10万元,据市场销售情况调查,估算折扣率为20%可出售,则该车辆收购价格为8万元。

6.1.3.2 以清算价格的思想方法确定收购价格

清算价格的特点是企业(或个人)由于破产或其他原因,要求在一定的期限内将车辆变现,在企业清算之日预期出卖车辆可收回的快速变现价格。具体来说,主要根据二手车技术状况,运用现行市价法估算其正常价值,再根据处置情况和变现要求,乘以一个折扣率,最后确定评估价格。

以清算价格的思想方法确定收购价格,由于顾客要求快速转卖变现,因此其收购评估大大低于二手车市场成交的同类型车辆的公平市价。一般来说,也低于车辆现时状态客观存在的价格。

6.1.3.3　以快速折旧的思想方法确定收购价格

根据机动车辆的价值,计算折旧额来确定收购价格。年折旧额的计算方法建议采用以下两种:年份数求和法和双倍余额递减折旧法。

6.1.4　二手车收购价格的计算

二手车收购价格的确定是指在被收购车辆手续齐全的前提下对车辆实体价格的确定。如果所缺失的手续能以货币支出补办,则收购价格应扣除补办手续的货币支出、时间和精力的成本支出,具体采用以下几种方法:

（1）运用重置成本法对二手车进行鉴定评估,然后根据快速变现的原则,估定一个折扣率,将被收购车辆的估算价格乘以折扣率,即得二手车的收购价格,用数学式表示为

$$收购价格＝评估价格×折扣率$$

（2）运用现行市价法对二手车确定评估价格,再根据上述办法计算收购价格,表达式同上式。

折扣率是指车辆能够当即出售的清算价格与现行市场价格之比值。它的确定是经营者在对市场销售情况充分调查和了解的基础上凭经验而估算的。如某机动车辆运用重置成本法估算价值为3万元,根据市场销售情况调查,估定折扣率为20%可当即出售,则该车辆收购价格为2.4万元。

（3）运用快速折旧法。首先计算出二手车已使用年数累计折旧额,然后,将重置成本全价减去累计折旧额,再减去车辆需要维修换件的总费用,即得二手车收购价格,用数学式表达为

$$收购价格＝重置成本全价－累计折旧额－维修费用$$

重置成本全价一律采用国内现行市场价格作为被收购车辆的重置成本全价。

累计折旧额的计算方法是:先用年份数求和法或余额递减折旧法计算出年折旧额后,再将已使用年限内各年的折旧额汇总累加,即得累计折旧额。

维修费用是指车辆现时状态下,某功能完全丧失,需要维修和换件的费用总支出。

注意:在快速折旧计算时,一般K_0值取机动车的重置成本全价,而不取机动车原值。

🔍 任务回顾

（1）机动车折旧的计算。

（2）二手车收购价格的计算。

⬇ 任务实施步骤

（一）任务要求

对不同状况的二手车,计算二手车的收购价格。

（二）任务实施的步骤

1. 实例一

某车主急于转让一辆捷达牌轿车,经与二手车交易中心洽谈,由中心收购车辆。车辆基本

情况汇总于二手车鉴定评估登记表 6-3 中,试用快速折旧法计算收购价格。

笔记

表 6-3 二手车鉴定评估登记表

车主	海波		所有权性质		私		联系电话		2688588
住址	合肥工业大学					经办人			杨信
原始情况	车辆名称	一汽捷达		型号	167GOD		生产厂家		一汽大众
	结构特点	普通		发动机型号	ARC01207		车架号		PU007679
	载质量\座位数\排量		1.6 升			燃料种类			汽油
使用情况	初次登记日期	2000 年 8 月		牌照号	鄂 A. Q5188		车籍		合肥市
	已使用年限	3 年 6 个月		累计行驶里程	8.1 万 km		工作性质		私用
	大修次数	发动机	/(次)		工作条件				一般
		整车	/(次)						
	维修情况		好			现时状态			在用
	事故情况		无						
	现时技术状况		离合器有打滑现象,变速器挂档有异响,转向系统低速有摆振现象,转向不灵						
手续情况	证件		养路费黄牌标识遗失						
	税费		齐全、有效						
价值反映	购置日期	2000 年 7 月		账面原值/元	142 000		账面净值/元		
	车主报价/元	74 000		重置价格/元	120 000		初评估格/元		71 000

收购定价过程如下:

根据登记表得知,该型号的现行市场购置价为 120 000 元,规定使用年限 15 年,残值忽略不计,现分别以年份数求和法和余额递减折旧法计算折旧额,结果见表 6-4 和表 6-5。这里 K_0 取机动车重置成本价 120 000 元,机动车规定折旧年限 $N=15$ 年,折旧率按直线折旧率 $1/N$ 的两倍取值,即有 $a=2\times1/N=2\times1/15=13.3\%$,$t$ 从 2000 年 8 月到 2004 年 7 月共 4 个年度。

表 6-4 用年份数求和法计算折旧额

年 数	递减系数	年折旧额/元	累计折旧额/元
2000 年 8 月～2001 年 7 月	15/120	15 000	150 000
2001 年 8 月～2002 年 7 月	14/120	14 000	29 000
2002 年 8 月～2003 年 7 月	13/120	13 000	42 000
2003 年 8 月～2004 年 7 月	12/120	12 000	54 000

表 6-5　用双倍余额递减法计算折旧额

年　　数	年折旧额/元	累计折旧额/元
2000 年 8 月～2001 年 7 月	16 000	16 000
2001 年 8 月～2002 年 7 月	13 867	29 867
2002 年 8 月～2003 年 7 月	12 018	41 885
2003 年 8 月～2004 年 7 月	10 415	52 300

由于车辆已使用年限为 3 年 6 个月,用年份数求和法和双倍余额递减法计算折旧额分别为 48 000 元(42 000＋12 000/2)和 47 093 元(41 885＋10 415/2)。

根据技术状况鉴定:离合器有打滑现象,变速器挂档有异响,需维修费 700 元;转向系统低速有摆振现象,转向不灵敏,需维修费 1 550 元;黄牌标识遗失,登报声明补办的费用 100 元,上述费用合计为:700＋1550＋100＝2 350(元)。

根据前述收购价格计算公式确定收购价格如下:

用年份数求和法计算收购价格为:120 000－48 000－2 350＝69 650(元)。

用双倍余额递减法计算收购价格为:120 000－47 093－2 350＝70 557(元)。

2. 实例二

2007 年 1 月,某二手车销售公司欲收购一辆南京菲亚特轿车,车辆基本情况如下。

车型:南京菲亚特西耶那 1.5EL;型号:NJ7153;注册登记日期:2004 年 2 月;行驶里程:38 000 km;车辆基本配置:排量 1.461 L,发动机型号 178E5027,直列 4 缸 8 气门多点电喷发动机,5 速手动变速器,发动机最大功率 62.5 kW,转向助力,ABS 及 EBD,前门电动窗、防眩目后视镜,中控锁(无遥控装置),发动机防盗,手动空调系统,单碟 CD 及调频收音机 4 喇叭音响系统,后头枕,钢轮毂。

经核对相关税费票据、证件(照)齐全有效。该车目前市场行情价为 7.8 万元,试确定其收购价格(残值忽略不计)。

收购定价过程如下:

1) 采用折旧法计算收购价格

从 2004 年 2 月到 2007 年 1 月,该车已使用 3 年,$t=3$,按国家汽车报废标准,该车规定使用年限为 15 年,$N=15$。重置成本价格为 $K_0=78 000$ 元,残值忽略不计,即 $S_v=0$。

2) 分别以直线折旧法、年份数求和折旧法和双倍余额递减折旧法计算累计折旧额

(1) 采用直线折旧法计算二手车的累计折旧额。年折旧额为

$$D_t=(K_0-S_v)/N=78 000/15=5 200(元)$$

累计折旧额计算结果如表 6-6。

表 6-6　直线折旧法计算累计折旧额

年　　份	重置成本 K_0/元	折旧率	年折旧额/元	累计折旧额/元
2004.2～2005.1		1/15	5 200	5 200
2005.2～2006.1	78 000	1/15	5 200	10 400
2006.2～2007.1		1/15	5 200	15 600

（2）采用年份数求和法计算二手车的累计折旧额。

递减系数为 $\dfrac{N+1-t}{N(N+1)/2}$，年折旧额计算公式为 $D_t = (K_0 - S_v) \cdot \dfrac{N+1-t}{N(N+1)/2}$

计算结果如表 6-7 所示。

表 6-7 年份数求和法计算累计折旧额

年 份	重置成本 K_0/元	递减系数	年折旧额/元	累计折旧额/元
2004.2～2005.1		15/120	9 750	9 750
2005.2～2006.1	78 000	14/120	9 100	18 850
2006.2～2007.1		13/120	8 450	27 300

（3）双倍余额递减法计算二手车的累计折旧额。

年折旧率＝2/预计使用年限＝2/15，年折旧额计算公式为

$$D_t = K_0 a (1-a)^{t-1}$$

计算结果如表 6-8 所示。

表 6-8 双倍余额递减法计算累计折旧额

年 份	重置成本价/元	年折旧率	年折旧额/元	累计折旧额/元
2004.2～2005.1	78 000	2/15	10 400	10 400
2005.2～2006.1	67 600	2/15	9 013	19 413
2006.2～2007.1	58 587	2/15	7 812	27 225

3）计算二手车收购价格

二手车收购价格计算公式为

$$P = B - \sum D_t - F_s$$

式中：P 为二手车的评估价，元；B 为二手车重置成本全价，元；$\sum D_t$ 为二手车已使用年限 t 内的累计折旧额，元；F_s 为二手车需要的维修费用，元。

题目没有给出需要修理的项目及费用，因此，本例中 $F_s = 0$。二手车收购价格按剩余价值最小（或按累计折旧额最大）的收购。从表 6-6～表 6-8 可见，直线折旧法、年份数求和折旧法和双倍余额递减折旧法三种折旧方法计算的累计折旧额中，年份数求和折旧法计算的累计折旧额最大，因此，该二手车的收购价格为

78 000－27 300＝50 700（元）

3. 实例三

某被收购车辆的资料如下。

1）整车资料

车辆类型：中级轿车；车辆型号：桑塔纳 2000/时代骄子；重置成本价：16.300 万元；出厂日期：1999 年 3 月；注册登记日期：1999 年 8 月；收购日期：2003 年 2 月；累计行驶里程：25 万 km。

2）鉴定检查

车辆各种手续齐全、有效。

故障费用明细表见表6-9,修理费用评估0.410万元。

表6-9　故障费用明细表

编号	故 障	原 因	修 理	估计费用/元
1	活塞环响	活塞环折断	更换活塞环套件	250
2	汽缸裂纹	发动机急速冷却造成	更换汽缸体	900
3	水泵漏水	水封故障、水泵严重破损	更换水泵	350
4	电喷故障	电子喷射泵严重损坏	更换电喷泵	1 500
5	转向传动装置周期性异响	传动轴严重弯曲	更换	650
6	快转方向盘感到沉重	油泵驱动皮带打滑	换新皮带	40
7	后减振器故障	失效	更换	210
8	空调故障	制冷不足	需加氟	200
总计	—	—	—	4 100

油耗量和排污量均超过国家标准6%。

总折旧率见表6-10。

表6-10　折旧率明细表

折旧率内容	符 号	加权系数	折旧比例/%	扣除价格/万元
年限折旧率	n_1	1.0	23.3	3.800
里程折旧率	n_2	0.3	8.0	1.304
放障折旧率	n_3	1.0	2.5	0.410
车型折旧率	n_4	1.0	0	0
耗油量和排污量折旧率	n_5	0.1	4.0	0.652
总计	$n\sum$	—	37.8	6.166

请用折旧法计算该车的收购价格。

收购定价过程如下:

1)用重置成本法加快速变现来评估

(1)计算各折旧率及折旧价格。

• 年限折旧率 n_1。该车已使用3.5年(1999.8~2003.2),报废年限为15年,折旧年限也定为15年,则年限折旧率 n_1 为

$$n_1 = 3.5/15 \times 1.0 \times 100\% = 23.3\%$$

折旧价格为

$$16.300 \times 23.3\% = 3.800(万元)$$

• 里程折旧率 n_2。该车已行驶25万km,报废里程为50万km,则里程折旧率 n_2 为

$$n_2 = (25 - 50 \times 3.5/15)/50 \times 0.3 \times 100\% = 8.0\%$$

折旧价格为

$$16.300 \times 8.0\% = 1.304(万元)$$

- 故障折旧率 n_3。各项故障排除费用折价为 0.410 万元,所占比例为

$$n_3 = 0.410/16.300 \times 1.0 \times 100\% = 2.5\%$$

- 车型折旧率 n_4。

$$n_4 = 0(型号未过时)$$

- 耗油量及排污量超标折旧率 n_5,该车超过标准 6%,报废极限为 15%,则

$$n_5 = (6\%/15\%) \times 0.1 \times 100\% = 4.0\%$$

折旧价格为

$$16.300 \times 4.0\% = 0.652(万元)$$

(2)计算该轿车评估。由于成新率 $C = 1 - $总折旧率 $n_\sum$,由表 5-10 可知,总折旧率 $n_\sum = 37.8\%$,则成新率为

$$C = 1 - 37.8\% = 62.2\%$$

于是得

$$评估价 = 重置成本价 \times 成新率 = 16.300 \times 62.2\% = 10.139(万元)$$

(3)确定该车收购价。

$$收购价 = 评估价 \times 变现率 = 10.139 \times 70\% = 7.097(万元)$$

2)用加速折旧法计算该车的收购价格

由前述可知,该型号车的现行市场购置价为 16.300 万元,规定使用年限为 15 年,残值忽略不计,现分别以年份数求和法和双倍余额递减法计算折旧额。K_0 取二手车重置成本价 16.300 万元,二手车规定折旧年限 $N = 15$ 年,折旧率 a 按直线折旧率 $1/N$ 的两倍取值,即有 $a = 2/N = 2/15$,t 从 1999 年 8 月至 2003 年 8 月共 4 个年度,收购日期为 2003 年 2 月。

(1)年份数求和法计算二手车的累计折旧额。

递减系数为 $\dfrac{N+1-t}{N(N+1)/2}$,年折旧额计算公式为:$D_t = (K_0 - S_v) \cdot \dfrac{N+1-t}{N(N+1)/2}$

计算结果见表 6-11。

表 6-11 年份数求和法计算累计折旧额

年　份	重置成本 K_0/万元	递减系数	年折旧额/万元	累计折旧额/万元
1999.9～2000.8		15/120	2.037 5	2.037 5
2000.9～2001.8	16.3 00	14/120	1.901 7	3.939 2
2001.9～2002.8		13/120	1.765 8	5.705 0
2002.9～2003.8		12/120	1.630 0	7.335 0

(2)双倍余额递减法计算二手车的累计折旧额。

年折旧率 $a = 2/N = 2/15$,年折旧额计算公式为

$$D_t = K_0 \cdot a \cdot (1-a)^{t-1}$$

笔记

计算结果见表 6-12。

表 6-12　双倍余额递减法计算累计折旧额

年　　份	重置成本 K_0 /元	年折旧率	年折旧额/万元	累计折旧额/万元
1999.9～2000.8	16.300 0	2/15	2.173 3	2.173 3
2000.9～2001.8	14.126 7	2/15	1.883 6	4.056 9
2001.9～2002.8	12.243 0	2/15	1.632 4	5.689 3
2002.9～2003.8	10.610 6	2/15	1.414 7	7.104 0

表 6-11 和表 6-12 是按 4 年计算累计折旧额的,但车辆实际使用年限只有 3 年 6 个月,因此,两种方法计算得到的实际累计折旧额应减去第 4 年份的半年折旧额,即

年份数求和折旧法计算累计折旧额 $= 7.335\ 0 - 1.630\ 0/2 = 6.520\ 0$(万元)

双倍余额递减折旧法计算累计折旧额 $= 7.104\ 0 - 1.414\ 7/2 = 6.396\ 7$(万元)

(3) 计算二手车收购价格。二手车收购价格计算公式为

$$P = B - \sum D_t - F_s$$

上式中:$B = 16.300$ 万元,收购时,累计折旧额 $\sum D$,取两种方法计算结果的最大值,即 $\sum D_t = 6.520$ 万元,修理费用 $F_s = 0.410$ 万元,考虑该车的实际使用情况(实际行驶里程超过平均值 $50 \times 3.5/15 = 12$ 万 km,折扣价格 1.304 万元,油耗污染超过标准 6%,扣除价格 0.652 万元),因此,该二手车的收购价格为

$$P = 16.300 - 6.520 - (0.410 + 1.304 + 0.652) = 7.414(万元)$$

从以上两种方法计算可知,按重置成本法对二手车进行鉴定评估,然后按照快速变现的原则计算收购价,与运用加速折旧法并考虑实际使用情况计算的收购价格接近(相差值百分数为 4.4%),说明用以上几种方法均可估算,再根据市场供求关系,买卖双方容易达成交易价格。

4. 二手车经销企业收购二手车的简单方法

目前,二手车经销企业大多并不严格按照上述程序来详细地计算二手车的收购价格,而采用了一些比较简单粗略的确定价格方法。通常需考虑以下因素:

(1) 车辆年份的远近。

(2) 车辆的行驶里程。

(3) 车辆机械状态的好坏。

(4) 车辆的外观有无修理过的痕迹。

(5) 车辆配置的高低。

(6) 车辆排量的大小。

(7) 车辆颜色是否符合该品牌客户的普遍喜好。

(8) 车辆手续是否齐全。

(9) 车辆是否属于知名品牌。

(10) 是否符合当地的车辆环保政策。

(11) 同类车辆在二手车市场库存多少。

(12) 同品牌新车价格波动幅度大小。

以下为某 4S 店 2009 年 2 月 3 日收购一台 2007 年 10 月 20 日注册登记的福美来二代手动舒适版私有二手车时的价格确定实例。

根据二手车价格变化特点,一般在三年内的二手车折价幅度是最大的,大约在新车价格的 20%～30%,而该车的当时新车价格为 7.98 万元,故可初步确定该车能够交易的价格在 5.5 万元左右,但考虑到上述影响价格的因素后,经过对标的车辆的现场鉴定结果,得出各影响因素的修正情况见表 6-13 和表 6-14。

表 6-13　影响价格的主要因素

序号	因　素	实际状况	折旧比例/%
1	年份	2007 年	4
2	车辆状况	发动机、变速箱性能优良	4
3	车辆外观	无肇事、无刮碰,外表内饰均较新,无修理的痕迹	7
4	车辆颜色	灰色	2
总　　计			17%

表 6-14　影响价格的次要因素

序号	因　素	折旧比例/%
1	车辆属于知名品牌	2
2	车辆配置:在同系列中属于标配	1
3	维护情况:在 4S 店维修保养有记录,其各项年缴税费、保险均未过期	1
4	车辆排量:该车属于经济型轿车,1.6L 黄金排量。目前二手车交易仍以中低档车为主,小排量是消费者的最爱,此排量占优势	1
5	行驶里程:该车行驶里程为 3.6 万千米,符合私有车行驶里程与使用年限的统计规律	1
6	该车符合当地的环保政策	1
7	该车同品牌新车价格没有变化	1
8	该车在本市二手车市场中保有量较大,目前在二手车市场库存较少	1
总　　计		9%

二手车收购价格＝车辆现价×(1－折旧系数)×购车年限折旧(一年车 80%,二年车 70%,三年车……)

公式中的"折旧系数"在当时行业中普遍取 5%,相当于当时的行业风险报酬率。"购车年限折旧"由上述表 6-13 和表 6-14 中的"折旧比例"累加后求得,即

购车年限折旧＝(1－17%－9%)×100%＝74%

二手车收购价格＝7.98×(1－5%)×74%＝5.61

任务二 二手车销售定价

知识目标
- 掌握二手车销售定价影响因素和定价目标的分析方法。
- 掌握二手车销售定价的策略及定价方法的分析方法。

能力目标
- 能够运用二手车销售定价的理论,学会对实践当中的二手车最终销售价格进行确定。

任务剖析

二手车的销售价格是决定二手车流通企业收入和利润的唯一因素。二手车的销售价格如果不能补偿成本,企业的经营活动就难以维持。

企业在对二手车进行销售定价时,成本是必须首先考虑的基本因素。二手车销售定价时应考虑所收购车辆的成本费用,在市场经济体系下,供求状态也是我们制定销售价格时所依据的基本因素之一。因此,企业必须根据成本、需求、竞争及国家方针、政策、法规并运用一定的定价方法和技巧来对其产品制定切实可行的价格政策。

任务载体

二手车销售企业的定价方法主要有成本导向定价、需求导向定价和竞争导向定价三大类,根据二手车销售企业的实际情况,我们应有选择地在工作中加以运用。

相关知识

6.2.1 二手车销售定价的影响因素分析

6.2.1.1 成本因素

产品成本是定价的基础和最低界限,二手车的销售价格如果不能保证成本,企业的经营活动就难以维持。二手车流通企业销售定价应分析价格、需求量、成本、销量、利润之间的关系,正确地估算成本,以作为定价的依据。二手车销售定价时应考虑收购车辆的总成本费用,总成本费用由固定成本费用和变动成本费用之和构成。

(1)固定成本费用。固定成本费用是指在既定的经营目标内,不随收购车辆的变化而变动的成本费用。如分摊在这一经营项目的固定资产的折旧、管理费等项支出。

(2)固定成本费用摊销率。固定成本费用摊销率是指单位收购价值所包含的固定成本费用,即固定成本费用与收购车辆总价值之比。如某企业根据经营目标,预计某年度收购100万元的车辆价值,分摊固定成本费用1万元,则单位固定成本费用摊销率为1%。如花费4万元收购一辆旧桑塔纳轿车,则应该将400元计入固定成本费用。

笔记

（3）变动成本费用。变动成本费用指收购车辆随收购价格和其他费用而相应变动的费用。主要包括车辆实体的价格、运输费、公路养路费、保险费、日常维护费、维修翻新费、资金占用的利息等。

由上面成本分析可知，一辆二手车收购的总成本费用是这辆车应分摊的固定成本费用与变动成本费用之和，用数学式表达为

一辆二手车的总成本费用＝收购价格×固定成本费用摊销率＋变动成本费用

6.2.1.2 供求关系

在市场经济中，产品的价格由买卖双方的相互作用来决定，以市场供求为前提，所以决定价格的基本因素有两个，即供给与需求。若供大于求，价格会下降；若供小于求，价格则会上升，这就是市场供求规律。供求关系必然会成为影响价格形成的重要因素，它是制定产品价格的一个重要前提。需求大于供给，价格就会上升，需求小于供给，价格就会下降，市场的一切交易活动和价格的变动都受这一定律的支配。这就是供求规律或称供求法则。它是市场变化的基本规律。供求关系表明价格只能围绕价值上下波动，而价值仍然是确定价格水平及其变动的决定性因素，企业在定价决策时，除以产品价值为基础外，还可以自觉运用供求关系来分析和制订产品的价格。

价格受供求影响而有规律性的变动过程中，不同商品的变动幅度是不一样的。因此在销售定价时还要考虑需求价格弹性。所谓需求价格弹性，是指因价格变动而引起的需求相应的变动率，它反映需求变动对价格变动的敏感程度。按照西方经济学理论，当某种产品需求弹性较小时，提高价格可以增加企业利润；反之，当产品需求富有弹性时，降低价格也可以增加企业利润，同时还能起到打击竞争对手，提高自己产品市场占有率的作用。

对于二手车来说，其需求弹性较强，即二手车价格的上升（或下降）会引起需求量较大幅度的减少（增加）。因此，我们在二手车的销售定价时，应该把价格定得低一些，应该以薄利多销达到增加赢利、服务顾客的目的。

6.2.1.3 竞争状况

在产品供不应求时，企业可以自由地选择定价方式。而在供大于求时，竞争必然随之加剧，定价方式的选择只能被动地根据市场竞争的需要来进行。为了稳定维持自己的市场份额，二手车的销售定价要考虑本地区同行业竞争对手的价格状况，根据自己的市场地位和定价的目标，选择与竞争对手相同的价格，甚至低于竞争对手的价格进行定价。

6.2.1.4 国家政策法令

任何国家对物价都有适度的管理，所不同的是，各个国家和地区对价格的控制程度、范围、方式等存在着一定的差异，完全放开和完全控制的情况是没有的。一般而言，国家可以通过物价部门直接对企业定价进行干预，也可以用一些财政、税收手段对企业定价实行间接影响。

6.2.2 二手车销售定价的目标分析

二手车销售定价的目标是指二手车流通企业通过制订价格水平，凭借价格产生的效用来达到预期目的要求。企业在定价以前，必须根据企业的内部和外部环境，制订出既不违背国家

笔记

的方针政策,又能协调企业的其他经营目标的价格。企业定价目标类型较多,二手车流通企业要根据自己树立的市场观念和市场微观、宏观环境,确立自己的销售定价目标。企业定价目标主要有两大类,即获取利润目标和占领市场目标。

6.2.2.1　获取利润目标

利润是考核和分析二手车流通企业营销工作好坏的一项综合性指标,是二手车流通企业最主要的资金来源。以利润为定价目标有3种具体形式:预期收益、最大利润和合理利润。

1. 获取预期收益目标

预期收益目标是指二手车流通企业以预期利润(包括预交税金)为定价基点,并以利润加上商品的完全成本构成价格出售商品,从而获取预期收益的一种定价目标。预期收益目标有长期和短期之分,大多数企业都采用长期目标。预期收益高低的确定,应当考虑商品的质量与功能、同期的银行利率、消费者对价格的反应以及企业在同类企业中的地位和在市场竞争中的实力等因素。预期收益定得过高,企业会处于市场竞争的不利地位,定得过低,又会影响企业投资的回收。一般情况下,预期收益适中,可能获得长期稳定的收益。

2. 获取最大利润目标

最大利润目标是指二手车流通企业在一定时期内综合考虑各种因素后,以总收入减去总成本的最大差额为基点,确定单位商品的价格,以取得最大利润的一种定价目标。最大利润是企业在一定时期内可能并准备实现的最大利润总额,而不是单位商品的最高价格,最高价格不一定能获取最大利润。当企业的产品在市场上处于绝对有利地位时,往往采取这种定价目标,它能够使企业在短期内获得高额利润。最大利润一般应以长期的总利润为目标,在个别时期,甚至允许以低于成本的价格出售,以便招徕顾客。

3. 获取合理利润目标

合理利润目标是指二手车流通企业在补偿正常情况下的社会平均成本基础上,适当地加上一定量的利润作为商品价格,以获取正常情况下合理利润的一种定价目标。企业在自身力量不足,不能实行最大利润目标或预期收益目标时,往往采取这一定价目标。这种定价目标以稳定市场价格、避免不必要的竞争、获取长期利润为前提,因而商品价格适中,顾客乐于接受,政府积极鼓励。

6.2.2.2　占领市场目标

以市场占有率为定价目标是一种志存高远的选择方式。市场占有率是指一定时期内某二手车流通企业的销售量占当地细分市场销售总量的份额。市场占有率高意味着企业的竞争能力较强,说明企业对消费信息把握得较准确、充分,资料表明,企业利润与市场占有率正向相关。提高市场占有率是增加企业利润的有效途径。

由于企业所处的市场营销环境不同,自身条件与营销目标不同,企业定价目标也大相径庭。因此,二手车流通企业应在综合考虑市场环境、自身实力及经营目标的基础上,将获取利润目标和占领市场目标结合起来,兼顾企业的眼前利益与长远利益,来确定适当的定价目标。

6.2.3　二手车销售定价的方法分析

定价方法是二手车流通企业为了在目标市场实现定价目标,给产品制定基本价格和浮动范围的技术思路。由于成本、需求和竞争是影响企业定价的最基本因素,产品成本决定了价格的最低限,产品本身的特点,决定了需求状况,从而确定了价格的最高限,竞争者产品与价格又为定价提供了参考的基点,也因此形成了以成本、需求、竞争为导向的3大基本定价思路。

6.2.3.1　成本导向定价法

1. 成本加成定价法

成本加成定价法也称为加额定价法、标高定价法或成本基数法,是一种比较普遍应用的定价方法。它首先确定单位产品总成本(包括单位变动成本和平均分摊的固定成本),然后在单位产品总成本基础上加上一定比例的利润,从而形成产品的单位销售价格。该方法的计算公式为

$$单位产品价格＝单位产品总成本×(1＋成本加成率)$$

由此可以看到,成本加成定价法的关键是成本加成率的确定。一般地说,加成率应与单位产品成本成反比,和资金周转率成反比,与需求价格弹性成反比,需求价格弹性不变时加成率也应保持相对稳定。

2. 目标收益定价法

目标收益定价法又称投资收益率定价法,是根据企业的投资总额、预期销量和投资回收期等因素来确定价格。在产品供不应求的条件下,或产品需求的价格弹性很小的细分市场中,目标收益法具有一定的应用价值。

3. 边际成本定价法

边际成本是指每增加或减少单位产品所引起的总成本的增加或减少。采用边际成本定价法时是以单位产品的边际成本作为定价依据和可接受价格的最低界限。在价格高于边际成本的情况下,企业出售产品的收入除完全补偿变动成本外,尚可用来补偿一部分固定成本,甚至可能提供利润。在竞争激烈的市场条件下具有极大的定价灵活性,对于有效地应对竞争、开拓新市场、调节需求的季节差异、形成最优产品组合可以发挥巨大的作用。

6.2.3.2　需求导向定价法

需求导向定价法是以消费者的认知价值、需求强度及对价格的承受能力为依据,以市场占有率、品牌形象和最终利润为目标,真正按照有效需求来策划价格。需求导向定价法又称顾客导向定价法,是二手车流通企业根据市场需求状况和消费者的不同反应分别确定产品价格的一种定价方式。其特点是:平均成本相同的同一产品价格随需求变化而变化,一般是以该产品的历史价格为基础,根据市场需求变化情况,在一定的幅度内变动价格,以致同一商品可以按两种或两种以上价格销售。这种差价可以因顾客的购买能力、对产品的需求情况、产品的型号和式样以及时间、地点等因素而采用不同的形式。

6.2.3.3　竞争导向定价法

竞争导向定价是以企业所处的行业地位和竞争定位而制定价格的一种方法,是二手车流通企业根据市场竞争状况确定商品价格的一种定价方式。其特点是:价格与成本和需求不发生直接关系。它主要以竞争对手的价格为基础,并与竞争品价格保持一定的比例。即竞争品价格未变,即使产品成本或市场需求变动了,也应维持原价;竞争品价格变动,即使产品成本和

笔记

市场需求未变,也要相应调整价格。

上述定价方法中,企业要考虑产品成本、市场需求和竞争形势,研究价格怎样适应这些因素,但在实际定价中,企业往往只能侧重于考虑某一类因素,选择某种定价方法,并通过一定的定价政策对计算结果进行修订。而成本加成定价法深受企业界欢迎,主要是由于如下 3 个优势。

(1) 定价工作简化。由于成本的不确定性一般比需求的不确定性小得多,定价着眼于成本可以使定价工作大大简化,不必随时依需求情况的变化而频繁地调整,因而大大地简化了企业的定价工作。

(2) 可降低价格竞争程度。只要同行业企业都采用这种定价方法,那么在成本与加成率相似的情况下价格也大致相同,这样可以使价格竞争减至最低限度。

(3) 对买卖双方都较为公平。卖方不利用买方需求量增大的优势趁机哄抬物价因而有利于买方,固定的加成率也可以使卖方获得相当稳定的投资收益。因此,我们推荐用成本加成法来对二手车销售进行定价。

6.2.4　二手车销售定价的策略分析

在二手车的市场营销中,尽管非价格竞争作用在增长,但价格仍然是影响销售的重要因素,是营销组合中的关键因素。定价是否恰当,不仅直接关系到二手车的销量和企业的利润,而且还关系到企业其他营销策略的制定。营销中定价策略的意义在于有利于挖掘新的市场机会,实现企业的整体目标。在市场经济条件下,价格决策已成为企业经营者面临的具有现实意义的重大决策课题。

二手车销售定价策略是指二手车流通企业根据市场中不同变化因素对二手车价格的影响程度采用不同的定价方法,制定出适合市场变化的二手车销售价格,进而实现定价目标的企业营销战术。

6.2.4.1　阶段定价策略

阶段定价策略就是根据产品寿命周期各阶段不同的市场特征而采用不同的定价目标和对策。投入期以打开市场为主,成长期以获取目标利润为主,成熟期以保持市场份额、利润总量最大为主,衰退期以回笼资金为主。另外还要兼顾不同时期的市场行情,相应修改销售价格。

6.2.4.2　心理定价策略

不同的消费者有不同的消费心理,有的注重经济实惠、物美价廉,有的注重名牌产品,有的注重产品的文化情感含量,有的追赶消费潮流。心理定价策略就是在补偿成本的基础上,按不同的需求心理确定价格水平和变价幅度。如尾数定价策略就是企业针对消费者的求廉心理,在二手车定价时有意定一个与整数有一定差额的价格。这是一种具有强烈刺激作用的心理定价策略。价格尾数的微小差别,能够明显影响消费者的购买行为,会给消费者一种经过精确计算的、最低价格的心理感觉,如某品牌的二手车标价 69 998 元,给人以便宜的感觉,认为只要不到 7 万元就能买一台质地不错的品牌二手车。

6.2.4.3　折扣定价策略

二手车流通企业在市场营销活动中,一般按照确定的目录价格或标价出售商品。但随着企业内外部环境的变化,为了促进销售者、顾客更多地销售和购买本企业的产品,往往根据交易数量、付款方式等条件的不同,在价格上给销售者和顾客一定的减让,这种生产者给销售者或消费者的一定程度的价格减让就是折扣。灵活运用价格折扣策略,可以鼓励需求、刺激购买,有利于企业搞活经营,提高经济效益。

6.2.5　二手车销售最终价格的确定

二手车流通企业通过以上程序制定的价格只是基本价格,只确定了价格的范围和变化的途径。为了实现定价目标,二手车流通企业还需要考虑国家的价格政策、用户的要求、产品的性价比、品牌价值及服务水平,应用各种灵活的定价战术对基本价格进行调整,同时将价格策略和其他营销策略结合起来,如针对不同消费心理的心理定价和让利促销的各种折扣定价等,以确定具体的最终价格。

🔍 任务回顾

(1) 二手车销售定价的目标、策略、方法。
(2) 二手车销售最终价格的确定。

⬇ 任务实施步骤

(一) 任务要求
二手车销售最终价格的确定。
(二) 任务实施的步骤
实例
某二手车的基本情况如下。
品牌型号(一汽大众捷达 CIF);号牌号码(辽 A55H33);发动机号码(EK5647);车辆识别代号/车架号(LHK35425895154125);注册登记日期(2005 年 12 月 20 日);年审检验合格至2010 年 4 月;车辆购置税完税证明(有)。
某 4S 店于 2010 年 4 月收购,收购价格为 4.40 万元。
该车欲于 2010 年 10 月销售,其销售价格确定方法如下:
1. 固定成本费用摊销率的确定
按该 4S 店的固定成本构成情况分析,分摊在二手车销售这一块的固定成本摊销率为 1%。
2. 变动成本的确定
(1) 该车实体价格即为收购价格,4.40 万元。
(2) 收购车辆时的运输费用合计为 65 元。
(3) 从收购日起到预计的销售日,分摊在该车上的日常维护费用约 400 元。

（4）该车收购后,维修翻新费用合计 3 200 元。

（5）车辆存放期间,银行的活期存款年利率为 0.36%。

该二手车的变动成本=(收购价格+运输费用+维护费用+维修翻新费用)×(1+利率)

$$=(44\ 000+65+400+3\ 200)\times[1+(10-4)/12\times0.36\%]=47\ 751(元)$$

该二手车的总成本费用=收购价格×固定成本费用摊销率+变动成本

$$=44\ 000\times1\%+47\ 751=48\ 191(元)$$

3. 确定销售价格

按成本加成定价法,本车型属于大众车型,市场保有量较大,且销售情况平稳。根据销售时日的市场行情,一般成本加成率在 6% 左右。因此该车的销售价格为

二手车销售价格=该车总成本×(1+成本加成率)

$$=48\ 191\times(1+6\%)=51\ 082(元)$$

4. 确定最终价格

（1）该 4S 店目前处于比较稳定的经营时期,二手车经销状况也比较稳定,故应取获取合理利润为目标,所以成本加成率不作调整,即仍取 6%。

（2）该车不准备采用折扣定价策略,而上述计算结果中有精确的尾数,即采用尾数定价策略,也不再做调整。

故该二手车的最终销售价格确定为 51 082 元。

任务三　二手车交易实务

知识目标

● 掌握二手车交易类型和二手车交易者类型。

● 掌握二手车交易的程序。

能力目标

● 能够运用二手车交易的相关规定完成在实践中的二手车交易的具体实施步骤。

任务剖析

二手车交易是一种产权交易,实现二手车所有权从卖方到买方的转移过程。二手车必须完成所有权转移登记(即过户)才算是合法、完整的交易。

二手车完成所有权转移登记(即过户)必须符合《二手车交易规范》的相关规定,并按照规定的程序进行。

任务载体

二手车所有权转移登记(即过户)按照规定的程序需要办理交易过户、车辆转移登记和其他税、证的变更。

相关知识

6.3.1　二手车交易类型

根据《二手车流通管理办法》规定,二手车交易有以下几种类型:

1. 直接交易

二手车直接交易是指二手车所有人不通过经销企业、拍卖企业和经纪机构,而将车辆直接出售给买方的交易行为。交易可以在二手车交易市场内进行,也可以在场外进行。

2. 中介经营

中介经营是指二手车买卖双方通过中介方的帮助而实现交易,中介方收取约定佣金的一种交易行为。中介经营包括二手车经纪、二手车拍卖等。

(1) 二手车经纪。二手车经纪是指二手车经纪机构以收取佣金为目的,为促成他人交易二手车而从事居间、行纪或者代理等经营活动。

(2) 二手车拍卖。二手车拍卖是指二手车拍卖企业以公开竞价的形式将二手车转让给最高应价者的经营活动。

3. 二手车销售

二手车销售是指二手车销售企业收购、销售二手车的经营活动。

二手车置换也是一种二手车经销行为。

二手车典当不赎回的情况也可以算作一种二手车销售。二手车典当是指二手车所有人将其拥有的、具有合法手续的车辆质押给典当公司,典当公司支付典当当金,封存质押车辆,双方约定在一定期限内由出典人(二手车所有人)结清典当本息、赎回车辆的一种贷款行为。典当时二手车所有人须持合法有效的手续到典当行办理典当手续,由典当行工作人员和车主当面查验,填写《机动车抵押/注销抵押登记申请表》(见表 6-15,此申请表必须交到车辆管理所备案),然后封入典当公司的专业车辆库房。如果到约定的赎回期限二手车所有人不赎回车辆,则典当行就可以依据协议自行处置该车,如出售。

表 6-15　机动车抵押/注销抵押登记申请表

机动车登记证书编号			车牌号码	
申请登记种类		□抵押登记	□注销抵押登记	
抵押人	姓名/名称			抵押人签章:
	住所地址			
	身份证明名称	号码		(个人签字/单位盖章)
	联系电话			年　　月　　日
	邮政编码			

（续表）

抵押权人	姓名/名称		抵押权人签章:
	住所地址		
	身份证明名称	号码 □□□□□□□□□□□□□□□	（个人签字/单位盖章）
	联系电话		年　　月　　日
	邮政编码		

相关资料	□主合同　合同编号：＿＿＿＿＿　□抵押合同　合同编号：＿＿＿＿＿

申请方式	抵押人	抵押权人
	□本人申请 □委托＿＿＿＿代理申请	□本人申请 □委托＿＿＿＿代理申请

抵押人的代理人	姓名/名称			联系电话
	住所地址			
	身份证明名称		号码 □□□□□□□□□□□□□□□	抵押人的 代理人签章:
	经办人	姓名		
		身份证明名称	号码 □□□□□□□□□□□□□□□	
		住所地址		（个人签字/单位盖章）
		签字		年　　月　　日

抵押权人的代理人	姓名/名称			联系电话
	住所地址			
	身份证明名称		号码 □□□□□□□□□□□□□□□	抵押权人的 代理人签章:
	经办人	姓名		
		身份证明名称	号码 □□□□□□□□□□□□□□□	
		住所地址		（个人签字/单位盖章）
		签字		年　　月　　日

填表说明：

　①填写时使用黑色、蓝色墨水笔，字体工整。

　②标注有"□"符号的为选择项目，选择后在"□"中画"√"。

　③抵押人、抵押权人的住所地址栏，属于个人的，填写实际居住的地址；属于单位的，填写组织机构代码证书上签注的地址。

　④申请方式栏，属于由抵押人、抵押权人委托代理单位或者代理人代为申请的，除在"□"中画"√"外，还应当在下画线处填写代理单位或者代理人的全称。

　⑤抵押人或抵押权人的签字/盖章栏，属于个人的，由抵押人或抵押权人签字；属于单位的，盖单位公章。

　⑥抵押人的代理人栏和抵押权人的代理人栏，属于个人代理的，填写代理人的姓名、住所地址、身份证明名称、号码，在代理人栏内签名，不必填写经办人姓名等项目；属于单位代理的，应填写代理人栏的所有内容，代理单位应盖单位公章，经办人应签字。

6.3.2 二手车交易者类型

二手车可以在任何身份的人群中交易。根据二手车买卖双方身份不同,二手车交易者有以下四种类型。

1) 个人对个人交易

这种交易类型是:二手车所有权人为个人,二手车买受人也是个人。

2) 个人对单位交易

这种交易类型是:二手车所有权人为个人,二手车买受人是单位。

3) 单位对个人交易

这种交易类型是:二手车所有权人为单位,二手车买受人是个人。

4) 单位对单位交易

这种交易类型是:二手车所有权人为单位,二手车买受人也是单位。

6.3.3 二手车交易的相关规定

6.3.3.1 二手车交易地点

二手车应在车辆注册登记所在地交易,也就是说,二手车不允许在异地交易。

6.3.3.2 二手车办理转移登记手续地点

二手车转移登记手续应按照公安部门有关规定在原车辆注册登记所在地公安机关交通管理部门办理。需要进行异地转移登记的,由车辆原属地公安机关交通管理部门办理车辆转出手续,在接收地公安机关交通管理部门办理车辆转入手续。

6.3.3.3 建立二手车交易档案

交易后,二手车交易市场经营者、经销企业、拍卖公司应建立交易档案。交易档案主要包括以下内容:

(1) 法定证明、凭证复印件(主要包括车辆车牌、机动车登记证书、机动车行驶证和机动车安全技术检验合格标志)。

(2) 购车原始发票或者最近一次交易发票复印件。

(3) 买卖双方身份证明或者机构代码证书复印件。

(4) 委托人及授权代理人身份证或者机构代码证书,以及授权委托书复印件。

(5) 交易合同原件。

(6) 二手车经销企业的《车辆信息表》、二手车拍卖公司的《拍卖车辆信息》和《二手车拍卖成交确认书》。

(7) 其他需要存档的有关资料。

交易档案保留期限不少于 3 年。

6.3.4 二手车交易程序

二手车交易不像一般商品交易那么简单,需要遵守相关的政策规定,按照一定的交易程序进行,这样才能保障买卖双方的利益。不论是哪一种交易类型,都必须办理过户相关手续,实现车辆所有权变更。目前,我国没有统一的二手车交易程序标准,各地二手车交易市场在完成二手车交易过程中程序可能有差异,但主要程序是基本相同的。下面以北京市二手车交易为例,介绍二手车交易的基本程序。根据二手车交易类型和开具销售发票的权限,二手车交易程序有以下几种。

6.3.4.1　直接交易程序

二手车个人直接交易和通过二手车经纪机构进行的二手车交易,卖方不能直接给买方开具二手车销售统一发票。根据《二手车流通管理办法》规定,买卖双方达成交易意向后应当到二手车交易市场办理过户业务,由二手车交易市场经营者按规定向买方开具税务机关监制的统一发票——二手车销售统一发票(发票上必须盖有工商验证章才有效),以便办理车辆相关证件及手续的变更。这种交易的程序(流程)如下:

买卖双方达成交易意向→车辆评估(可选)→办理过户业务(验车→验手续→查违法→签到交易合同→交纳手续费→开具二手车销售统一发票)→办理行驶证、登记证书变更→办理其他税、证变更→完成交易,车辆上路。

1. 买卖双方达成交易意向

买卖双方达成交易意向是指买卖双方已就二手车交易谈妥了相关条件(如成交价格),达成了成交愿望。交易意向的达成是买卖双方的一个谈判过程,一旦谈妥就可以进入办理交易过户的相关手续,完成交易。

2. 车辆评估

二手车鉴定评估是买卖双方达成交易意向后自愿选择的项目。2005年12月实施《二手车流通管理办法》以前,二手车在买卖过程中,二手车交易中心会对车辆进行评估定价,然后在评估价的基础上收取2.5%的过户费用。实际上,这种评估成了一种强制性的规定。但是,由于缺乏统一的标准和规范,导致车辆评估的随意性比较大,评估结果可信度低,强制评估实际上成了收取过户费的工具。实施《二手车流通管理办法》以后规定:交易二手车时,除属国有资产的二手车外,二手车鉴定评估应本着买卖双方自愿的原则,不得强制执行,更不能以此为依据强制收取评估费。

消费者要求鉴定评估的目的主要有二:一是想通过鉴定评估了解二手车的技术状况,尤其是发现车辆存在的故障和安全隐患;二是了解二手车的真实价值。对于不熟悉汽车性能的普通消费者来说,在购买二手车时,委托二手车鉴定评估机构作鉴定评估还是十分必要的。但一定要委托正规的、有资质的第三方评估机构(如二手车鉴定评估中心、资产评估事务所、价格认证中心),并签订鉴定评估委托书,以使自己的权益得到保证。消费者得到的鉴定评估结果是二手车鉴定评估报告书,由评估机构签章后生效,作为车辆交易的参考。

下面通过一个评估案例介绍二手车评估中值得注意的一些问题。

在现实的二手车收购业务中,除了参考当前新车的售价以外,有时也要考虑二手车的原始价格,以平衡买卖双方的利益。

例如,某车是在半年前购买的,发票上注明的价格是11.58万元,而该车当时的厂家指导价为11.98万元,由此可见是优惠了0.4万元后购买的。而在半年后,厂家和4S店加大了对该车型的优惠幅度,达到1.5万元,目前提车时,发票上所注价格为10.48万元。那么,根据重置成本法中有关重置成本方面的要求,需要按 10.48 万元作为重置成本评估标准。假使按第一年折旧率 15%～20% 来计算,该车的收购行情价约在 8.4 万元至 8.9 万元之间。那么就与该车主原购买价有近 3.2 万元的差距。试想一下,11 万多元购买的新车,使用仅半年,且车况良好,卖车时损失近 3.2 万元,车主显然是无法接受的。

在二手车交易具体环节中,买卖双方都会追求自身利益的最大化,只有交易双方达成一致、认可价格的基础上,才能达成交易。对于上述这辆车,如果二手车经营者想达成交易,就要保证车主的损失不应过大,至少应该在其可以接受的范围之内。所以,比较现实的做法就是依据购车发票上的原始价格,即 11.58 万元来进行价值评估,评估价范围在 9.2 万元至 9.8 万元之间。当然,如果收购价格达到 9.8 万元,与当前新车优惠后的购买价,即 10.48 万元过于接近,对二手车经营者来说,必然造成经营风险,所以现实中是采取"折中"的办法,一般会选择9.2 万元的价格,或适当再高一些的价格。因为选择"9 万出头"这样的收购价,二手车商家再转手时,例如,增加 0.7 万元至 0.9 万元的利润,销售价也不会超过 10 万元,这让消费者在心理上也可以接受。例如,收购价超过 9.5 万元,那么想不超过 10 万元转手,利润最多不会超过0.5 万元。这样对于二手车经营者而言,利润显然太薄了。但如果转手价超过 10 万元,就与新车售价(即 10.48 万元)非常接近,消费者是很难接受的。

从上面的例子可见原购车发票价格的重要性。所以在车辆收购环节中,不应过分依赖评估方法和各种公式,应权衡利弊,斟酌损益。二手车经营的最终目的是顺利地达成交易,实现经济利益。但需要注意的是,对于一些使用年限短,通常为使用一年,或一年以内的车辆适用于上述办法。对于使用时间超过一年的,采用"重置成本法"较为有效。

6.3.4.2　二手车销售交易程序

由于二手车销售企业能够直接给购车者开具二手车销售统一发票,所以只要购车者和二手车销售企业达成交易意向,双方即可签订二手车交易合同,购车者付清车款后,企业按规定给购车者开具二手车销售统一发票,那么购车者就可以携带发票和要求的证件去相关部门办理车辆相关证件及手续的变更。有关车辆的合法性手续,二手车经销企业在收购车时已经查验过,可以通过二手车交易合同加以保证。这种交易的程序(流程)如下:

买卖双方达成交易意向→签订交易合同→开二手车销售统一发票→验车、评估(自愿)→办理行驶证、登记证变更→办理其他税、证变更→完成交易,车辆上路。

6.3.4.3　二手车拍卖交易程序

根据《二手车流通管理办法》规定,二手车拍卖企业也能够直接给买受人开具二手车销售统一发票,所以在拍卖会结束后,买受人和拍卖企业签订成交确认书(相当于二手车交易合同)、交款得到二手车销售统一发票,凭成交确认书到指定地点提车,然后携带发票和要求的证件去相关部门办理车辆相关证件及手续的变更。有些拍卖企业虽然有二手车拍卖业务,但没有开具二手车销售统一发票的资格,此时,在交款后需要到指定的二手车交易市场办理相关过户手续,由市场按规定开具二手车销售统一发票。有关车辆的合法性手续,二手车拍卖企业在接受拍卖委托时已经查验过,可以通过二手车拍卖成交确认书加以保证。拍卖交易程序(流程)如下:

拍卖会→竞买成功→签订成交确认书→交款(标的成交款、佣金)→开具二手车销售统一

笔记 发票→提车→验车、评估(自愿)→办理行驶证、登记证变更→办理其他税、证变更→完成交易，车辆上路。

6.3.5 办理车辆转移登记

6.3.5.1 办理程序

　　二手车交易像买房子一样属于产权交易范畴，涉及相关的证明文件和必要手续。二手车交易后必须办理这些证明文件的转移登记手续，以完成手续完备的、合法的成交。机动车产权证明是《机动车登记证书》、《机动车行驶证》和机动车号牌。根据买卖双方的住所是否在同一车辆管理所管辖区内，机动车产权转移登记手续可分为同一车辆管理所管辖区内的所有权转移登记(即同城转移登记)和不同车辆管理所管辖区的所有权转移登记(即异地转移登记)两种登记方式。

　　二手车同城转移登记手续应当在原车辆注册登记所在地公安交通管理部门办理。需要进行异地转移登记的，由车辆原属地公安交通管理部门办理车辆迁出手续，在接收地公安交通管理部门办理车辆迁入手续。办理二手车转移登记手续的程序如下：

　　同城转移登记→车辆原属地公安交通管理部门→变更机动车登记证书、行驶证、车主信息→核发新的机动车行驶证、车牌(不改换机动车登记编号的只需要核发新的机动车行驶证)。

　　异地转移登记→车辆原属地公安交通管理部门→申请车辆转出、办理转出手续→注销原有牌照、核发临时牌照→携带车辆档案及相关手续→接收地公安交通管理部门→申请车辆转入、提交车辆档案→办理转入手续→核发新的机动车行驶证、车牌。

6.3.5.2 二手车办理转移登记所需的手续及证件

　　二手车在同城交易和所有权转移登记时，根据买卖双方身份不同，二手车交易类型不同，办理转移登记时所需的手续和证件也相应不同。

　　1. 二手车所有权由个人转移给个人

　　(1) 卖方个人身份证原件及复印件。

　　(2) 买方个人身份证原件及复印件。

　　(3) 车辆原始购置发票或上次交易过户发票原件及复印件。

　　(4) 过户车辆的《机动车登记证书》原件及复印件。

　　(5) 过户车辆的《机动车行驶证》原件及复印件。

　　(6) 二手车买卖合同。

　　(7) 外地户口需持暂住证。

　　(8) 过户车辆到场。

　　2. 二手车所有权由个人转移给单位

　　(1) 卖方个人身份证原件及复印件。

　　(2) 买方单位法人代码证原件及复印件(须在年检有效期之内)。

　　(3) 车辆原始购置发票或上次交易过户发票原件及复印件。

　　(4) 过户车辆的《机动车登记证书》原件及复印件。

　　(5) 过户车辆的《机动车行驶证》原件及复印件。

（6）二手车买卖合同。

（7）过户车辆到场。

3．二手车所有权由单位转移给个人

（1）卖方单位法人代码证原件及复印件（须在年检有效期之内）。

（2）买方个人身份证原件及复印件。

（3）车辆原始购置发票或上次交易过户发票原件及复印件（发票丢失需本单位财务证明信）。

（4）卖方单位须按实际成交价格给买方个人开具成交发票（需复印）。

（5）过户车辆的《机动车登记证书》原件及复印件。

（6）过户车辆的《机动车行驶证》原件及复印件。

（7）二手车买卖合同。

（8）过户车辆到场。

4．二手车所有权由单位转移给单位

（1）卖方单位法人代码证原件及复印件（须在年检有效期之内）。

（2）买方单位法人代码证原件及复印件（须在年检有效期之内）。

（3）车辆原始购置发票或上次交易过户发票原件及复印件（发票丢失需本单位财务证明信）。

（4）卖方单位须按实际成交价格给买方单位开具成交发票（需复印）。

（5）过户车辆的《机动车登记证书》原件及复印件。

（6）过户车辆的《机动车行驶证》原件及复印件。

（7）二手车买卖合同。

（8）过户车辆到场。

6.3.6　二手车交易合同

6.3.6.1　订立二手车交易合同的基本准则

二手车交易合同是指二手车经营公司、经纪公司与法人、其他组织和自然人相互之间为实现二手车交易的目的，明确相互权利义务关系，所订立的协议。

订立交易合同时须遵守以下基本原则：

1．合法原则

订立二手车交易合同，必须遵守法律和行政法规。法律、法规集中体现了人民的利益和要求。合同的内容及订立合同的程序、形式只有与法律、法规相符合，才会具有法律效力，当事人的合法权益才可得到保护。任何单位和个人都不得利用经济合同进行违法活动，扰乱市场秩序，损害国家和社会利益，牟取非法收入。

2．平等互利、协商一致原则

订立合同的当事人法律地位一律平等，任何一方不得以大欺小、以强凌弱，把自己的意愿强加给对方，双方都必须在完全平等的地位上签订二手车交易合同。二手车交易合同应当在当事人之间充分协商、意思表示一致的基础上订立，采取胁迫、乘人之危、违背当事人真实意志而订立的合同都是无效的，也不允许任何单位和个人进行非法干预。

6.3.6.2 交易合同的主体

二手车交易合同主体是指为了实现二手车交易目的,以自己名义签订交易合同,享有合同权利、承担合同义务的组织和个人。根据《中华人民共和国合同法》的规定,我国合同当事人从其法律地位来划分,可分为以下几种:

1. 法人

法人是指具有民事权利能力和民事行为能力,依法独立享有民事权利和承担民事义务的组织。

它必须具备以下条件:

(1) 依法成立。

(2) 有必要的财产或经费。

(3) 有自己的名称、场所和组织机构。

(4) 能够独立承担民事责任的企业法人、机关法人、事业单位法人和社会团体法人。

2. 其他组织

其他组织是指合法成立、有一定的组织机构和财产,但又不具备法人资格的组织,如私营独资企业、合伙组织和个体工商户。

3. 自然人

自然人是指具有完全民事行为能力,可以独立进行民事活动的人。

6.3.6.3 交易合同的内容

1. 主要条款

(1) 标的。指合同当事人双方权利义务共同指向的对象,可以是物也可以是行为。二手车交易合同的标的是被交易的二手车。

(2) 数量。

(3) 质量。是标的内在因素和外观形态优劣的标志,是标的满足人们一定需要的具体特征。

(4) 履行期限、地点和方式。

(5) 违约责任。

(6) 根据法律规定的或按合同性质必须具备的条款及当事人一方要求必须规定的条款。

2. 其他条款

它包括合同的包装要求、某种特定的行业规则和当事人之间交易的惯有规则。

6.3.6.4 交易合同的变更和解除

1. 交易合同的变更

交易合同的变更,通常是指依法成立的交易合同尚未履行或未完全履行之前,当事人就其内容进行修改和补充而达成的协议。

交易合同的变更必须以有效成立的合同为对象,凡未成立或无效的合同,不存在变更问题。交易合同的变更是在原合同的基础上,达成一个或几个新的合同作为修正,以新协议代替原协议。所以,变更作为一种法律行为,使原合同的权利义务关系消灭,新权利义务关系产生。

2．交易合同的解除

交易合同的解除，是指交易合同订立后，没有履行或没有完全履行以前，当事人依法提前终止合同。

3．交易合同变更和解除的条件

合同法规定，凡发生下列情况之一，允许变更或解除合同：

（1）当事人双方经协商同意，并且不因此损害国家利益和社会公共利益。

（2）由于不可抗力致使合同的全部义务不能履行。

（3）由于另一方在合同约定的期限内没有履行合同。

6.3.6.5　违约责任

违约责任，是指交易合同一方或双方当事人由于自己的过错造成合同不能履行或不能完全履行，依照法律或合同约定必须承受的法律制裁。

1．违约责任的性质

（1）等价补偿。凡是已给对方当事人造成财产损失的，就应当承担补偿责任。

（2）违约惩罚。合同当事人违反合同的，无论这种违约是否已经给对方当事人造成财产损失，都要依照法律规定或合同约定，承担相应的违约责任。

2．承担违约责任的条件

（1）要有违约行为。要追究违约责任，必须有合同当事人不履行或不完全履行的违约行为。它可分为作为违约和不作为违约。

（2）行为人要有过错。过错是指当事人违约行为主观上出于故意或过失。故意，是指当事人应当预见自己的行为会产生一定的不良后果，但仍用积极的不作为或者消极的不作为希望或放任这种后果的发生；过失是指当事人对自己行为的不良后果应当预见或能够预见到，而由于疏忽大意没有预见到或虽已预见到但轻信可以避免，以致产生不良后果。

3．承担违约责任的方式

（1）违约金。指合同当事人因过错不履行或不适当履行合同，依据法律规定或合同约定，支付给对方一定数额的货币。

根据《合同法》及有关条例或实施细则的规定，违约金分为法定违约金和约定违约金。

（2）赔偿金。指合同当事人一方过错违约给另一方当事人造成损失超过违约金数额时，由违约方当事人支付给对方当事人的一定数额的补偿货币。

（3）继续履行。指合同违约方支付违约金、赔偿金后，应对方的要求，在对方指定或双方约定的期限内，继续完成没有履行的那部分合同义务。

违约方在支付了违约金、赔偿金后，合同关系尚未终止，违约方有义务继续按约履行，最终实现合同目的。

6.3.6.6　合同纠纷处理方式

合同纠纷，指合同当事人之间因对合同的履行状况及不履行的后果所发生的争议。根据《合同法》及有关条例的规定，我国合同纠纷的解决方式一般有协商解决、调解解决、仲裁和诉讼四种方式。

1. 协商解决

协商解决是指合同当事人之间直接磋商,自行解决彼此间发生的合同纠纷。这是合同当事人在自愿、互谅互让基础上,按照法律、法规的规定和合同的约定,解决合同纠纷的一种方式。

2. 调解解决

调解解决是指由合同当事人以外的第三人(交易市场管理部门或二手车交易管理协会)出面调解,使争议双方在互谅互让基础上自愿达成解决纠纷的协议。

3. 仲裁

仲裁是指合同当事人将合同纠纷提交国家规定的仲裁机关,由仲裁机关对合同纠纷作出裁决的一种活动。

4. 诉讼

诉讼是指合同当事人之间发生争议而合同中未规定仲裁条款或发生争议后也未达成仲裁协议的情况下,由当事人一方将争议提交有管辖权的法院按诉讼程序审理作出判决的活动。

6.3.6.7 二手车交易合同的种类

二手车交易合同按当事人在合同中处于出让、受让或居间中介的不同情况,可分为二手车买卖合同和二手车居间合同两种。

1. 二手车买卖合同

(1) 出让人(售车方):有意向出让二手车合法产权的法人或其他组织、自然人。

(2) 受让人(购车方):有意向受让二手车合法产权的法人或其他组织、自然人。

2. 二手车居间合同(一般有三方当事人)

(1) 出让人(售车方):有意向出让二手车合法产权的法人或其他组织、自然人。

(2) 受让人(购车方):有意向受让二手车合法产权的法人或其他组织、自然人。

(3) 中介人(居间方):合法拥有二手车中介交易资质的二手车经纪公司。

6.3.7 二手车质量保证

二手车质量保证就是在二手车销售的同时,销售商承诺对车辆进行有条件、有范围、有限期的质量保证,并切实履行承诺的责任和义务。二手车的质量保证是二手车销售环节中的一个不可或缺的重要一环。没有质量保证的二手车销售是不完整的销售。

6.3.7.1 二手车质量保证的意义

1. 保护消费者权益

长期以来,二手车交易存在车辆信息不透明、买卖双方信息不对称问题,消费者时刻面临着质量欺诈、价格欺诈和购买非法车辆等风险。消费者对所购买的二手车,最难以把握的是车辆原来的使用状况和技术状况。尤其是车辆买到手后,各种故障便在短时间内连连发生,使消费者对二手车的质量可靠性心存疑虑,因此普遍希望二手车销售商能提供质量保证。为二手车消费者提供质量担保,是销售商保护消费者权益的具体体现,同时也是一种社会责任。

2. 促进二手车行业的规范发展

以前,二手车买卖成交后,销售商的责任即告结束,对此后车辆出现的各种故障全不负责。

这一方面使得消费者的权益得不到充分保障;另一方面,一些不法销售商又有恃无恐地干着坑蒙拐骗的勾当。这使二手车交易在消费者的心目中形成了二手车都是技术状况差和问题多的印象。很多消费者不敢买二手车,极大地损害了二手车交易行业的发展。事实上,二手车交易中大多数纠纷都是由于售后发现质量问题而引起的。

实行二手车质量保证可以从根本上消除这种畏惧心理,激发中低收入者潜在的购车能量。在鼓励、扶持那些诚实守信、规范运作的经营企业的同时,行业管理部门还将规范、监督和约束那些不讲信誉、不讲服务的销售行为,逐步净化二手车的消费环境,提升行业的社会形象。可以说在我国诚信体系尚不完善的情况下,承诺服务将更好地推动二手车行业发展。

3. 有利于经营品牌的创立

二手车交易与新车销售一样是一个与服务密切相关的经营行为。二手车销售企业实行二手车质量保证,将服务延伸到售后,切实履行保护消费者利益的责任,赢得消费者的信任,有利于创立二手车经营品牌。这与二手车直接交易、中介经营有非常大的比较优势,体现了品牌经销商的优势所在.也成为鉴别二手车经营企业之间诚信差异、品牌优劣的重要标志。这方面的工作谁做得好,谁就赢得市场。

4. 有利于开辟新的交易方式

目前,在二手车交易中,通常采用到有形市场现场看车的方式来确定车辆状况。这种方式对买卖双方均耗时、费力、效率低,是一种比较原始的方式。随着社会车辆的逐渐增多,二手车交易的日趋活跃,这种低效率的交易方式对提高交易量的制约影响将日益凸显。

因此,致力于交易方式的拓展将是一个现实的课题。如开展网上交易形式等,将有形市场与无形市场相结合,有利于扩大二手车交易的范围,促成二手车这一社会资源得到更合理的配置。实现这种新的交易模式的重要前提是经营企业诚信体系的建立、二手车质量保证的承诺以及社会和消费者对此承诺的高度认同。

6.3.7.2 二手车质量保证的前提及质量保证期

二手车质量保证很重要,但并不是所有销售的二手车都能得到质量保证。根据我国目前二手车发展水平,这种质量保证只能是有条件、有范围和有限期的质量保证。

1. 提供质量保证的企业

根据《二手车交易规范》规定,二手车质量保证只对二手车经销企业要求,对直接交易,经纪、拍卖和鉴定评估等中介交易形式无要求。

2. 二手车质量保证的前提

根据《二手车交易规范》规定,二手车经销企业向最终用户销售二手车应提供质量保证的前提是:使用年限在 3 年以内或行驶里程在 6 万 km 以内的车辆(以先到者为准,营运车除外)。

3. 二手车质量保证期限

根据《二手车交易规范》规定,二手车经销企业向最终用户销售二手车时,应向用户提供不少于 3 个月或 5 000 km(以先到者为准)的质量保证。

4. 二手车质量保证的范围

根据《二手车交易规范》规定,二手车质量保证范围为发动机系统、转向系统、传动系统、制动系统和悬挂系统等。

笔记

6.3.7.3　二手车的售后服务

如果说二手车经销企业在向最终用户销售二手车时提供质量保证是让买主买得放心，那么，如果同时也向用户提供售后服务，则是让买主使用无忧，消除对二手车使用的担心。

1. 二手车售后服务的规定

《二手车交易规范》对二手车的售后服务作出了以下规定：

（1）二手车经销企业向最终用户提供售后服务时，应向其提供售后服务清单。

（2）在提供售后服务的过程中，不得擅自增加未经客户同意的服务项目。

（3）二手车经销企业应建立售后服务技术档案，售后服务技术档案保存时间不少于3年。

2. 售后服务技术档案内容

售后服务技术档案包括以下内容：

（1）车辆基本资料，主要包括车辆品牌型号、车牌号码、发动机号、车架号、出厂日期、使用性质、最近一次转移登记日期、销售时间和地点等。

（2）客户基本资料，主要包括客户名称（姓名）、地址、职业和联系方式等。

（3）维修保养记录，主要包括维修保养的时间、里程和项目等。

这样，有了质量保证和售后服务的承诺，再加上交易合同的保证，车辆的真实信息将难以隐瞒，二手车交易变得更加透明，真正成为一种"阳光交易"。

任务回顾

（1）二手车交易过户业务。

（2）车辆转移登记过户。

（3）二手车过户税、证变更。

任务实施步骤

(一) 任务要求

办理二手车交易过户业务；办理车辆转移登记过户；办理二手车过户税、证变更。

(二) 任务实施的步骤

1. 办理交易过户业务

二手车过户过程实际上是分为两个步骤：车辆交易过户和转移登记过户，两个步骤缺一不可。交易过户业务在二手车交易市场里办理，获取《二手车销售统一发票》；转移登记过户业务在车管所办理，主要完成《机动车登记证书》的变更登记、核发《机动车行驶证》及机动车车牌。办理二手车交易时，如果原车主不来，可以授权委托其他人来办理交易及过户手续，但必须签署有授权委托书。此委托书只在办理交易过户业务时使用，而办理转移登记过户业务不用。

办理交易过户主要业务有：

1) 验车

验车是买卖双方到二手车交易市场办理过户业务的第一道程序，由市场主办方委派负责过户的业务人员办理。验车的目的主要是检查车辆和行驶证上的内容是否一致，对车辆的合法性进行验证。

检查的内容包括：车主姓名、车辆名称、车辆的车牌号码、车辆类型、车辆识别代码、发动机号、排气量、初次登记日期等，经检查无误后，填写《车辆检验单》，进入查验手续阶段。

2）验手续

验手续主要查验车辆手续和机动车所有人身份证明。目的是检验买卖双方所提供的所有手续是否具备办理过户的条件，检查有无缺失以及不符合规定的手续。

（1）车辆手续检查。

① 查验证件。查验证件的目的是查验交易车辆的合法性。每辆合法注册登记的机动车都有车辆管理所核发的机动车登记证书和机动车行驶证、机动车号牌，号牌必须悬挂在车体指定位置。二手车交易时主要查验以下证件：机动车来历证明、机动车登记证书和机动车行驶证。

② 查验税费证明。根据《二手车流通管理办法》规定，二手车交易必须提供车辆购置税、车船使用税和车辆保险单等税费缴付凭证。

（2）机动车所有人身份证明。

机动车所有人身份证明是证实车主身份的证明，目的是查验机动车所有人是否合法拥有该车的处置权。车主的身份证明有以下几种情况：

① 如果车主为自然人，则身份证件为个人身份证。个人身份又有本地和外地个人之分：本市个人，只需身份证原件；外地个人，需身份证原件和暂住证原件。

② 如果车主为企业，则身份证件为企业的法人代码证书。

③ 如果车主为外籍公民，则身份证件为其护照及工作（居留）证。

根据《二手车交易规范》规定，二手车交易市场经营者和二手车经营主体应按下列项目确认卖方的身份及车辆的合法性。

① 卖方身份证明或者机构代码证书原件合法有效。

② 车辆车牌、机动车登记证书、机动车行驶证、机动车安全技术检验合格标志真实、合法、有效。

③ 交易车辆不属于《二手车流通管理办法》第二十三条规定禁止交易的车辆。

同时，二手车交易市场经营者和二手车经营主体应核实卖方的所有权或处置权证明。车辆所有权或处置权证明应符合下列条件：

① 机动车登记证书、行驶证与卖方身份证明名称一致；国家机关、国有企事业单位出售的车辆，应附有资产处理证明。

② 委托出售的车辆，卖方应提供车主授权委托书和身份证明。

③ 二手车经销企业销售的车辆，应具有车辆收购合同等能够证明经销企业拥有该车所有权或处置权的相关材料，以及原车主身份证明复印件。原车主名称应与机动车登记证、行驶证名称一致。

3）查违法

查违法就是查询交易的二手车是否有违法行为记录。具体方法是登陆车辆管理部门的信息数据库或查询网站进行查询。

4）签订交易合同

根据《二手车流通管理办法》规定，二手车交易双方应该签订交易合同，要在合同当中对二手车的状况、来源的合法性、费用负担以及出现问题的解决方法等各方面进行约定,以便分清各自的责任和义务。

二手车经过查验和评估后,其车辆的真实性和基本价格已基本确定。如果车主不同意评估价格,可以和二手车销售企业协商达成最终交易的价格,同时,需要原车主对其车辆的一些其他事宜(使用年限、行驶千米数、安全隐患、有无违章记录等)作出一个书面承诺。这些都是以签订交易合同的形式来确定。交易合同是确立买卖双方交易关系和履行责任的法律合约,是办理交易手续和过户手续的必要凭证之一。

5) 交纳手续费

手续费俗称过户费,是指在二手车交易市场中办理交易过户业务相关手续的服务费用。

2005 年 10 月颁布实施《二手车流通管理办法》之前,二手车过户费的收取,是按照车辆评估价值的一定比例征收的,也是二手车交易市场的主要利润来源。

目前,很多二手车交易市场的服务费是按照汽车的排量来进行定额收取的,小排量少收,大排量多收。如北京市二手车交易市场收取标准按排量、年份、价格来划分,并设有起始价和最低价。车辆初次登记日期 1 年以内的车型按起始价收取费用,然后按使用年份逐年递减,直至最低价。微型轿车的过户费用 200 元起,1.0 排量的轿车 300 元起,两者的过户费用最高均为 600 元。然后随着排量的增大,过户费用也随着增加,3.0 排量的轿车最高的过户费用为4 000元,最低为 500 元。相应的相同排量的客车与货车的过户费用低于轿车,最低的微型货车和农用车的过户费用只需 100 元。

6) 开具二手车销售统一发票

二手车销售发票是二手车的来历证明,是办理转移登记手续变更的重要文件,因此,它又被称为"过户发票"。过户发票的有效期为一个月,买卖双方应在此期间内,到车辆管理部门办理机动车行驶证、机动车登记证的相关变更手续,

二手车销售统一发票由从事二手车交易的市场、有开票资格的二手车经销企业或拍卖企业开具;二手车经纪公司和消费者个人之间二手车交易发票由二手车交易市场统一开具。二手车销售统一发票是采用压感纸印制的计算机票,一式 5 联,其中存根联、记账联、入库联由开票方留存;发票联交购车方、转移登记联交公安车辆管理部门办理过户手续。二手车销售发票的价款中不包括过户手续费和评估费。

开具的发票必须经驻场工商部门审验合格后,在已经开具的"二手车销售统一发票"上加盖"工商行政管理局二手车市场管理专用章"发票才能生效,这一步骤称为"工商验证"。

7) 二手车交易完成后卖方应向买方交付的手续

二手车交易完成后,卖方应当及时向买方交付车辆、车牌及车辆法定证明、凭证。车辆法定证明、凭证主要包括《机动车登记证书》、《机动车行驶证》、有效的机动车安全技术检验合格标志、车辆购置税完税证明、车船使用税缴付凭证、车辆保险单。

2. 办理车辆转移登记

1) 同城车辆所有权转移登记

办理已注册登记的机动车在同城(同一车辆管理所管辖区内)发生所有权转移时,只需要更改车主姓名(单位名称)和住所等资料,机动车及机动车车牌可以不变更。这种变更情形习惯上称为办理过户手续,即把机动车原车主的登记信息变更为新车主的登记信息。

(1) 过户登记的程序。

笔记

现车主提出申请,填写《机动车转移登记申请表》(见表 6-16,有的地区规定填写《机动车变更过户,改装报废审批申请表》,见表 6-17)→机动车检测站查验车辆(同时对超过检验周期的机动车进行安全检测)→车辆管理所受理审核资料→在《机动车登记证书》上记载过户登记事项(对需要改变机动车登记编号的,确定机动车登记编号)→收回原机动车车牌和《机动车行驶证》→重新核发机动车车牌和《机动车行驶证》(对不需要改变机动车登记编号的,只需重新核发《机动车行驶证》)。

表 6-16　机动车转移登记申请表

机动车登记证书编号				车牌号码		
申请事项		□机动车在车辆管理所管辖区内的转移登记　□机动车转出车辆管理所管辖区的转移登记				
现机动车所有人	姓名/名称			联系电话		
	住所地址			邮政编码		
	身份证明名称	号码			□常住人口	□暂住人口
	居住/暂住证明名称		号码			
机动车	机动车使用性质	□公路客运　□公交客运　□出租客运　□租赁　□货运　□旅游客运 □非营运　□警用　□消防　□救护　□工程抢险　□营转非　□出租营转非				
	机动车获得方式	□购买　□中奖　□仲裁裁决　□继承　□赠予　□协议抵偿债务 □资产重组　□资产整体买卖　□调拨　□法院调解、裁定、判决				
	机动车品牌型号					
	车辆识别代号/车架号					
	发动机号码					
相关资料	来历凭证	□销售/交易发票　□《调解书》　□《裁定书》　□《判决书》 □《仲裁裁决书》□相关文书　□批准文件　□调拨证明 □权益转让证明书				
	其他	□《中华人民共和国海关监管车辆解除监管证明书》 □《协助执行通知书》　□《公证书》 □身份证明　□行驶证		现机动车所有人:		
事项明细	转入地车辆管理所名称	车辆管理所				
申请方式		□由现机动车所有人申请 □现机动车所有人委托 _____ 代理申请		(个人签字/单位盖章) 　年　　月　　日		

（续表）

		姓名/名称			
代理人		住所地址		联系电话	
		身份证明名称	号码	代理人签章:	
	经办人	姓名			
		身份证明名称	号码		
		住所地址		（个人签字/单位盖章）	
		签字	年　月　日	年　月　日	

填表说明:

1. 填写时使用黑色、蓝色墨水笔,字体工整。

2. 标注有"□"符号的为选择项目,选择后在"□"中画"√"。

3. 现机动车所有人的住所地址栏,属于个人的,填写实际居住的地址;属于单位的,填写组织机构代码证书上签注的地址。

4. 机动车栏的"机动车品牌型号"、"车辆识别代码/车架号"、"发动机号码"项目,按照车辆的技术说明书、合格证等资料标注的内容与车辆核对后填写。

5. 申请方式栏,属于由机动车所有人委托代理单位或者代理人代为申请的,除在"□"内画"√"外,还应当在下画线处填写代理单位或者代理人的全称。

6. 机动车所有人的签字/盖章栏,属于个人的,由机动车所有人签字;属于单位的,盖单位公章。

7. 代理人栏,属于个人代理的,填写代理人的姓名、住所地址、身份证明名称、号码,在代理人栏内签名,不必填写经办人姓名等项目;属于单位代理的,应填写代理人栏的所有内容,代理单位应盖单位公章,经办人应签字。

表 6-17　机动车变更过户,改装报废审批申请表

区　　自检组　　号代码
居民身份证号

	车　主			公、私	
住　址		电话		车主签章	
车牌号码		车辆类型			
出厂日期		厂牌型号			
发动机号码		车架号码			
申请内容					
监管机关审核意见		检验结果		检验员	
		登记员			

填表说明

一、申请内容栏

1. 报废:车主填写报废理由,其单位上级主管部门须签注意见。

2. 改装:扼要填写改装理由、项目。

3. 变更、过户:填写变更、过户后新车主的情况,新车主须在此栏内签章。

二、检验结果栏

改装竣工,检验员签注检验结果。

过户登记的具体程序如下：

① 提出申请。现车主向车辆管理所提出机动车产权转移申请，填写《机动车转移登记申请表》。

② 交验车辆。现车主将机动车送到机动车检测站检测，查验车辆识别代码/车架号码是否有凿改，和车辆识别代码/车架号码的拓印膜是否一致。如果是已经超过检验周期的机动车，还要进行安全检测。

③ 受理审核资料。受理转移登记申请，查验并收存相关资料，向现车主出具受理凭证。审批相关手续、符合规定的在计算机登记系统中确认；不符合规定的说明理由开具退办单，将资料退回车主。

④ 办理新旧车主信息资料的转移登记手续。如果需要改变机动车登记编号的，则进行机动车车牌选号、照相，重新确定机动车登记编号，最后，在《机动车登记证书》上记载转移登记事项。

⑤ 收回原《机动车行驶证》，核发新的《机动车行驶证》。

⑥ 需要改变机动车登记编号的，收回原机动车车牌、《机动车行驶证》，确定新的机动车登记编号，重新核发机动车车牌、《机动车行驶证》和检验合格标志。

（2）过户登记需要的材料。

① 机动车转移登记申请表。

② 现车主的身份证明。

• 机关、学校、工厂、公司等行政、事业、企业单位和社会团体的身份证明，是《组织机构代码证书》。上述单位已注销、撤销或者破产，其机动车需要办理变更登记、转移登记、注销登记和补领机动车登记证书、车牌、行驶证的，已注销的企业单位的身份证明，是工商行政管理部门出具的注销证明。已撤销的机关、事业单位的身份证明，是其上级主管机关出具的有关证明。已破产的企业单位的身份证明，是依法成立的财产清算机构出具的有关证明。

• 外国驻华使馆、领馆和外国驻华办事机构、国际组织驻华代表机构的身份证明，是该使馆、领馆或者该办事机构、代表机构出具的证明。

• 居民的身份证明，是《居民身份证》或者《居民户口簿》；在暂住地居住的内地居民，其身份证明是《居民身份证》和公安机关核发的居住、暂住证明。

• 军人（含武警）的身份证明，是《居民身份证》。

• 外国人的身份证明，是其入境的身份证明和居留证明。

• 外国驻华使馆、领馆人员，国际组织驻华代表机构人员的身份证明，是外交部核发的有效身份证件。

③《机动车登记证书》（原件）。

④《机动车行驶证》（原件）。

⑤ 解除海关监管的机动车，应当提交监管海关出具的《中华人民共和国海关监管车辆解除监管证明书》。

⑥ 机动车来历凭证（二手车交易的机动车来历凭证就是二手车销售统一发票）。

⑦ 车辆购置税完税证明。

⑧ 所购买的二手车。

（3）过户登记的事项。

① 现车主的姓名或者单位名称、身份证明名称、身份证明号码、住所地址、邮政编码和联系电话。住所地址是指：
- 单位住所的地址为其《组织机构代码证书》记载的地址。
- 居民住所的地址为其《居民户口簿》或者《居民身份证》或者《暂住证》记载的地址。
- 军人住所的地址为其团以上单位出具的本人住所地址证明记载的地址。

② 机动车获得方式。机动车获得方式，是指人民法院调解、裁定、判决，仲裁机构仲裁裁决，购买、继承、赠予、中奖、协议抵偿债务、资产重组、资产整体买卖和调拨等。

③ 机动车来历凭证的名称、编号。

④ 转移登记的日期。

⑤ 海关解除监管的机动车，登记海关出具的《中华人民共和国海关监管车辆解除监管证明书》的名称、编号。

⑥ 改变机动车登记编号的，登记机动车登记编号。

（4）不能办理过户登记的情形。

有下列情形之一的，不能办理过户登记：

① 车主提交的证明、凭证无效的。

② 机动车来历凭证涂改的，或者机动车来历凭证记载的车主与身份证明不符的。

③ 车主提交的证明、凭证与机动车不符的。

④ 机动车未经国家机动车产品主管部门许可生产、销售或者未经国家进口机动车主管部门许可进口的。

⑤ 机动车的有关技术数据与国家机动车产品主管部门公告的数据不符的。

⑥ 机动车达到国家规定的强制报废标准的。

⑦ 机动车属于被盗抢的。

⑧ 机动车与该车的档案记载的内容不一致的。

⑨ 机动车未被海关解除监管的。

⑩ 机动车在抵押期间的。

⑪ 机动车或者机动车档案被人民法院、人民检察院、行政执法部门依法查封、扣押的。

⑫ 机动车涉及未处理完毕的道路交通安全违法行为或者交通事故的。

2）异地车辆所有权转移登记

二手车交易后，如果新车主和原车主的住所不在同一城市里，不能直接办理《机动车登记证书》和《机动车行驶证》的变更，需要到新车主住所所属的车辆管理所管辖区内办理。这就牵涉到二手车转出和转入登记问题。

（1）转出登记。

车辆转出登记是指在现车辆管理所管辖区内已注册登记的车辆，办理车辆档案转出的手续。一般是由于现车主的住所或工作地址变动等原因需要将车辆转出本地。

① 转出登记程序。现车主提出申请（填写《机动车转移登记申请表》）→车辆管理所受理审核资料→确认车辆→在《机动车登记证书》上记载转出登记事项→收回机动车车牌和《机动车行驶证》→核发临时行驶车车牌，密封机动车档案→交机动车所有人。

② 转出登记的规定。根据《机动车登记规定》，二手车交易后且现车主的住所不在原车辆管理所管辖区的，现车主应当于机动车交付之日（以二手车销售发票上登记日期为准）起 30 日

内,向原二手车管辖地车辆管理所提出转移登记申请,填写《机动车转移登记申请表》,有些地方还要求车主签订外迁保证书。

③ 转出登记需要的资料。现车主在规定的时间内,持下列资料,向原二手车管辖地车辆管理所申请转出登记,并交验车辆。

· 机动车转移登记申请表(有的地区规定需填写《机动车定期检验表》及《机动车档案异动卡》)。《机动车定期检验表》及《机动车档案异动卡》样例见表 6-18 和表 6-19。

表 6-18 机动车定期检验表样例

车牌号码 鄂 A/						
车主						公、私
住址					电话	
车辆类型		厂牌型号	车身颜色	驱动		燃料
				×		
发动机号码				车架号码		
与行车执照记录有何变动						
安全联片组初检意见		检验部门、结果		现有效期		监管机关审核意见
				年 月止		
				检验员		
				登记员		

表 6-19 机动车档案异动卡样例

原车主		原车牌号码	
车类		车型	
发动机号码		车架号码	
车辆报废	年 月 日		
转籍去向	年 月 日		
新车主		新车牌号码	
其他			
备注		经办人	
		档案员	

· 现车主的身份证明。

·《机动车登记证书》(原件)。

· 机动车来历凭证(二手车销售发票注册登记联原件)。

· 如果属于解除海关监管的机动车,应当提交监管海关出具的《中华人民共和国海关监管车辆解除监管证明书》。

· 交回机动车车牌和《机动车行驶证》。

④ 转出登记事项。车辆管理所办理转出登记时,要在《机动车登记证书》上记载下列转出登记事项。

- 现车主的姓名或者单位名称、身份证明名称、身份证明号码、住所地址、邮政编码和联系电话。
- 机动车获得方式。机动车获得方式,是指人民法院调解、裁定、判决,仲裁机构仲裁裁决,购买、继承、赠予、中奖、协议抵偿债务、资产重组、资产整体买卖和调拨等。
- 机动车来历凭证的名称、编号。
- 转移登记的日期。
- 海关解除监管的机动车,登记海关出具的《中华人民共和国海关监管车辆解除监管证明书》的名称、编号。
- 改变机动车登记编号的,登记机动车登记编号。
- 登记转入地车辆管理所的名称。

完成转出登记的办理后,收回机动车车牌和《机动车行驶证》,核发临时行驶车车牌,密封机动车档案,交给车主到转入地办理转入登记手续。

（2）转入登记。

①机动车转入登记的条件。

- 现车主的住所属于本地车管所登记规定范围的。
- 转入机动车符合国家机动车登记规定的。

② 转入登记规定。根据《机动车登记规定》,机动车档案转出原车辆管理所后,机动车所有人必须在90日内携带车辆及档案资料到住所地车辆管理所申请机动车转入登记。

③ 转入登记程序。车主提出申请→交验车辆→车辆管理所受理申请→审核资料→在《机动车登记证书》上记载转入登记事项→核发机动车车牌、《机动车行驶证》和检验合格标志。

- 提出申请。车主向转入地车辆管理所提出转入申请,填写《机动车注册登记/转入申请表》（见表6-20）。

表6-20　机动车注册登记/转入申请表

申请事项			□注册登记		□转入	
现机动车所有人	姓名/名称			联系电话		
	住所地址			邮政编码		
	身份证明名称	号码		□常住人口	□暂住人口	
	居住/暂住证明名称		号码			
机动车	机动车使用性质	□公路客运　□公交客运　□出租客运　□旅游客运　□租赁　□货运 □非营运　□警用　□消防　□救护　□工程抢险　□营转非　□出租营转非				
	机动车获得方式	□购买　□仲裁裁决　□继承　□赠予　□协议抵偿债务　□中奖 □资产重组　□资产整体买卖　□调拨　□境外自带　□法院调解、裁定、判决				
	机动车品牌型号					
	车辆识别代号/车架号					
	发动机号码					

（续表）

笔记

相关资料	来历凭证	□销售/交易发票 □《调解书》 □《裁定书》 □《判决书》 □相关文书 □批准文件 □调拨证明 □《仲裁裁决书》	现机动车所有人： （个人签字/单位盖章） 年 月 日
	进口凭证	□《货物进□证明》 □《没收走私汽车、摩托车证明书》 □《中华人民共和国海关监管车辆进（出）境领（销）牌证通知书》	
	其 他	□国产机动车的整车出厂合格证 □机动车档案 □身份证明 □《协助执行通知书》 □《公证书》	
申请方式		□由现机动车所有人申请 □现机动车所有人委托 _____ 代理申请	

代理人		姓名/名称														
		住所地址											联系电话			
		身份证明名称	号码										代理人签章： （个人签字/单位盖章） 年 月 日			
	经办人	姓名														
		身份证明名称	号码													
		住所地址														
		签字	年 月 日													

填表说明：

1. 填写时使用黑色、蓝色墨水笔，字体工整。

2. 标注有"□"符号的为选择项，选择后在"□"中画"√"。

3. 机动车所有人的住所地址栏，属于个人的，填写实际居住的地址；属于单位的，填写组织机构代码证书上签注的地址。

4. 机动车栏的"机动车品牌型号"、"车辆识别代码/车架号"、"发动机号码"项目，按照车辆的技术说明书、合格证等资料标注的内容与车辆核对后填写。

5. 申请方式栏，属于由机动车所有人委托代理单位或者代理人代为申请的，除在"□"内画"√"外，还应当在下划线处填写代理单位或者代理人的全称。

6. 机动车所有人的签字/盖章栏，属于个人的，由机动车所有人签字；属于单位的，盖单位公章。

7. 代理人栏，属于个人代理的，填写代理人的姓名、住所地址、身份证明名称、号码，在代理人栏内签名，不必填写经办人姓名等项目；属于单位代理的，应填写代理人栏的所有内容，代理单位应盖单位公章，经办人应签字。

• 交验车辆。车主将机动车送到机动车检测站检测，车管所民警确认机动车的唯一性，查验车辆识别代号（车架号码）有无凿改嫌疑。

• 车辆管理所受理申请。受理转入登记申请，查验并收存机动车档案，向车主出具受理凭证。

• 审核资料。审批相关手续，符合规定的在计算机登记系统中确认，不符合规定的说明理由开具退办单，将资料退回车主。

• 办理转入登记手续。审验合格后，进行机动车车牌选号、照相、确定机动车登记编号，并在《机动车登记证书》上记载转入登记事项。

• 核发新的机动车车牌和《机动车行驶证》。

④ 转入登记需要的资料。

- 机动车注册登记/转入申请表。
- 车主的身份证明。
- 《机动车登记证书》。
- 机动车密封档案(原封条无断裂、破损)。
- 申请办理转入登记的机动车的标准照片。
- 海关监管的机动车,还应当提交监管海关出具的《中华人民共和国海关监管车辆进(出)境领(销)牌照通知书》。

由于各地区对车辆环保要求执行不同的标准,例如北京市执行"国Ⅳ"标准,并要求所有机动车在办理注册登记,以及申请转入本市的车辆,须加装 OBD 车辆诊断系统。满足上述条件的,允许机动车注册登记,以及接受转入登记的申请。所以,车主在将车辆转入"转入地"前,应向转入地的车辆管理部门征询该车辆是否符合转入条件。

⑤ 转入登记事项。车辆管理所办理转入登记时,要在《机动车登记证书》上记载下列登记事项:

- 车主的姓名或者单位名称、身份证明号码或者单位代码、住所的地址、邮政编码和联系电话。
- 机动车的使用性质。
- 转入登记的日期。

属于机动车所有权发生转移的,还应当登记下列事项:

- 机动车获得方式。
- 机动车来历凭证的名称、编号和进口机动车的进口凭证的名称、编号。
- 机动车办理保险的种类、保险的日期和保险公司的名称。
- 机动车销售单位或者交易市场的名称和机动车销售价格。

⑥ 不能办理转入登记的情形。有下列情形之一的,不予办理转入登记:

- 机动车所有人擅自改动、更换机动车或者机动车档案的。
- 本节中"不能办理过户登记的情形"的。

3. 办其他税、证变更

二手车交易中,买方在变更车辆产权之后还需要进行车辆购置税、养路费、保险合同等文件的变更。各地在变更时对文件的要求不同,可以先到规定办理的单位窗口咨询一下:

1) 车辆购置税的变更

车辆购置税的征收部门是车辆登记注册地的主管税务机关,办理变更时,需填写《车辆变动情况登记表》,并携带以下资料办理:

(1) 车辆购置税同城过户业务办理。

① 办理车辆购置税同城过户业务提供的资料。

- 新车主的身份证明。
- 二手车交易发票。
- 《机动车行驶证》。
- 车辆购置税完税证明(正本)。

上述资料均需提供原件及复印件。

② 办理车辆购置税同城过户业务流程。填写《车辆变动情况登记表》→报送资料→办理过户→换领车辆购置税完税证明。

(2) 车辆购置税转籍(转出)业务办理。

① 办理转籍(转出)业务提供的资料。

- 车主身份证明。
- 车辆交易有效凭证原件(二手车交易发票)。
- 车辆购置税完税证明(正本)。

　　• 公安车管部门出具的车辆转出证明材料。

上述资料均需提供原件及复印件。

②办理转籍(转出)业务流程。填写《车辆变动情况登记表》→报送资料→领取档案资料袋。

(3)车辆购置税转籍(转入)业务办理。

①办理转籍(转入)业务提供资料。

　　• 车主身份证明。

　　• 本地公安车管部门核发的机动车行驶证。

　　• 车辆交易有效凭证原件(二手车交易发票)。

　　• 车辆购置税完税证明。

　　• 档案转移通知书。

　　• 转出地车辆购置税办封签的档案袋。

②办理转籍(转入)业务流程。填写《车辆变动情况登记表》→报送资料→换领车辆购置税完税证明(正本)。

2)车辆保险合同的变更

(1)办理车辆保险过户的方式。

办理车辆保险过户有两种方式:第一种是对保单要素进行更改,如更换被保险人与车主;第二种就是申请退保,即把原来那份车险退掉,终止以前的合同。这时保险公司会退还剩余的保费。之后,新车主就可以到任何一家保险公司去重新办理一份车险。

(2)车辆保险合同变更的程序。

①填写一份汽车保险过户申请书,向原投保的保险公司申请办理批改被保险人称谓的手续。申请书上注明保险单号码、车牌号、新旧车主的姓名及过户原因,并签字或盖章,以便保险公司重新核保。

②携带保险单和已过户的机动车行驶证,到保险公司的业务部门办理。

一般情况下,保险公司都会受理并出具一张变更被保险人的批单,批单上面写明了被保险人的变化情况。

思考与训练

一、思考题

1. 详细说明车辆使用年限与折旧年限的区别。

2. 为什么说信息的不对称性对买卖双方都有不利的影响?

3. 二手车质量保证有什么意义?

4. 请简要说明二手车直接交易的一般程序。

5. 二手车交易完成后,卖方应向买方交付哪些手续?

二、选择题

1. 为计算机动车的年折旧额,最常用的方法是(　　)。

A. 平均年限法　　　B. 直线折旧法　　　C. 年份数求和法　　　D. 余额递减法

2. 买主最难获得的二手车信息是(　　)。

A. 价格　　　　　　B. 品牌　　　　　　C. 性能　　　　　　D. 服务

3. 下列关于二手车收购价格的确定的叙述（　　）不正确。

A. 应根据其特定的目的　　　　　　B. 以二手车鉴定评估为基础

C. 要充分考虑市场的供求关系　　　　D. 要考虑车辆的未来用途

4. 下列（　　）不属于固定成本。

A. 房租　　　　　　B. 车辆维护费　　　C. 管理费　　　　　D. 折旧

5. 下列（　　）不是以利润为定价目标的形式之一。

A. 收益现值　　　　B. 预期收益　　　　C. 最大利润　　　　D. 合理利润

6. 下列（　　）是一种高瞻远瞩的目标。

A. 获取预期收益　　　　　　　　　　B. 获取最大利润

C. 获取合理利润　　　　　　　　　　D. 占领市场

7. 下列（　　）不是二手车销售定价的基本思路之一。

A. 收益　　　　　　B. 成本　　　　　　C. 需求　　　　　　D. 竞争

8. 在确定销售定价时,首先考虑应用（　　）法。

A. 成本加成　　　　B. 目标收益　　　　C. 需求导向　　　　D. 边际成本

9. 下列关于二手车销售阶段定价策略的叙述（　　）不正确。

A. 投入期以打开市场为主

B. 成长期以稳定市场为主

C. 成熟期以保持市场份额,利润总量最大为主

D. 衰退期以回笼资金为主

10. 下列对车辆转入的叙述,（　　）不正确。

A. 剩余使用年限不足一年的车辆,不能转入

B. 出过严重交通事故的车辆,不能转入

C. 出租车,不能转入

D. 曾经从事过出租的车辆,不能转入

11. 当机动车所有权转移后,现机动车所有人应当在所有权转移日起（　　）日内,办理机动车过户手续。

A. 15　　　　　　　B. 20　　　　　　　C. 30　　　　　　　D. 60

12. 目前我国进行汽车置换的形式中,没有（　　）。

A. 用本厂旧车置换新车

B. 用本品牌旧车置换新车

C. 只要购买本厂的新车,置换的旧车不限品牌

D. 旧车不限品牌,新车不限厂家

三、判断题

（　　）1. 办理机动车过户手续时,原车主与新车主必须在同一个车管所辖区。

（　　）2. 交易后的二手车,必须先办理过户手续后,方可办理机动车登记证书。

（　　）3. 机动车所有权转移日,是指重新办理了机动车登记的日期。

（　　）4. 二手车交易成功后,应先办理机动车登记手续,后办理保险批改手续。

（　　）5. 二手车转出时,可以带原牌照一起转出。

（　）6. 对办理了抵押登记的机动车,不能办理过户登记。

（　）7. 对超过检验周期的二手车,应先进行安全检测,之后才能办理过户手续。

（　）8. 机动车过户后,应重新核发《机动车行驶证》。

（　）9. 如果二手车交易成功后,没有办理保险批改手续,则原保险的受益人为原车主。

（　）10. 二手车交易后,对于购置附加税可以不进行变更。

（　）11. 刚买的新车,在二手车市场交易时,应会大幅降价,其根本原因在于买卖双方的信息不对称性。

（　）12. 当机动车作为固定资产时,才存在折旧基金。

（　）13. 一般情况下,在机动车评估时,可以用折旧额替代实体性贬值。

（　）14. 一般情况下使用年限大于折旧年限。

（　）15. 汽车属于经验商品。

（　）16. 按信息不对称性的解释,不对称的存在对掌握信息的一方有利。

（　）17. 高质量的二手车,卖主往往愿意买主知道真实的车辆信息。

（　）18. 二手车性能与质量信息的最好来源是权威机构的认证。

（　）19. 运用现行市价法确定二手车收购价格时,所应用的折扣率是指车辆能够当即出售的清算价格与现行市场价格之比值。

（　）20. 用快速折旧法计算折旧额时,要用到机动车原值,即机动车的账面原值。

（　）21. 当某种产品的需求弹性小时,提高价格可以增加企业利润。

（　）22. 预期收益定得高些,二手车经销企业在未来就会有更大的利润。

（　）23. 要想获取最大利润,二手车经销企业必须采用高的销售价格。

（　）24. 用单位产品总成本和成本加成率即可计算二手车的销售定价,因而可以认为成本加成率与单位产品总成本成正比。

（　）25. 只有当二手车的销售价格高于其边际成本时,才有可能为企业创造利润。

（　）26. 当采用竞争导向定价法确定二手车销售价格时,其价格值与成本和需要无关。

（　）27. 在汽车置换授权经销商处进行旧车置换时,旧车的价格往往高于市场价格。

（　）28. 二手车认证使二手车经销商利润降低,但顾客会得到实惠。

拓展提高

* *

任务四　二手车收购风险与汽车置换

6.4.1　二手车收购中的风险分析与防范

在二手车收购的过程中,环境的变化有可能产生机会,也有可能带来风险。风险是指由于客观环境的变化带来损失,从而难以实现某种目的的可能性。二手车收购中的风险是指由于二手车收购环境的变化,给二手车的销售带来的各种损失。收购环境的变化是绝对的、客观的,并经常会发生,因而在二手车收购过程当中,既充满了机会,同时又会出现许多风险。所以,二手车流通企业要生存与发展,就必须加强收购活动中的风险管理,其能否获取期望利润,关键在于能否有效地控制和降低风险损失。由于二手车价格的某些不可预见的因素,收购过程具有比销售过程更大的风险,对企业造成的潜在损失也更大。因此,如何有效地将收购风险控制在一定的范围内,善于分析研究环境变化可能带来的风险,发现并及时规避风险,对于降低收购成本、增加企业的利润、最大限度地减小自己可能遭受的损失具有重大作用。二手车收购环境的变化是绝对的、必然的,收购风险也势必是经常发生的。不可能完全避免收购风险,而只能掌握战胜风险的策略和技巧,积极化险为夷,把风险变为机会,实现成功的转化,总体原则如下:

(1)要提高识别二手车收购风险的能力。应随时收集、分析并研究市场环境因素变化的资料和信息,判断收购风险发生的可能性,积累经验,培养并增强对二手车收购风险的敏感性,及时发现或预测收购风险。

(2)要提高风险的防范能力,尽可能规避风险。可通过预测风险,从而尽早采取防范措施来规避风险。在二手车收购工作中,要尽可能谨慎,最大限度地杜绝二手车收购风险发生的隐患。

(3)在无法避免的情况下,要提高处理二手车收购风险的能力,尽可能最大限度地降低损失,并防止引发其他负面效应和有可能派生出来的消极影响。

在二手车收购中的风险防范上,具体可从以下几个方面考虑影响二手车收购中的风险因素及其相应的防范措施:

1. 新车型的影响

新车型大量应用了新技术,技术含量的提高使老车型贬值甚至被淘汰,从国内市场看新车型投放明显加快,技术含量和配置也越来越高。如转向助力、安全气囊、ABS＋EBD、电子防盗、CD音响都已成了标准装备。以一汽捷达为例,捷达自在国内生产以来经历了多次改款,虽然该车的生产平台未变,但是早期的捷达与现在的04款捷达在外观和装备上已不可同日而语。因此,二手车市场在收购旧车时应以最新款车的技术装备和价格来做参照,否则会给二手车收购带来一定的风险。

2. 车市频繁降价的影响

在新车市场频繁降价、优惠促销的环境下,二手车经纪公司面临着很大的风险,如出现损失只能自己承担。所以,在二手车收购中都是以某一款车目前新车市场的开票价格来计算,而不会去考虑消费者买车时的价格。如果某一款车最近有降价的可能,二手车公司要考虑新车降价的风险,开价往往比正常的收购价还要低一些。如果某一款车刚降完价,那么收购价就会稳定一段时期。为了减少车辆频繁降价的风险,规范市场、稳定价格成为当务之急。另外通过二手车代卖的方式,一方面可从中收取一定的交易费,另一方面可以降低风险。

3. 折旧加快的影响

从实际行情看,使用期限在3年以内的车辆折旧最高,使用3年的车辆往往要折旧到40%～50%,其后的几年进入了一个相对稳定的低折旧期,接近10年折旧又开始加快。所以,3年以内的车要收购的话,收购定价要考虑车辆的大幅折旧因素的影响。

4. 排放标准提高的影响

尾气排放标准提高也加速了在用车辆的折旧和淘汰。越来越严格的排放标准将使老旧车型加速淘汰。因此,在确定二手车收购价格时应考虑车辆排放标准提高的影响。

5. 车况优劣的影响

有的车虽然只开了两三年,但是机件的磨损已很严重了,操作起来感觉不好。而有的车已是五六年了,发动机的状况依然良好,各机件操作顺畅。这些不同车辆的技术状况自然影响到二手车的收购价格。

6. 品牌知名度的影响

知名品牌的汽车因其市场保有量大、质量可靠而深受消费者的青睐。这些品牌的汽车在新车市场售价较为稳定,口碑好,所以在二手车市场认同率较高,贬值的程度自然要低于其他品牌。而其他一些知名度不高的品牌市场的认同率低,贬值的程度也就要高,在二手车收购价格的确定时,应予以考虑。

7. 库存的影响

若二手车销售顺畅,求大于供,二手车经纪公司的库存急剧减少,商家们为了保持正常的经营运转,维持一定的库存,可适当抬高一些收购价格。反之,在二手车销售低迷时,商家们的库存积压,流通不畅,供大于求,商家的主要矛盾是消化库存,这个时期应压低收购价格,规避由于库存积压所带来的风险。

8. 二手车收购合法性的影响

二手车的收购要防止收购偷盗车、伪劣拼装车,要预防收购那些伪造手续凭证,伪造车辆档案的车辆。一旦有所失误,不仅给公司造成直接经济损失,更重要的是造成社会的不良影响,从而损害公司的公众形象。

9. 宏观环境的影响

要密切关注国家有关二手车的政策与法规的变化,做到未雨绸缪。要能够根据已有的和即将颁布的国家有关二手车的政策与法规预测二手车价格的可能变动趋势,及时调整二手车的收购价格,使收购二手车的风险降到最低。

6.4.2 汽车置换

随着我国汽车产业的快速发展,汽车保有量越来越多,同时人们对汽车的需求也越来越多样化,汽车置换作为汽车交易的一种方式逐渐显示出满足人们需要的优越性和调节汽车流通的重要作用。

1. 汽车置换的定义

从国内正在操作的汽车置换业务来看,对汽车置换的定义有狭义和广义的区别。从狭义上来说,汽车置换就是以旧换新业务。经销商通过二手商品的收购与新商品的对等销售获取利益。目前,狭义的置换业务在世界各国都已成为了流行的销售方式。而广义的汽车置换概念则是指在以旧换新业务基础上,还同时兼容二手商品整新、跟踪服务及二手商品在销售乃至折抵分期付款等项目的一系列业务组合,从而使之成为一种有机而独立的营销方式。二手车作为替代产品,已经对新车销售构成威胁。国内各地的二手车市场虽然起步较晚,但目前的交易规模已经相当可观,狭义置换业务也得到长足的发展;广义的置换业务在国内尚处于萌芽状态,亟待各方面的关心和扶持。

2. 国内主要汽车置换商简介

过去,由于用户对车辆残值和二手车交易行情缺少了解,且缺乏规范、有公信力的专业技术评估手段,导致二手车交易障碍重重,市场发展不够规范。2004 年品牌二手车的兴起,成为了二手车市场的一个亮点。具有原厂质量保证的二手车认证和置换服务,为消费者提供了车辆更新和购置的新选择。继上海通用汽车率先进入二手车领域后,上海大众、一汽大众、东风日产等厂家也纷纷进军二手车市场。

(1)上海通用"诚新二手车"。上海通用汽车是国内较早涉足品牌二手车领域的汽车制造商,在服务经验、规范化程度,以及开展的业务等方面比较领先,其"诚新二手车"品牌已逐渐成为二手车市场的一面标杆。目前开展的业务主要还是新车置换,但是业务开展深度较强,认证二手车数量较多,可以在全国范围内开展整备后二手车的销售。在这个过程中,积极引入灵活多变的销售策略。2004年,上海通用汽车开始将中国第一个二手车品牌全面升级,由原来的"别克诚新二手车"升级为"上海通用汽车诚新二手车",并宣布,从2004年8月26日至9月30日,覆盖全国26个省、46个城市的"诚新二手车"置换别克新车活动向用户隆重推出旧车免费评估、置换价格优惠,延长质量担保等优惠活动。

随着诚新二手车品牌的建立,二手车价值也得到了提升。据北京二手车市场的统计,像赛欧SRV二手车的市场价值比过去提升了约3%~5%。而2004年上海通用汽车"诚新二手车"在北京、上海、杭州、广州、深圳5城市进行的"品牌二手车第一拍"中,成交率高达89%。

(2)一汽大众认证二手车。相比上海通用,一汽大众进入二手车领域较晚,2004年8月28日,一汽大众认证二手车首批样板店开业典礼,宣布进军二手车业务。相比前者来说,经验和方式等多样性方面不够理想,但也逐渐开展了拍卖等销售方式。

(3)上海大众特选二手车。上海大众集团早在2003年11月就推出了自己的二手车交易品牌——上海大众特选二手车。其在发展的形势方面和一汽大众认证二手车基本相同。

3.国内主要汽车置换运作模式

1)我国汽车置换模式

从国内的交易情况来看,目前在我国进行汽车置换有3种模式。

(1)用本厂旧车置换新车(即以旧换新)。如厂家为"一汽大众",车主可将旧捷达车折价卖给一汽大众的零售店,再买一辆新宝来。

(2)用本品牌旧车置换新车。如品牌为"大众",假设拥有一辆旧捷达的车主看上了帕萨特,那么他可以在任何一家"大众"的零售店里置换到一辆他喜欢的帕萨特。

(3)只要购买本厂或本厂家的新车,置换的旧车不限品牌。国外基本上采用的是这种汽车置换方式。上海通用汽车"诚新二手车"开展的就是这种汽车置换模式,消费者可以用各种品牌的二手车置换别克品牌的新车。

如果考虑买车人的选择余地和便利程度,当然是第3种方式最佳。不过,这种方式对厂商和经销商而言非常具有挑战性。这是因为,中国的车主一般既不从一而终地在指定维修点维护修理,也不保留车辆的维修档案,车况极不透明;再者,不同品牌、不同型号的车在技术和零部件上千差万别;而且,对于个别已经停产车型更换零部件将越来越麻烦。

此外,我国也出现了委托寄卖等置换新模式。我国的委托寄卖主要分为:一是自行定价型,即是由消费者自行定价,委托商家代卖,等到成交后再支付佣金;二是二次付款型,它是由商家先行支付部分费用,等到成交后再付余款,佣金以利润比例来定;三是周期寄卖型,其方式是由商家向车主承诺交易周期,车价由双方共同确定,而佣金则以成交时间和成交金额双重标准来定。

车辆更新对于车主来说,是一个繁琐的过程,首先要到二手车市场把车卖掉,这其中要经历了解市场行情、咨询二手车价格、与二手车经纪公司讨价还价直至成交、办理各种手续和等待回款,至少要好几天,等拿到钱后再到新车市场买新车,又是一番周折。对于车主来说更新一部车比买新车麻烦得多。在生活节奏日益加快的今天,人们期盼能否有一种便捷的以旧换新业务,使他们在自由选择新车的同时,很方便地处理要更新的旧车。因此,具有汽车置换资质的经销商作为中介的重要作用就显现出来。

2) 汽车置换授权经销商

汽车置换授权经销商是我国汽车置换运作的中介主体。汽车置换授权经销商的车辆置换服务将消费者淘汰旧车和购买新车的过程结合在一起,一次完成甚至一站完成,为用户解决了先要卖掉旧车再去购买新车的麻烦。我国汽车置换授权经销商的汽车置换服务一般具有以下特点:

(1) 打破车型限制。与以往的一些开展汽车置换的厂家或品牌专卖店不同,汽车置换授权经销商对所要置换的旧车以及选择购买的新车,都没有品牌及车型的限制,可以任意置换。汽车置换授权经销商采用汽车连锁超市的模式经营新车的销售,连锁超市中经营的汽车品牌众多,可以满足消费者的不同需求,也可根据顾客的要求,到指定的经销商处,为顾客购进指定的车辆,真正做到了无品牌限制的置换。

(2) 让利置换,旧车增值。汽车置换授权经销商将车辆置换作为顾客购买新车的一项增值服务,与顾客将旧车出售给二手车经纪公司不同,汽车置换授权经销商通常是以二手车交易市场二手车收购的最高价格甚至高出的价格,确定二手车价格,经双方认可后,置换二手车的钱款直接冲抵新车的价格。

汽车置换授权经销商有自己的二手车经纪公司,同时与二手车交易市场中的众多经纪公司保持联系,保证市场信息渠道的畅通,以及所置换的旧车能够有快速的通路。车况较好的旧车,汽车置换授权经销商经过整修后,补充到租赁车队中投放低端租车市场,用租赁收入弥补旧车的增值部分后,到二手车市场处置;或者发挥汽车置换授权经销商租车网络优势,在中小城市租赁运营。

(3) "全程一对一"的置换服务。汽车置换授权经销商汽车连锁销售提供的车辆置换服务,是一种"全程一对一"的服务模式。由于汽车置换授权经销商的业务涉及汽车租赁、销售、汽车金融以及二手车经纪,因此顾客在汽车置换授权经销商选择置换的购车方式后,从旧车定价、过户手续,到新车的贷款、购买、保险、牌照等过程都由汽车置换授权经销商公司内部的专业部门完成,保证了效率和服务水准。

(4) 完善的售后服务。在汽车置换授权经销商通过置换购买的新车,汽车置换授权经销商将提供包括保险、救援、替换车、异地租车等服务在内的完善的售后服务。对于符合条件的顾客,汽车置换授权经销商还提供更加个性化的车辆保值回购计划,使顾客可以无须考虑再次更新时的车辆残值,安心使用车辆。

4. 汽车置换质量认证

汽车置换中一个最重要、最容易引起争议的问题就是置换旧车的质量问题。和新车交易相比,二手车市场存在很多不透明的地方,二手车评估本身就比较复杂,加上二手机动车交易又是"一旦售出,后果自理",所以在购买二手车的时候,大部分的消费者并不信任卖家。为了保障交易双方权益、减少纠纷,国外汽车厂商从20世纪90年代就开始对汽车进行质量认证,我国的汽车厂商也从这两年开始进行这一业务。汽车厂家利用自己的技术、设备、人员以及信誉优势,对回购的二手车进行检测、修复,给当前庞大的二手车消费群体提供"放心车"、"明白车",即使价格高于其他市场上的二手车,消费者也认为值得。同时汽车厂家介入二手车市场也为规范二手车市场、降低交通安全隐患带来积极影响。

1) 认证的基本概念

经汽车厂商授权的汽车经销商将收上来的该品牌二手车进行一系列检测、维修之后,使该车成为经品牌认证的车辆,销售出去之后可以给予一定的质量担保和品质保证,这一过程通称为认证。

二手车认证方案的开展是市场对二手车刮目相看的首要原因,现在已经得到广泛的支持,很多汽车生产厂家还针对二手车推出一些令人鼓舞的消费措施。目前,认证方案项目一般包括:合格的质量要求、严格的检测标准、质量改进保证、过户保证以及比照新车销售推出的送货方案,一些大公司开展的认证还包括提供与新车一样利率的购车贷款。通过认证,顾客和经销商双方都从中得到了实惠。首先顾客对自己购买二手车的心态更加趋于平和,相应地,经销商也实现了认证车辆的溢价销售。而且,顾客再不会有车刚到手就发生故障的经历,经销商也不必再面对恼怒顾客的争吵。

2) 我国的二手车认证

我国的二手车认证主要是在一些合资企业中开展,这其中以上汽通用公司和一汽大众公司为代表,我国一般的二手车认证流程如下:

本品牌车辆→相应项目的检测→判断→维修站整备→维修站验收→准备申请材料→厂家认证并颁发认证书→经销商展示→二手车用户。

(1) 上汽通用公司的二手车认证。上海通用汽车认证的二手车要经过多道程序的严格筛选。首先,认证的二手车有自己统一的品牌,是和诚信谐音的"诚新",能通过认证,并打上这个牌子的二手车要达到以下条件:首先是无法律纠纷,非事故车,无泡水经历;其次使用不超过5年,行驶10万km以内;原来用途不是用于营运和租赁。

上汽通用的二手车认证有106项检验项目,这106项检验要进行两次,进场第一次,整修后还要进行一次。106项检验主要包括车身、电气、底盘、制动等6大类,基本囊括了整个汽车的零配件。通过筛选的二手车,经过整修,再进行106项检测,全部合格后才能获得上海通用公司的认证书。经认证过的二手车出售后能获得半年1万km的质量保证,在质保期间,如果车辆出现质量问题,客户可以在全国联网的品牌专业维修店获得免费修理和零配件更换。

(2) 一汽大众的二手车认证。一汽大众的二手车认证有141项检测标准,包括发动机(检查压缩比、排放、点火正时等11项);离合器(离合器线束调整、噪声检测等5项);变速器(变速器各档位操控性、变速器油位等8项);悬架(减振器泄漏等5项);传动系统(差速器泄漏和噪声等4项);转向系统(转向齿条等7项);制动(制动蹄片磨损情况等8项);制冷系统(管道泄漏等4项);轮胎轮辋(前轮定位等5项);仪表(仪表灯亮度等15项);灯光系统(车内外灯光光线、报警灯等10项);电子电器(蓄电池、各种熔断器等8项);车辆外部(刮水器胶皮磨损等7项);车辆内部(座椅、杯架、后视镜等9项);空调(气流、风向等6项);收音机及CD(播放器、扬声器等3项);内饰外观(各种塑料件、装饰件等3项);车身及漆面(破裂、刮蹭等5项);完备性(备胎、说明书等7项);最终路试(操控性、循迹性等11项)。

5. 汽车置换的服务程序

汽车置换包括旧车出售和新车购买两个环节。不同的汽车置换授权经销商对汽车置换流

程的规定不完全一样,一汽大众汽车置换流程如下:

笔记

客户→汽车置换授权经销商→经销商二手车部门→车辆检测 39 项→填写评估报告→商谈、确定旧车价格→选定新车→确定付款方式、付差价款→填写置换信息表→用户提新车。

国内一般汽车置换程序如下:

(1) 顾客通过电话或直接到汽车置换授权经销商处进行咨询,也可以登陆汽车置换授权经销商的网站进行置换登记。

(2) 汽车评估定价。

(3) 汽车置换授权经销商销售顾问陪同选订新车。

(4) 签订旧车购销协议以及置换协议。

(5) 置换旧车的钱款直接冲抵新车的车款,顾客补足新车差价后,办理提车手续,或由汽车置换授权经销商的销售顾问协助在指定的经销商处提取所订车辆,汽车置换授权经销商提供一条龙服务。

(6) 顾客如需贷款购新车,则置换旧车的钱款作为新车的首付款,汽车置换授权经销商为顾客办理购车贷款手续,建立提供因汽车消费信贷所产生的资信管理服务,并建立个人资信数据库。

(7) 汽车置换授权经销商办理旧车过户手续,顾客提供必要的协助和材料。

(8) 汽车置换授权经销商为顾客提供全程后续服务。

在汽车置换中,新车可选择仍使用原车牌照,或上新牌照,购买新车需交钱款:新车价格减去旧车评估价格,如果旧车贷款尚未还清,可由经销商垫付还清贷款,款项计入新车需交钱款。

参 考 文 献

[1] 吴兴敏,等. 二手车鉴定与评估[M]. 北京:人民邮电出版社,2010.

[2] 何宝文,等. 汽车评估[M]. 大连:大连理工大学出版社,2009.

[3] 毛矛,等. 汽车评估实务[M]. 北京:机械工业出版社,2008.

[4] 庞昌乐. 二手车评估与交易实务[M]. 北京:北京理工大学出版社,2007.

[5] 李江天. 二手车鉴定评估[M]. 北京:人民交通出版社,2006.

[6] 高群钦. 二手车鉴定与评估一点通[M]. 北京:国防工业出版社,2006.

[7] 王若平,等. 汽车评估师[M]. 北京:北京理工大学出版社,2005.

[8] 魏学志. 二手车鉴定估价标准、交易规范及二手车鉴定估价师业务操作实用手册[M]. 北京:人民交通出版社,2004.

[9] 王文盛. 汽车评估[M]. 北京:机械工业出版社,2005.